# 超大规模高中
# 建筑空间环境计划研究

罗琳　李志民　陈雅兰

著

中国建筑工业出版社

图书在版编目（CIP）数据

超大规模高中建筑空间环境计划研究／罗琳，李志民，陈雅兰著．—北京：中国建筑工业出版社，2018.6

ISBN 978-7-112-22108-0

Ⅰ．①超…　Ⅱ．①罗…　②李…　③陈…　Ⅲ．①高中－教育建筑－建筑空间－环境设计－研究－中国

Ⅳ．①TU244.2

中国版本图书馆CIP数据核字（2018）第079281号

责任编辑：刘　静
责任设计：李志立
责任校对：张　颖

**超大规模高中建筑空间环境计划研究**
罗琳　李志民　陈雅兰　著
\*
中国建筑工业出版社出版、发行（北京海淀三里河路9号）
各地新华书店、建筑书店经销
北京锋尚制版有限公司制版
廊坊市海涛印刷有限公司印刷
\*
开本：787×1092毫米　1/16　印张：19¾　字数：501千字
2018年9月第一版　　2018年9月第一次印刷
定价：69.00元
ISBN 978-7-112-22108-0
　　（31930）

# 前言

　　在城镇化进程的推动下，以县域为单位的基础教育设施布局调整在我国已开展了十余年。近年来，伴随着广大人民群众对优质教育的诉求日益强烈，普通高中办学规模日趋扩大，并逐渐向人口集中的县城发展，在校生规模超过 3000 人、办学规模 50 班以上的学校已大量存在。尤其是广大西部地区，由于资源受限、资金不足、设施不达标，已把新建超大规模高级中学作为提高办学标准、满足社会教育需求的重要一步。但目前超大规模高级中学建设所依据的仍是 2002 年颁布的《城市普通中小学校校舍建设标准》，此标准仅适用于 48 班以下的办学规模。由于缺乏相应规模建设标准的指导，使得超大规模高级中学的新建、改扩建陷入盲目状态。大多数西部地区的学校用地紧张、财政投入有限、校舍空间环境严重不足，从而影响了在校师生的学习生活。大量已建及潜在的超大规模高级中学校园空间环境亟待改扩建及更新，建筑空间环境计划研究已迫在眉睫。

　　基于此，本课题综合运用了教育学、经济学、社会学、建筑学、计划学等理论与方法，以现行校园设计标准规范为依据，首先，对国内外高中教育及校园规划设计展开广泛的资料收集和总结归纳，从而提炼要点与参考模式；其次，通过对超大规模高级中学空间环境计划影响因素的分析及典型既有校园的使用现状进行调查访谈，归纳出超大规模高级中学建筑空间环境的特征、类型与主要存在问题，确立校园用地规模成为影响校园空间环境计划的主要因子；最后，以校园用地类型为研究依据，针对校园规划布局模式、建筑空间内容构成及适宜面积、大小、数量、校内外空间环境互用等问题展开研究，主要通过宏观、中观、微观三个层面形成了以下研究成果。

　　宏观层面上，对已有超大规模高级中学的校园规划结构及布局模式进行总结和分析，并提出适应超大规模办学的校园空间适应性规划结构形态和空间布局模式，构建了超大规模办学校园用地规模的适应性指标体系，确立满足弹性办学需求的基本用地指标和规划用地指标；在"学社融合"理念指导下，以统筹建设为原则，提出作为公共财政投入建设的公立高级中学与周边文体、公共服务设施等空间资源有效利用的开放共享规划设计模式。

中观层面上，基于对用地类型的分类，探讨了超大规模办学背景下适宜中学生交往的校内主要广场、庭院、绿化等环境规划指标体系；同时针对不同用地类型的学校，提出适应其办学规模的空间规划模式，以确立空间构成内容及其相互关系。

微观层面上，通过建立指标计算方法与公式，调节影响因子的级别与系数，提出了超大规模高级中学主要校舍空间的建筑面积、数量、大小等配置参考，形成具有地域针对性的动态量化指标，进而构建了节地型超大规模高级中学的规划模式、用地规模、建筑密度、容积率等重要指标参考。

笔者期望以上研究思路及结论对已有及潜在的超大规模高级中学建筑空间环境的规划设计提供可参考的模式与设计依据，进而为更新完善现有高级中学校园建设标准探讨研究方法，提供基础数据，从而节约成本，提高空间及设施的资源利用率，进一步提升办学效益，推进学校向社会开放，促进地区教育健康发展，最终构建学习型社会。

注：本研究得到国家自然科学基金项目"西部超大规模高中建筑空间环境计划研究"（51378418）的资助。

# 目录

# 1 绪论

## 1.1 课题研究背景

### 1.1.1 背景

从"十一五"规划以来，全国普遍开展了中小学校基础教育设施<sup>①</sup>的布局调整。2006年，教育部颁布了《国家教育事业发展十一五规划纲要》，其中明确提出"应将城乡区域教育更加协调、使义务教育趋于均衡作为新一轮教育发展的重要战略目标"。因城市化进程的不断推进以及广大群众对优质教育的强烈诉求，越来越多的人口涌入城市，人民群众受教育的愿望也越来越强烈，而且，在我国教育体制改革的过程中，高中办学自主权也不断加大。[6] 在此背景下，全国各地大规模的学校甚至"万人高中"、"高考加工厂"等层出不穷，"超大规模学校"（3000人以上）<sup>②</sup>已经成为我国基础教育领域又一备受关注的学术问题和社会现象。"超大规模高中"极大地促进了我国高中教育的普及，比起小规模分散办高中具有明显的经济优势，因此，其发展趋势不仅不会停止，还会持续上升，且潜在的超大规模学校数量也不容小觑。

对于广大西部地区而言，由于资金不足、资源受限、设施不达标，已把新建超大规模高中作为提高办学标准、满足社会教育需求的重要一步。以陕西省为例，在《中共陕西省委陕西省人民政府关于贯彻〈国家中长期教育改革和发展规划纲要（2010-2020年）〉的实施意见》里已经明确提出，要按照每20万人口在各市县设1所普通公立高中，并开始进行大规模调整。西部其他地区的情况也基本相似。因此，今后超大规模高中办学模式还将持续增加。根据2002~2014年中国统计年鉴资料显示，我国普通高中在校学生数超过2450万人，在校生净增超过1000万人；而普通高中学校数反而从15779所降至13235所，减少了2544所。其中，2014年县镇普通高中在校学生数为1208万人，共计3266所，校均规模3698人（表1.1）。

---

① 基础教育设施：泛指幼儿园教育、小学教育、普通中学教育（初中、高中）的学校教室、宿舍、食堂、体育设施等，以及教学所需的教具和教学仪器。

② 联合国教科文组织. 国际教育标准分类法，1997。第29届 UNESCO 大会上宣布通过并正式颁布。

我国普通高中发展现状一览表（单位：人） 表1.1

| 年份\现状 | 整体 | | | 县镇 | | |
|---|---|---|---|---|---|---|
| | 在校学生数 | 学校数量 | 校均规模 | 在校学生数 | 学校数量 | 校均规模 |
| 2003 | 19648000 | 15779 | 1245 | 9025532 | 3013 | 2996 |
| 2004 | 22204000 | 15998 | 1388 | 10453499 | 3149 | 3320 |
| 2005 | 24091000 | 16092 | 1497 | 11670174 | 3428 | 3404 |
| 2006 | 25145000 | 16153 | 1557 | 13320026 | 3586 | 3714 |
| 2007 | 25224000 | 15681 | 1609 | 14704187 | 3451 | 4261 |
| 2008 | 24763000 | 15206 | 1629 | 14198003 | 3476 | 4085 |
| 2009 | 24343000 | 14607 | 1667 | 14070082 | 3489 | 4033 |
| 2010 | 24273351 | 14058 | 1727 | 13945001 | 3539 | 3940 |
| 2011 | 24548227 | 13688 | 1793 | 12527046 | 3280 | 3819 |
| 2012 | 24671712 | 13509 | 1826 | 12641342 | 3284 | 3849 |
| 2013 | 24359000 | 13352 | 1824 | 12398955 | 3294 | 3764 |
| 2014 | 245005000 | 13253 | 1811 | 12079068 | 3266 | 3698 |

（资料来源：中国统计年鉴，2004～2015）

从图1.1可以看出，从2003～2014年，县镇普通高中的校均规模从2996人增至3698人，其中在2007年达到峰值4261人，每一年的校均规模均超过了3000人。然而目前超大规模高中的建设依据还是2002年颁布的《城市普通中小学校校舍建设标准》，此标准仅适用于48班以下的办学规模。由于缺乏相应办学规模下的建设规范指导和参照，一部分新建的超大规模高中，因用地过剩而产生浪费；一部分改扩建学校则因空间不足而存在安全隐患。既有校园空间环境的承载力和人们对教育资源需求之间的矛盾日益突出。从"内外统筹、学社融合"的视角来看，在超大规模高中的建设中应尽量以统筹建设为原则，使得学校与周边社区及城市的文化娱乐、体育运动等公共服务设施开放共享，提高资源的利用率，以实现学校与社区和社会互惠互利的最终目标。

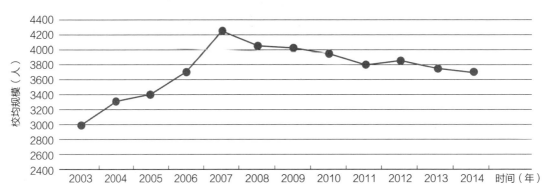

**图1.1 2003～2014年全国县镇普通高中校均规模变化示意图**

（图片来源：中国统计年鉴，2004～2015）

伴随着我国城乡一体化进程的不断加快,大量超大规模高中的新建与改扩建趋势还在增加,因此应尽快拟定适宜超大规模办学的校园建设标准以满足不断涌现的教育需求。本书即是在此背景下完成,期望研究成果能够对超大规模高中的新建、改扩建提供基础性的数据参考和设计标准。

课题的研究缘起如图1.2所示:

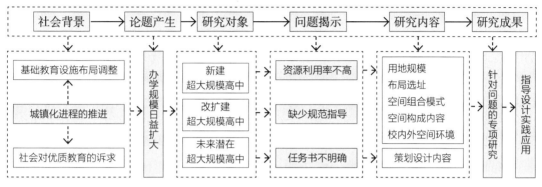

图1.2 课题的缘起

## 1.1.2 研究目的、意义

基于西部欠发达地区的社会条件、经济基础、教育资源配置等现状,本书从学生的行为、生活和校园空间环境的关系入手,通过行为与空间相互关系的实态调研,以现行《城市普通中小学校校舍建设标准》、《农村普通中小学校建设标准》、《陕西省普通高中教育技术装备标准设置指标表》等相关设计规范为基础,以完善现行中小学校建设标准为目标,为超大规模高中的改扩建提供科学依据和建设参考,解决现实与标准脱节的问题。基于以上分析,课题研究目的综述如下:

(1)总结典型地区办学特征及对超大规模高中办学的相关影响因素,提出超大规模高中建筑空间环境地域性设计原则、设计方法与空间模式;

(2)确立超大规模高中的校园用地规模,补充校园建设用地面积、建筑面积、生均用地面积、生均建筑面积等重要指标;

(3)展开对超大规模高中办学所需的建筑空间构成及其内容、各部分数量及大小的建筑空间计划研究,制定空间计划参考依据;

(4)提出校内外设施开放共享的规划模式,以适应各模式下校园空间构成内容的变化。

针对以上研究目的,本书的意义包括以下几点:

意义之一:有效遏止某些地区大量新建的超大规模高中带来的资源浪费,并为其建设提供设计依据;意义之二:为超大规模高中改扩建过程中办学标准的提升和校园环境的改善提供科学依据;意义之三:为高中管理建设、办学标准的完善、办学规模和布局结构等关系的决策提供科学依据;意义之四:为县域高中校内外公共服务设施的互利互用提出开放模式,为县域范围内"学社融合"提供规划依据。

## 1.2 国内外研究综述

### 1.2.1 国内研究现状

在我国教育学研究领域，相关期刊代表性论述有：麻晓亮在《西部县级普通高中学校规模及办学条件研究》中，从成本效益角度分析我国西部县级普通高中的办学规模，指出"西部县级示范性高中和非示范性高中的适度规模分别为3606人和2496人"[①]；张新平在《巨型学校的成因、问题及治理》一文中指出"巨型学校是相对小型学校和中型学校而言的'超级航母'式学校，是指在校生人数超过3000、班级总数高于60的超大规模中小学"[②]。学术论文以郑小明的《"超大规模高中"现象研究——以C中学为例》为代表，从规模经济、成本效益以及学生成绩等方面探讨了普通高中的适宜规模，并开展了伴随着学校规模的变化而带来的一系列教学、管理等方面的对策研究，对思考超大规模高中带来的一系列问题提供相关参考。对高中办学规模进行论述的已有代表性著作有林文达的《教育经济学》、范国睿的《教育生态学》等。在教学环境研究方面，有李秉德主编、1991年出版的《教学论》一书，其中阐述了教学环境的重要性，并将其列入教学论研讨范围；1996年，田慧生主编并出版了《教学环境论》，对这一问题进行了更为细致的研究。

在国家宏观调控政策和高中办学模式方面，代表性的有2010年出台的《国家中长期教育改革和发展规划纲要》。其中明确规定："不断推动普通高中的多样化发展。促进办学多样化、培养模式多样化，扩大优质资源，满足不同个性特征的学生们发展需要；不断探索发现和培养创新人才的途径，鼓励高中办学特色和有条件的普通高中根据需要适当增加职业教育和社会实践技能的教学内容，探索综合高中发展模式。"[③]我国正努力向综合高中的办学模式进行改革，并将其作为未来高中发展的主要方向。例如，上海市普通高中办学模式大致形成四类：重就业预备教育模式、兼有升学就业双重任务模式、偏重升学预备教育模式和特色高中。湖北省推行的四种主要办学模式有：侧重升学预备教育的高中、特色高中、综合高中及分流高中。其中的特色高中又分为文科特色、外语特色、体育特色、艺术特色等。黑龙江省高中办学模式分为侧重升学预备教育的高中、侧重就业预备教育的高中、综合高中、普通高中附设特色班四种。[④]此外，全国各地在普通高中适应新的办学需求和途径上纷纷进行了不同办学模式的尝试和探索。

在规划设计方面，中小学校作为建筑设计的一种类型，一直以来受到了建筑界、教育界的关注。截至目前，在建筑规划与设计的核心期刊公开发表的有关中学校园规划与建筑设计的研究论文共有十几篇，硕士论文有天津大学刘志杰完成的硕士论文《当代中学校园建筑的规划和设计》（2004）、哈尔滨工业大学的王严完成的硕士论文《宿制示范高中学校建筑设计研究》（2000）等8篇，博士论文仅有北京林业大学的秦柯《以北京市海淀区为例的当前我国

---

① 麻晓亮，李耀青，安雪慧. 西部县级普通高中学校规模及办学条件研究 [J]. 中小学管理，2008（11）.

② 张新平. 巨型学校的成因、问题及治理 [J]. 教育发展研究. 2007（01）.

③ 国家中长期教育改革和发展规划纲要领导小组. 国家中长期教育改革和发展规划纲要（2010–2020年）[R]. 北京：人民出版社，2010.

④ 张黎明. 我国综合高中发展探究 [D]. 广西师范大学，2005.

中学室外环境设计研究》这一篇。[4] 以上研究成果都从不同的视角探讨了近年来中学校园规划设计的实践与理论方法。

## 1.2.2　国外研究现状

在教育学领域，莫琳·T·哈里楠主编的《教育社会学手册》是一部最早的较为完整的论述高中规模及其典型案例的代表性著作。其中，美国教育家科南特认为，"在美国大多数州的教育改革中，小型中学是中等教育发展的阻碍之一，因为它造成了建设成本和师资浪费。教育经济学家们的研究成果已经表明：大规模学校比小规模学校具有更高的经济效益，扩大学校的办学规模可以获得规模经济。"[1] 因此，从 20 世纪初到 90 年代，学校合并成了美国学校发展的主流趋势。而对于适宜规模的预判，不同地区有不同的结果。美国高级中学最佳规模的相关研究中，奥斯本得出的最佳规模为 2244 人，里依计算得出的则为 1675 人，而柯恩是1500 人与 2244 人，取其平均值为 1850 人。日本一直属于主张小规模办学要优于大规模办学的国家之一。明确规定中小学校的适宜规模为：12～18 班，最大为 24 班，超过 24 班则分校，小于 12 班的学校则合并。以班级定员 40～45 人的标准来推算，得出学校的适宜规模为1200～1400 人。[2] 英国自 20 世纪七八十年代开始便进行了整合大规模学校的一系列合并活动，但并没有完全消除微型学校。一般采用的是对小规模学校进行垂直分组的方式组织教学，"垂直分组"的教学模式是指将不同年龄层和不同学习能力的学生统一安排在一个教室里上课，然后根据各方面能力再对他们进行分组。教室在空间上越来越开放化。例如一些古老的学校开始拆除教室之间的墙壁，有些地方为满足合作教学的要求还提出了一种在两个教室之间设门的"双教室计划"。

在规划设计领域，由于地区人口基数、办学规模、社会经济条件等管理体制的差异，欧美地区很少出现 3000 人以上的超大规模学校，但在已有研究成果中，关于学校与社区的互用共享、公共服务设施的设置方式、学校空间构成及其内容、主要功能用房的面积、数量及大小等方面的设计实例值得我们吸取借鉴。其中，在规划设计方面，加拿大、美国和英国的学校于 20 世纪六七十年代开始广泛实施"开放式"教室；美国于 1974 年制定了社区学校发展法。日本的"开放式小学校"则经历了不同的发展阶段：起初 20 世纪 40 年代，学校与社区处于脱离状态；到了 20 世纪 50 年代后期，学校与社区、学校与家庭开始重新联合到一起；20 世纪 70 年代到 90 年代末，学校与社区的关系完全融合，学校公共服务设施完全向社区开放共享，学校部分功能向社区转移；自 20 世纪 90 年代初至今，家庭、学校、社区全面合作，"学社融合"的教育理念深入人心并付诸实际。[3] 无论是教育学领域的探讨还是校园建筑设计的革新，关于"开放式教育"的实践都在不断向前发展。20 世纪五六十年代，英国最早开始不按学生的年龄，而同时考虑能力、智力、接受力和理解力等来划分小组，由此，传统的以"班"为单位的学习单元划分方式被取代，引进了以"生活集团"为单位的"家"的概念。[4]在空间构成上，也以此为依据进行了相关探索。90 年代末，新加坡在传统教室的基础上推出

---

① 梁彦清，美国微型学校述评 [D]. 华东师范大学，2006.

② 马晓强. 关于我国普通高中教育办学规模的几个问题 [J]. 教育与经济，2003（03）.

③ 熊淳，魏体丽. 日本义务教育学校布局调整的背景、特点及其启示 [J]. 教育与经济，2012（02）.

④ 王建梁，帅晓静. 威尔士农村小规模学校布局调整的创新及启示 [J]. 外国中小学教育，2012（03）.

了"灵活教室"和"聚落教室"的概念来鼓励学生分组学习,以便更好地融合新的教学模式。聚落教室构成了学校里一个个"典型的学习小区",每个聚落由四间普通教室组成,可共用同一层的两间专用教室。[①] 以上成果为新课改背景下高中规模办学和校园建筑空间环境的规划设计提供了可借鉴的思路和方向。

### 1.2.3 小结

#### 1. 对中等学校规模及布局的研究

普通高中适宜的办学规模取决于地域特征、经济基础、社会文化、地区人口、教育投入与需求的关系等不同因素,国内实证分析得出:在县域范围内的公立普通高中确实存在着"规模经济"现象,相比规模小的高中,规模大的学校生均成本更低、资源使用率高。对发展高中教育而言,尤其是在西部经济欠发达地区,优化布局结构,整合有限资源,集中优势力量,将规模较小和设施较差的学校调整、合并及进一步改扩建和校园更新,已是教育建筑改革的关键一步。

#### 2. 对中等学校规划及建筑设计方面的研究

随着我国教育进一步发展,在中西方教育理念的相互交流与促进下,教育政策对教育建筑的影响是显而易见的。伴随着城镇化进程的进一步推进,整合优质教育资源后带来的学校规模日益扩大、学生数量与日增多、现行设计规范及指标与现实脱节等一系列问题会愈发突出。加之教育理念不断更新,建筑技术、教育制度与建筑内涵互为影响的趋势更加突出,并且现阶段这方面只有定性的研究,没有针对空间计划和面积指标取值的地域性定量研究。

## 1.3 相关概念释义

### 1.3.1 超大规模高中

目前我国高中的办学规模以在校学生数为衡量尺度,其中《城市普通中小学校校舍建设标准》第六条规定:"高级中学班额为:18班、24班、36班,每班50人。"[②] 以此来推算的话,一所普通高中的学生人数应该为900~1800人,而超过1800人则可视为超过规范限定标准的大规模学校。

本书对"超大规模"的界定借鉴采用2006年张新平在《中国教育报》上发表的《"巨型学校":是学校还是"现代工厂"》一文中正式提出的:"中小学在校生人数超过3000人,班级总数高于60个的学校为巨型学校(也即超大规模学校)。"[③] 因国家建设标准是按照标准班50人计算,所以学校规模3000人即为60班。但因现有规范标准只支持到48班,48~60班规模的学校目前已不在少数,所以对"超大规模"的界定增加一个并列条件,即"班级数大于50班",作为对48~60班规模的学校进行相关研究的一个理论基础。

由于县域公立高中是近年来办学规模扩大的主要群体,因此,本书研究对象界定为"在

---

① 刘志杰. 当代中学校园建筑的规划和设计 [D]. 天津大学,2004.

② JB102-2002. 城市普通中小学校校舍建设标准 [S]. 北京:高等教育出版社,2002.

③ 张新平. 巨型学校的成因、问题及治理 [J]. 教育发展研究,2007.

校生人数超过 3000 人或班级数大于 50 班的县域公立普通高中"。通过研究这类最具代表性的典型案例，揭示广泛存在的校园空间环境使用问题，建立参考标准和依据，指导超大规模学校规划设计。

### 1.3.2 空间环境计划

建筑空间环境计划是以"建筑计划学"为理论基础，以人的生活、行为、心理与建筑空间环境的相互关系作为主要研究对象。本书立足于超大规模高中，运用建筑计划学的研究方法，以师生的使用、行为和空间的相应关系为基本点，探讨校园布局选址、用地规模、功能构成、空间模式、面积指标等相关计划内容及其设计要求，建立计算指标的科学公式，从而形成计划参考。

### 1.3.3 研究范围界定

本研究得到了国家自然科学基金——西部超大规模高中建筑空间环境计划研究（51378418）的资助。因此，研究对象的地域范围选择广大西部地区。其中，陕西省是全国贫困面最大的省份之一，但同时也是国家加大对西部地区教育投入的重点示范地区。所以，本书对陕西典型超大规模高中进行了重点调研和现状分析，期望以此为例，着重探讨影响校园空间环境计划的因子、计算公式及设计方法，从而指导广大西部地区的超大规模高中校园建设。通过对西部地区部分省（自治区）县镇普通高中校均规模的调查发现（表 1.2），截至 2014 年末，贵州、云南、陕西、甘肃、青海 5 省和新疆维吾尔自治区，其县镇普通高中校均规模均超过了 3000 人。目前陕西省存在超大规模高中的县城有 46 个，占全省县城总数的 57.5%，多集中于人口规模达 20 万左右的县域。

西部地区部分省（自治区）县镇普通高中校均规模（单位：人）    表1.2

| 省（自治区）<br>年份（年） | 贵州省 | 陕西省 | 青海省 | 云南省 | 新疆维吾尔自治区 | 甘肃省 |
|---|---|---|---|---|---|---|
| 2004 | 3811 | 3892 | 6120 | 7994 | 4207 | 5311 |
| 2005 | 3809 | 3721 | 7194 | 7050 | 4733 | 5181 |
| 2006 | 4649 | 3992 | 5369 | 6348 | 4659 | 5320 |
| 2007 | 4443 | 3673 | 5205 | 6169 | 4226 | 4684 |
| 2008 | 4395 | 3557 | 4554 | 5372 | 3736 | 4757 |
| 2009 | 4401 | 3568 | 3637 | 5116 | 3296 | 4443 |
| 2010 | 4413 | 3690 | 3338 | 4842 | 3351 | 4127 |
| 2011 | 3178 | 4865 | 3720 | 2905 | 3292 | 4237 |
| 2012 | 3443 | 4479 | 3590 | 2975 | 3293 | 4246 |
| 2013 | 3093 | 3387 | 2909 | 2555 | 3220 | 2133 |
| 2014 | 4422 | 3598 | 3651 | 2897 | 3277 | 3755 |

（资料来源：中国统计年鉴，2005~2015）

## 1.4 研究的主要内容、方法

### 1.4.1 研究内容

#### 1. 现状研究

研究影响超大规模高中建筑空间环境计划的主要因素，通过调研对现有超大规模高中的空间环境进行总结并分类型分析，包括其选址布局，用地规模，空间构成及组合模式，环境设施利用，校内外关系，使用空间的面积、数量、大小等。

#### 2. 构成研究

研究超大规模办学背景下高中校园校内外空间构成内容、组合方式及其相互关系，以及"学社融合"理念下的公共服务设施互用共享模式，列出类型模式图。

#### 3. 计划研究

研究超出已有规范标准规模的办学情况下，不同类型的高中校园用地规模，提出"校园有效用地"指标以及生均用地指标参考；在不同类型用地规模研究的基础上，进一步提出主要功能用房的面积、数量及大小（表 1.3）。

论文主要研究层面及研究内容　　　　　　　　　　　　　　　　表 1.3

| 研究层面 | 研究内容 | 研究关系 |
| --- | --- | --- |
| 影响因素分析 | 布局调整、选址、教学模式、办学规模 | 提供依据 |
| 类型模式构建 | 用地类型、校内外空间互用共享类型 | 提出模式 |
| 用地规模确立 | 校园有效用地面积、生均用地面积 | 确立标准 |
| 面积指标参考 | 教室、实验室、办公室、宿舍、食堂等功能用房的面积、数量、大小 | 构建体系 |

### 1.4.2 研究方法

#### 1. 文献资料法

分别以"学校布局调整"、"中学校园"、"建筑空间环境"、"建筑计划"、"超大规模高中"等为主题查找 2005～2015 年近十年的学位论文、核心期刊、知名著作及相关会议的发表论文；在书籍方面，查找与"高中办学类型"、"高中办学规模"、"校园空间环境"等主题相关的国内外书籍和文献；在数据采集方面，向陕西省、广西壮族自治区、山西省等已建超大规模高中所在地的县委、县政府、教育局、城建局等部门进行相关资料收集（表 1.4）。

文献资料收集层面及与研究课题的关系　　　　　　　　　　　　表 1.4

| 关键词 | 研究层面 | 文献查找内容 | 与课题的关系 |
| --- | --- | --- | --- |
| 办学规模 | 教育学、经济学、社会学 | 概念阐释、研究范围界定数据取值 | 对校园空间环境承载力的影响 |
| 办学模式 | 教育学、管理学、经济学 | 教育政策、教育理念教育管理方法 | 与校园空间构成及内容的关系 |
| 校园规划设计 | 教育学　建筑学 | 设计方法、设计实例 | 指导建筑及校园规划的设计理念与方法 |
| 空间环境计划 | 建筑学　规划学 | 计划方法、指标数据收集、建立模型、计算公式 | 制定规范与标准的计算公式与数据分析方法 |

### 2. 实地调研法

**（1）调研对象的选取及其特点**

调研采用"点""线""面"相结合的方式，计划实地调查 20 个县，其中在陕西省的 9 个调研对象县中各选择一所具有代表性的超大规模高中进行"面"式调研，在西部地区的其他几个省份中，选择 5 所超大规模高中进行"线"式调研，作为调研补充。在中、东部地区各抽取一个代表县城进行"点"式调研，同时作为西部地区的对比和参考（图 1.3、表 1.5）。

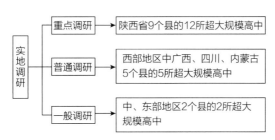

**图 1.3　实地调研选点**

具体调研的城市、地区及学校名称见表 1.5 所示。

调研对象及调研方式列表　　　　　　　　　　　　　　　　　　　　表 1.5

| 类型 | 省份或地区 | 城市或地区 | 学校 | 类型 | 调研方式 |
|---|---|---|---|---|---|
| 重点调研 | 陕西 | 关中地区 | XF 一中 | 新校区 | "面"式调研 |
| | | | FF 高中 | 老校区 | |
| | | | BJ 中学 | 新校区 | |
| | | | QX 一中 | 老校区 | |
| | | | QX 二中 | 老校区 | |
| | | | DL 中学 | 老校区 | |
| | | 陕南地区 | MX 一中 | 老校区 | |
| | | | MX 二中 | 老校区 | |
| | | 陕北地区 | SD 一中 | 老校区 | |
| | | | SD 二中 | 老校区 | |
| | | | JB 中学 | 新校区 | |
| | | | YC 中学 | 老校区 | |
| 普通调研 | 广西 | 南宁市 | NN 二中 | 新校区 + 老校区 | "线"式调研 |
| | | 北海市 | BH 中学 | 老校区 | |
| | 四川 | 成都市 | PJ 中学 | 老校区 | |
| | 重庆 | | XN 附中 | 老校区 | |
| | 内蒙古 | 乌兰察布市 | LC 一中 | 老校区 | |
| 一般调研 | 江苏 | 邗江市 | HJ 中学 | 老校区 | "点"式调研 |
| | 山西 | 临汾市 | HM 一中 | 老校区 | |

（2）调研内容

主要针对调研学校所在县基础教育设施的布局调整的相关措施及成效、超大规模高中的办学现状、校园空间环境使用及主要问题等进行调查，如表 1.6 所示。

调查内容及调查目的 表1.6

| 调研内容 | 与县政府、县教育局相关领导座谈 | 与县文化局、县体育局等相关领导座谈 | 与超大规模高中的校长座谈 | 超大规模高中空间构成及其各部分数量、大小、各组团空间组合模式 | 选取各年级3个非典型学生，观察一天行为 | 校内外空间环境功能、空间模式、利用率及相互关系 | 校园占地面积、主要功能用房（生均）用地面积、（生均）建筑面积 |
|---|---|---|---|---|---|---|---|
| 调研目的 | 了解基础教育设施布局调整的相关政策和措施 | 了解学校周边的城市公共服务设施利用情况 | 了解学校历史、现状与未来发展 | 研究主要功能用房建筑面积、空间模式以及相互关系 | 研究一个普通高中生的行为特点 | 研究超大规模高中校内外建筑空间环境及校园用地规模 | 建立指标系统，进行对比研究 |

### 3. 调查分析法

对调研数据进行分类整理和综合分析，针对典型超大规模高中建筑空间环境使用现状及其主要问题、发展趋势，对照国内外已有的相关标准及面积指标参考，对校园规划布局模式，空间内容的构成，适宜的面积、大小、数量，主要功能用房建筑面积，用地面积，文体实验空间环境校内外互用等问题进行细化和量化研究。

### 4. 规划设计实践

首先，通过研究完成的超大规模高中建筑设计与规划实践项目多处，对其建成后的使用情况进行信息反馈；其次，对近年来完成的高中建筑设计实践项目及陕西省、广西壮族自治区、青海省等地的基础教育设施布局调整规划进行回访，并对国内外优秀学校建筑实例资料进行收集。

### 5. 成果归纳总结

通过大量调研和现状数据的分析，对成果进行归纳总结，提出适宜超大规模办学的校园建筑空间环境计划内容、规划设计模式与依据，为完善高中建筑环境"建设标准"探讨研究方法、提供基础数据，并通过设计实践对研究成果进行验证、反馈、修正和完善。

本书各研究层面采用的主要研究方法如表 1.7 所示。

论文各研究层面采用的主要研究方法 表1.7

| 层次 | 研究主体 | 跨专业理论 | 本专业理论 | 研究方法 |
|---|---|---|---|---|
| 宏观 | 用地与选址、校内外统筹 | 地理学、经济学、管理学 | 总体规划 | 案例、文献、调研 |
| 中观 | 规划布局、组合方式 | 教育学、行为学、社会学 | 规划设计、建筑设计 | 案例、文献、调研、访谈 |
| 微观 | 建筑单体、面积指标 | 教育学、行为学、心理学 | 建筑设计、室内设计 | 案例、文献、调研、访谈 |

# 1.5 研究框架（图1.4）

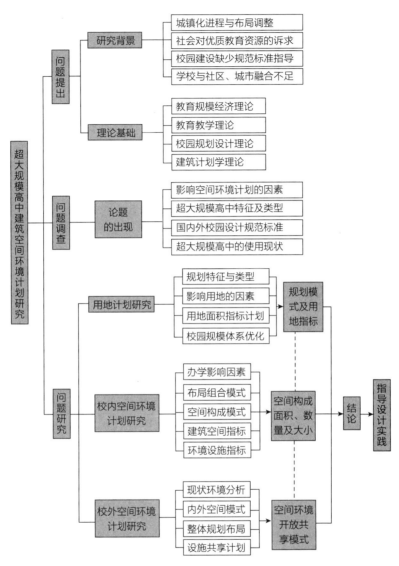

图1.4 研究框架

# 2 溯本求源：
## 国内外高中教育及规划设计的发展历程与启示

本章将通过回顾国内外高中教育办学模式与发展历程，详细阐述国内外已有研究对超大规模高中空间环境计划的启示，并结合实例提炼其不同的校园特征、设计方法与空间模式，最终总结提升，为设计与实践提供一定的参考依据。

其内容框架如图 2.1 所示。

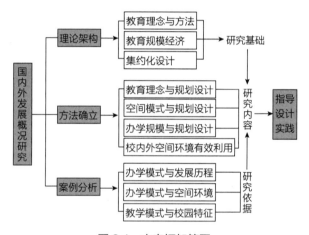

图 2.1　内容框架简图

## 2.1　高中教育办学模式演变历程回溯

从宏观层面上来看，九年义务教育的基本普及还有基础教育设施布局调整的广泛开展将为高中教育积蓄源源不断的人才力量，也将更进一步地促使高中教育的发展。当前，我国不少大中城市正处于学龄人口的入学高峰期，伴随着高等教育的迅速发展和高等学校不断扩招等政策的实施，普通高中阶段的教育已成为整个教育事业发展的关键一环，极大地影响着整个教育事业的发展。因此，大力发展高中阶段教育，不仅可以满足当前广大青少年日益增长的教育需求，也能为高等教育储备更多的高质量人才，从而形成巨大的人才力量，为我国实现"科教创新"起到重大的推动作用。

### 2.1.1　我国高中办学历程

"百年大计，教育为本"。我国教育事业经历了漫长曲折的发展历程。我国自 19 世纪后期接受西方新思想开始，引进了西方现代教育模式，主要是兴办各种新式学堂，在教育模式和建筑形制上也基本效仿西方教育体系。其中最早推行的现代教育模式应属 1904 年清政府颁布的"办学奏章"。从 20 世纪初到今日，现代教育模式在我国的实践已有 110 多年的历史，其中中小学校园建设的 110 年历史大致可以划分为前 50 年、中 30 年与近 30 年，其主要特征基本为：前 50 年——从无到有、从局部设校到全国布点；中 30 年——从非标准化到标准化建设、从不均衡到均衡化实施；近 30 年——按标准规范建设、更新、改造，城乡均衡布点，实施就近上学。新中国建立后，教育事业开始起步。但是在 20 世纪六七十年代，由于受极"左"思潮的影响和"文化大革命"十年动乱的破坏，使全国教育事业处于停滞状态，我国同西方欧美发达国家之间的差距也日趋扩大。

从 1978 年党的十一届三中全会召开以来，党中央提出全党全社会要把新时期的工作重点转移到社会主义现代化建设上来的同时，强调大力发展教育事业，带动我国经济腾飞。在此背景下，随着校园建设和教育投入的不断增加，中学校园的建筑质量开始大大提高，在一定程度上也促进了中学教育的发展。尤其是改革开放至今，我国基础教育水平及教育质量稳步提升，成绩显著，得到了世界范围内的认可与尊重。

对我国中学教育而言，20 世纪 80 年代才是正式的起步阶段。因为在此时期，教育体制、教育理念、教育投入、教学方法等方面才开始进行全国范围内的大力改革，其中"普九"政策的全面实施到基础教育布局调整的全面开展，均大大加快了教育事业的发展。1986 年 4 月 12 日，第六届全国人民代表大会第四次会议通过了《中华人民共和国义务教育法》，义务教育在全国范围内开始正式实施。1986 年第一版《中小学校建筑设计规范》的颁布，为学校的统一化建设制订了详细的标准和参考，大量学校开始完善各科实验室和专业教室，校园建筑的空间功能及各项设施也逐渐完备丰富起来。

1985 年 5 月 27 日，国家颁布了《中共中央关于教育体制改革的决定》，其中指出"教育体制改革的最终目的是提高民族素质、多出人才、出好人才"，要求"经过改革，要开创教育工作的新局面，使基础教育得到切实的加强，职业技术教育得到广泛的发展，高等学校的潜力和活力得到充分的发挥，学校教育和学校外、学校后的教育并举，各级各类教育能够主动适应经济和社会发展的多方面需要"。[①] 此项决定为学校与社区的开放互动、实现"学社融合"正式拉开了帷幕。1996 年 9 月 30 日，上海市真如中学正式成立了"真如中学社区教育委员会"，迈开了我国学校与社区共享互动的第一步，成为我国教育史上"学社融合"的萌芽和里程碑。它是以真如中学为主办单位，由学校附近的政府、商店、企业、工厂、部队等为理事单位，共同合作办学，从而实现学校与社区相融合。进入 20 世纪 90 年代以后，我国开始逐步实施素质教育，加之先进的建筑技术和材料广泛采用、计算机技术迅速发展，中学校园也逐步呈现出个性化、现代化的发展特点。

纵观 20 世纪 90 年代以来我国教育的发展历程，在社会、经济、文化、政治等方面因素的共同影响下，我国普通高中办学主要经历了以下四个阶段。

第一阶段：1990～1993 年——萎缩阶段。其中在校生规模由 713.3 万人降至 656.9 万人。

第二阶段：1994～1995 年——恢复发展阶段。其中在校生规模恢复至 713.2 万人，与 1990 年的规模基本持平。

---

① 国务院. 中共中央关于教育体制改革的决定 [R]. 北京：中共中央国务院，1985.

第三阶段：1996~1998年——快速发展阶段。在人口出生率不断增加、高等学校扩招等政策的影响下，1998年在校生规模增长为938万人，1999年甚至超过了1000万人，大大突破"九五"规划提到的在校生规模850万人的发展目标。

第四阶段：2000~2012年——多样化发展阶段。自国家颁布《中国教育改革与发展纲要》以来，教育事业按照多样性、统一性相结合的原则，不断探索灵活化、多样化的办学模式。直至今日，逐渐形成了升学预备高中、特色高中、综合高中及分流高中等高中办学模式。如表2.1所示。

我国教育发展历程与办学模式类型比较 表2.1

| 序号 | 阶段 | 时间 | | 办学模式 | 办学规模 | 学校类型 |
|---|---|---|---|---|---|---|
| 1 | 起步阶段 | 1900~1949年 | | 西方现代教育体系 | 较小 | 西式学堂 |
| 2 | 标准化阶段 | 1950~1979年 | | 分散的教学点<br>编班授课制 | 小规模增长 | 有独立的教室<br>校园规划建设及设施配备不全 |
| 3 | 多样化阶段 | 1980年至今 | 1980~1989年 | 义务教育法的探索与实施<br>校舍建设与教学体系标准化 | 平稳发展 | 标准化校舍<br>教学、生活、运动三大分区完整，各具特色 |
| | | | 1990~1993年 | 教育受到社会条件的影响而暂时停滞 | 规模减小 | |
| | | | 1994~1995年 | 恢复发展，关注课程改革与教学模式 | 从小到大 | 新型化、特色化、示范化的校舍空间及教学环境的营造 |
| | | | 1996~1998年 | 快速发展，广泛提倡素质教育 | 迅速膨胀 | |
| | | | 2000~2012年 | 升学预备教育高中、特色高中、综合高中及分流高中等多种形式 | 大规模与小规模并存 | |

在国家宏观政策等措施的影响下，高中教育的改革展开了新的篇章。1993年，国务院颁布《中国教育改革和发展纲要》；之后的2001年，国务院又颁布《关于基础教育改革与发展的决定》；继而2013年，党的十八届三中全会通过《中共中央关于全面深化改革若干重大问题的决定》："深化教育领域综合改革。……大力促进教育公平，健全家庭经济困难学生资助体系，构建利用信息化手段扩大优质教育资源覆盖面的有效机制，逐步缩小区域、城乡、校际差距。统筹城乡义务教育资源均衡配置。"[①]在《国家中长期教育改革和发展规划纲要（2010-2020年）》中指出了要把提高质量作为教育改革发展的核心任务，对于高中阶段教育，要"到2020年，普及高中阶段教育，全面满足初中毕业生接受高中阶段教育需求。加大中西部贫困地区高中阶段教育的扶持力度。逐步消除大班额。推动普通高中多样化发展。促进办学体制多样化，扩大优质资源。推进培养模式多样化，满足不同潜质学生的发展需要。探索发现和培养创新人才的途径。鼓励普通高中办出特色。鼓励有条件的普通高中根据需要适当增加职业教育的教学内容。探索综合高中发展模式。采取多种方式，为在校生和未升学毕业生提供职业教育"。[②]十八届五中全会通过了《中共中央关于制定国民经济和社会发展第十三个五年

① 十八届三中全会. 中共中央关于全面深化改革若干重大问题的决定［R］. 北京：中共中央国务院，2013.
② 国家中长期教育改革和发展规划纲要领导小组. 国家中长期教育改革和发展规划纲要（2010-2020年）. 北京：人民出版社，2010.

规划的建议》，明确规定，"普及高中阶段教育，逐步分类推进中等职业教育免除学杂费"。党的十八大把发展高中阶段教育作为"办好人民满意的教育"的重要任务之一，明确提出"基本普及高中教育"[①]。2012年，各地开始纷纷采取措施积极推进高中教育普及、推动多样化发展，国家通过实施基础设施建设等项目，对中、西部贫困地区的高中阶段教育给予大力扶持，全国高中教育普及水平也稳步提高。

上述国家相关政策和方针的出台，为全面改善高中教学条件，提高高中教育质量，鼓励多样化办学模式，实现教育公平提供了积极的制度保障。

### 2.1.2　我国高中主要问题

近百年的教育变革使得中小学校空间环境经历了从无到有、从基础到全面、从一般化到标准化的校舍空间及环境设施的改变。在国家大力发展教育事业的政策和举措下，中小学校的建设有了较快的发展，进入新的世纪，我国的教育环境也发生了巨大的变化：一是新时代对人才培养模式的要求，建设创新型社会更需要高质量的人才储备；二是城镇化进程的推进对原有基础教育布点平衡的冲击，现有中小学校空间环境亟待改进以满足基础教育设施布局调整的需求；三是人们生活品质的提升对高品质教育资源的期待与诉求愈发强烈。所以，现有教育资源的配置已经远远不能满足社会的多方面需求。主要的问题存于以下几个方面。

#### 1. 供给不足，发展滞后

一些发达国家先后将普及高中教育作为发展国民教育的基础。我国15~19岁在校学生数占同龄人的比例要远远低于OECD国家的平均水平（表2.2）。高中阶段教育成为教育事业发展的瓶颈。高中教育供给能力不足，将直接影响义务教育和高等教育的稳步发展。因此，要实现经济和社会的全面可持续协调发展，我国在人力资源储备上应充分借鉴世界各国的成功经验，教育发展的重心要从义务教育阶段延伸到高中教育阶段。只有这样，才能使我国国民素质和劳动力整体水平迈上一个新的台阶。

2010年部分国家15~19岁在校学生数占同龄人口比例　　　　表2.2

| 国别 | 15~19岁在校学生数占同龄人口比例 | 国别 | 15~19岁在校学生数占同龄人口比例 |
|---|---|---|---|
| OECD国家平均 | 85.9% | 韩国 | 91.2% |
| 澳大利亚 | 90.3% | 挪威 | 96.1% |
| 加拿大 | 95.3% | 英国 | 92.5% |
| 法国 | 94.5% | 美国 | 98.1% |
| 德国 | 98.3% | 中国 | 61.3% |

注：中国数据按照"第六次全国人口普查"人口资料推算，为15~17岁高中阶段毛入学率。

（资料来源：Education at a Glance 2010，OECD Indicators）

目前，我国每年至少有1.2亿的农村人口涌入城市，其中约1/3~1/4为15~25岁，属于高中阶段的适龄劳动力。他们在城市很难得到各种形式的教育，而且，这部分人群继续受教育

---

① 第十八届中央委员会第五次会议. 中共中央关于制定国民经济和社会发展第十三个五年规划的建议 [R]. 北京：中共中央国务院，2015.

和培训的诉求也得不到满足。我国高中教育现阶段的发展水平和世界各国相比还有较大差距。

## 2. 东西部地区发展不均衡

由于受地区经济、历史、自然地形、社会文化等因素的影响，我国西部教育的发展要远远落后于东部地区。教育观念过于陈旧、人口基数大、财力投入不足等方面的差距都是导致此问题的重要原因。因此，现阶段亟须提高教育财政的公共投入，为西部地区教育结构的调整、校园空间环境的改善、教育水平的不断提升提供巨大支持，才能促进西部地区从人口数量上的优势向人口质量上的优势转化。

近五年来，在国家大力发展高中阶段教育，支持西部地区教育发展的政策支持下，2012年全国有16个省份初中毕业生升学率在90%以上，低于80%的省份除中部地区的河南外，其余省份均位于西部地区，云南、贵州、西藏、新疆4个省区初中毕业生升学率尚在70%以下（表2.3）。提高水平较低省份的初中毕业生升学率，缩小中、西部省份与其他省份初中毕业生升学率的差距，是下一步实现高中阶段教育普及目标的重点任务。[①]

2012 年全国分区域各省份初中毕业生升学率分布情况　　　　表 2.3

| 分档 | 东部 | 中部 | 西部 |
|---|---|---|---|
| 平均 | 96.50% | 84.60% | 83.20% |
| >90% | 北京、天津、上海、山东、浙江、江苏、河北、广东、福建 | 湖南、黑龙江 | 陕西、青海、内蒙古、重庆、宁夏 |
| >80% 且<90% | 辽宁、海南 | 吉林、安徽、江西、湖北、山西 | 四川 |
| >70% 且<80% | — | 河南 | 广西、甘肃 |
| ≤70% | — | — | 云南、贵州、西藏、新疆 |

（资料来源：教育部全国教育事业统计资料，2005~2011）

表2.4是东、西部中小学的办学现状。其中西部地区小学生均校舍面积要低于东部地区，而且西部校舍危房率是东部的5.25倍，个别省区更加突出，如青海、宁夏等省区的小学校舍危房率竟高达4%以上，是东部平均值的15倍。西部中学的生均校舍面积、教学仪器达标比例、图书达标比例、危房率分别比东部低0.25m$^2$、低12.94%、低14.23%、高1.20%。因此，广大西部地区中小学教育处于非常不利的境地，校园空间环境亟待改善。

东西部中小学办学条件比较　　　　表 2.4

| 地区 | 小学办学条件 | | | | 中学办学条件 | | | |
|---|---|---|---|---|---|---|---|---|
| | 生均校舍面积（m²） | 校舍危房率（%） | 教学仪器达标校比例（%） | 图书达标校比例（%） | 生均校舍面积（m²） | 校舍危房率（%） | 教学仪器达标校比例（%） | 图书达标校比例（%） |
| 全国平均 | 4.33 | 0.72 | 44.42 | 62.97 | 6.7 | 0.70 | 70.22 | 71.46 |
| 东部平均 | 4.57 | 0.28 | 45.35 | 70.47 | 7.13 | 0.24 | 74.17 | 73.36 |
| 西部平均 | 4.21 | 1.47 | 34.47 | 45.16 | 6.88 | 1.44 | 61.23 | 59.13 |

（资料来源：中国教育绿皮书，2011）

---

① 霍益萍，朱益明. 中国高中阶段教育发展报告 [M]. 上海：华东师范大学出版社，2015.

在校舍建设方面，西部地区高中生均校舍建筑面积也低于中、东部。其中西北五省区生均建筑面积均在15m²以下（表2.5）。

**2014年全国各地区普通高中生均校舍建筑面积（单位：m²）** 表2.5

| 分档 | 东部 | 中部 | 西部 |
|---|---|---|---|
| 平均 | 14.4 | 14.5 | 12.1 |
| >20 | 天津 | — | — |
| 15~20 | 山东、辽宁、浙江、上海、江苏 | 湖南、吉林、湖北 | — |
| 10~15 | 福建、广东、河北、海南、北京 | 黑龙江、江西、河南、山西、安徽 | 贵州、广西、云南、四川、宁夏、青海、陕西、甘肃、内蒙古、西藏 |

（资料来源：中国统计年鉴，2015）

除了地理位置、建设状况外，教育经费短缺也是制约西部地区教育发展的主要原因。尤其是农村中小学校舍简陋，设施不足，不能满足正常的教学要求。在经费投入方面，西部地区教育经费仅为794.9亿元，远远低于东部地区的2084.7亿元，甚至低于全国经费平均水平（表2.6）。

**东西部地区教育经费结构（单位：万元）** 表2.6

| 地区 \ 经费 | 合计 | 国家财政性教育经费 | 社会团体和个人办学经费 | 社会捐资和集资办学经费 | 学费和杂费 | 其他教育经费 |
|---|---|---|---|---|---|---|
| 全国 | 38490806 | 25622056 | 858537 | 1139557 | 5948304 | 4918352 |
| 东部 | 20847303 | 13601159 | 629374 | 733890 | 3073069 | 2809812 |
| 西部 | 7949442 | 5806930 | 94713 | 150653 | 998066 | 899083 |

（资料来源：中国教育经费统计年鉴，2014）

西部地区危房比例高达东部地区8倍（表2.7）。由于西部地区人才储备整体素质不高，影响了地区经济发展，更造成了人力资源流失、教育投入少、地区发展落后的恶性循环。

**东西部中小学校校舍危房对比情况** 表2.7

| 地区 | 普通中学 | | 职业中学 | | 普通小学 | |
|---|---|---|---|---|---|---|
| | 危房面积（m²） | 危房比例（%） | 危房面积（m²） | 危房比例（%） | 危房面积（m²） | 危房比例（%） |
| 全国 | 4758003 | 0.99 | 477027 | 0.80 | 5994763 | 1.01 |
| 东部合计 | 540839 | 0.30 | 56623 | 0.26 | 921358 | 0.48 |
| 西部合计 | 1756098 | 2.46 | 187262 | 1.82 | 2669512 | 2.36 |

（资料来源：中国教育事业发展统计简况）

同时，在校舍建设相关指标方面，东、西部地区之间的差异也较大。现行的国家标准和规范主要有《城市普通中小学校校舍建设标准》建标102-2002、《中小学校设计规范》GB 50099-2011、《农村普通中小学校建设标准》建标109-2008、《中小学理科实验室装备规范》JY/T 0385-2006等，这些标准和规范并没有把各地区之间的特点考虑进去，而是采取"一刀切"的衡量标准，部分规范细节不明确。此外各省区市自定的中小学校评估标准差异较大，导致资源利用率不高，地域性特点不明。因此应制定适宜地区发展的建设标准，科学指导校园建设。

### 3. 高中办学模式单一，规模日趋扩大

据《2010年中国教育事业发展状况报告》显示，截至2013年底，我国共有22.86万所小学，比上年度减少1.26万所；中学6.67万所，比上年度减少0.11万所。西北五省区的普通高中的办学规模也有了较大的增长（表2.8）。随着农村劳动力每年至少1.2亿人口向城镇的迅速转移，高中教育资源日益集中，高中办学出现了学校数量逐渐减少，而学校规模日趋扩大的趋势。

如图2.2所示，从2005~2014年的十年间，受基础教育设施布局调整的影响，高中学校的数量经历了先增后减的阶段，共减少了2839所。与此同时，在校生数量也是先增后减，在2007年、2012年达到了最高值。

2012年西北五省区普通高中办学规模（单位：人）　　表2.8

| 地区 | 招生人数 | 在校生人数 | 毕业生人数 |
|---|---|---|---|
| 陕西 | 318788 | 941528 | 317300 |
| 甘肃 | 226107 | 664879 | 213620 |
| 青海 | 38197 | 106005 | 35807 |
| 宁夏 | 54814 | 157521 | 47693 |
| 新疆 | 155276 | 440717 | 135089 |

（资料来源：中国统计年鉴，2013）

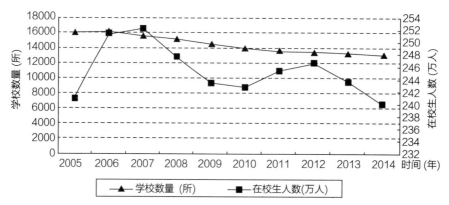

**图2.2　2005~2014年高中阶段学校数量与在校生数量的变化**
（图片来源：中国统计年鉴，2006~2015）

随着高中教育普及水平的稳步提高，全国初中毕业生进入高中继续接受教育的需求得到了较好的满足。如图2.3所示，从2006~2012年高中阶段教育普及水平变化可以看出，2006~2012年高中阶段的毛入学率上升了25.2个百分点，呈现出不断上升的趋势。初中升学率的稳步提升，为高中生源的不断增长提供了基础条件。高中阶段毛入学率的持续提高，为

实现《国家中长期教育改革和发展规划纲要（2010-2020年）》提出的"到2020年，普及高中阶段教育"的目标奠定了基础。[1]

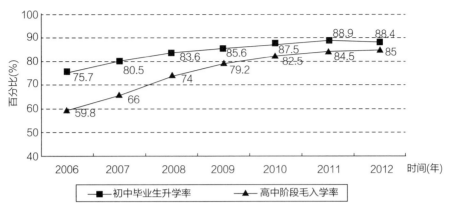

图 2.3　2006～2012年高中阶段教育普及水平变化
（图片来源：中国统计年鉴，2007～2013）

　　与"十五"末的2005年比较，2012年各地区农村普通高中招生规模降幅较大，县镇普通高中招生规模仅有西部地区保持增长。各地区城市普通高中招生规模均比2005年有所增长（表2.9）。

2005、2012年全国分区域普通高中招生规模变化情况（单位：万人）　　　表2.9

| 地区 | 2005年 | | | | 2012年 | | | | 2012年比2005年增加（%） | | | |
| --- | --- | --- | --- | --- | --- | --- | --- | --- | --- | --- | --- | --- |
| | 合计 | 城市 | 县镇 | 农村 | 合计 | 城市 | 县镇 | 农村 | 合计 | 城市 | 县镇 | 农村 |
| 全国 | 8777 | 3014 | 4883 | 880 | 8446 | 3782 | 4372 | 292 | -38 | 281 | -9.9 | -713 |
| 东部 | 3411 | 1259 | 1885 | 268 | 3078 | 1671 | 1307 | 101 | -99 | 357 | -303 | -560 |
| 中部 | 3061 | 1018 | 1693 | 350 | 2766 | 1137 | 1528 | 101 | -98 | 132 | -9.3 | -732 |
| 西部 | 2305 | 73.7 | 1305 | 262 | 2602 | 97.5 | 1537 | 9.0 | 127 | 347 | 15.8 | -925 |

（资料来源：中国统计年鉴，2011）

　　从各省区市来看，2012年与2005年相比，有14个省份普通高中招生规模有所扩大，其中增幅超过20%的分别是云南、贵州、西藏、广东、宁夏、海南、重庆7省，其中贵州增幅高达62.7%（表2.10）。

2005、2012年各省区普通高中招生规模变化情况（单位：万人）　　　表2.10

| 省份 | 2005年 | 2012年 | 增长（%） | 省份 | 2005年 | 2012年 | 增长（%） |
| --- | --- | --- | --- | --- | --- | --- | --- |
| 贵州 | 19.4 | 31.8 | 62.7 | 宁夏 | 4.4 | 5.5 | 24.4 |
| 云南 | 19.0 | 26.1 | 34.8 | 甘肃 | 20.6 | 22.6 | 9.8 |

[1] 霍益萍，朱益明. 中国高中阶段教育发展报告[M]. 上海：华东师范大学出版社，2015.

| 省份 | 2005 年 | 2012 年 | 增长（%） | 省份 | 2005 年 | 2012 年 | 增长（%） |
|---|---|---|---|---|---|---|---|
| 四川 | 51.2 | 52.2 | 2.1 | 广西 | 25.7 | 29.3 | 13.6 |
| 西藏 | 1.3 | 1.8 | 35.3 | 新疆 | 14.5 | 15.5 | 7.2 |
| 陕西 | 32.6 | 31.9 | -2.3 | 青海 | 3.8 | 3.8 | 1.7 |

（资料来源：中国高中阶段教育发展报告，2014）

在高中阶段教育发展规模从快速发展转向基本稳定的背景下，我国普通高中总体资源供给不足和校际不均衡等问题突出，需要从规划布局上实现城乡普通高中学校合理分布。普通高中在校生规模仍在增长，达到 2467.2 万人，增加了 12.3 万人（增长 0.5%）。[①]

目前在校生规模的扩张主要通过两种途径：第一种是通过新建、改扩建学校；第二种是扩大现有学校的规模。但是在实际发展历程中，学校规模的扩张通常是两者模式相混合，即新建和改扩建学校的增长与办学规模的扩大几乎同时进行。在这种情况下，大规模或超大规模的学校存在以下三种类型：新建学校、改扩建学校、潜在学校。在办学规模不断扩张的情况下，很多原本按照《城市中小学校建设标准》建标 102-2002 要求设计的学校，办学规模已超过了最高值——48 班，因没有参考依据和标准，校舍建设不得不在既有校园空间承载力的基础上容纳更多的学生，结果导致学校空间拥挤，教育环境亟待改善，教育质量和在校师生的身心健康都受到了一定影响。从现实情况来看，大多数的发展中国家因受到财政投入不足的影响，主要通过增加就学容量和班级数、扩充班级规模，继而扩大学校办学规模来解决入学问题。在城镇化快速推进下，人口从农村流向城镇，学校规模相应变大。而且，在办学规模逐渐扩大的同时，班额巨大的问题也日益突出。

依据《城市普通中小学校校舍建设标准》建标 102-2002 对高级中学学校规模和班额的规定，城市普通高中建设规模通常为"18 班、24 班、30 班、36 班，每班 50 人"。[②]但 2012 年全国普通高中平均班额为 55.8 人，超出上述建设标准中规定的班级学生数（表 2.11）。

2005~2012 年全国普通高中班额情况　　　　　　表 2.11

| 内容＼年度 | 2005 | 2006 | 2007 | 2008 | 2009 | 2010 | 2011 | 2012 |
|---|---|---|---|---|---|---|---|---|
| 平均班额（人） | 58.6 | 58.4 | 58.0 | 57.3 | 56.8 | 56.6 | 56.4 | 55.8 |
| 大班额比例（%） | 59.1 | 58.6 | 57.0 | 55.1 | 52.3 | 51.2 | 50.0 | 47.8 |
| 超大班额比例（%） | 27.5 | 27.0 | 25.6 | 23.3 | 21.0 | 20.0 | 19.0 | 17.4 |

（资料来源：中国统计年鉴，2006~2013）

全国各地区普通高中的大班额和超大班额现象仍不同程度存在。其中中、西部地区的县镇超大班额比例接近 3 成。2012 年全国普通高中大班额（56 人及以上）的比例为 47.8%，超

---

① 霍益萍，朱益明. 中国高中阶段教育发展报告 [M]. 上海：华东师范大学出版社，2015.
② JB102-2002. 城市普通中小学校校舍建设标准 [S]. 北京：高等教育出版社，2002.

大班额班级（66 人及以上）的比例则为 17.4%（表 2.12）。

2012 年西部地区各省份普通高中大班额比例（单位：%）　　　　表 2.12

| 省区 | 总体 | 城市 | 县镇 | 农村 | 省区 | 总体 | 城市 | 县镇 | 农村 |
|---|---|---|---|---|---|---|---|---|---|
| 甘肃 | 64.7 | 55.8 | 69.9 | 53.6 | 青海 | 38.1 | 38.7 | 38.9 | 28.1 |
| 陕西 | 60.5 | 55.0 | 64.4 | 53.6 | 新疆 | 29.3 | 36.1 | 22.7 | 12.9 |
| 宁夏 | 53.0 | 48.1 | 59.5 | 66.7 | | | | | |

（资料来源：中国高中阶段教育发展报告，2014）

　　中、西部地区普通高中超大班额比例偏高，分别为 23.2% 和 24.2%，明显高于东部地区 8.1% 的比例，说明这些地区教育资源相对不足，因此增加教育资源供给、改善基本办学条件和校舍建设仍是这些地区的重要任务，其中县镇普通高中办学条件改进的任务相对较重（表 2.12、表 2.13）。

2012 年全国及各区域普通高中超大班额比例城乡差异（单位：%）　　　　表 2.13

| 区域 | 总体 | 城市 | 县镇 | 农村 |
|---|---|---|---|---|
| 全国 | 17.4 | 13.2 | 21.8 | 12.1 |
| 东部 | 8.1 | 6.9 | 9.7 | 7.1 |
| 中部 | 23.2 | 18.0 | 28.1 | 13.1 |
| 西部 | 24.2 | 20.1 | 27.5 | 17.3 |

（资料来源：中国高中阶段教育发展报告，2014）

　　从各个省区市来看，2012 年全国仍然有 11 个省区市超大班额比例超过 20%，分别为四川、陕西、河南、甘肃、贵州、广西、重庆、河北、海南、河南、湖南，其中广西高达 37.0%（表 2.14）。

2012 年西北五省普通高中超大班额比例城乡差异（单位：%）　　　　表 2.14

| 省区 | 总体 | 城市 | 县镇 | 农村 | 省区 | 总体 | 城市 | 县镇 | 农村 |
|---|---|---|---|---|---|---|---|---|---|
| 甘肃 | 26.1 | 19.7 | 29.9 | 17.4 | 青海 | 5.6 | 3.9 | 6.6 | 2.7 |
| 陕西 | 25.3 | 16.3 | 30.4 | 27.9 | 新疆 | 5.1 | 5.8 | 4.6 | 1.0 |
| 宁夏 | 18.1 | 17.7 | 18.1 | 26.9 | 云南 | 19.0 | 18.7 | 19.1 | 19.9 |
| 广西 | 37.0 | 33.1 | 40.5 | 16.1 | 西藏 | 12.3 | 10.5 | 6.5 | 28.1 |

（资料来源：中国高中阶段教育发展报告，2014）

　　其中，西北五省区县镇普通高中大班额及超大班额情况更加突出。以陕西省为典型代表，县镇高中的大班额比例为 64.4%，远远超过全国的平均水平以及城市和农村的大班额比例（表 2.15）。

| 2012 年西北五省区普通高中大班额比例（%） | | | | |
|---|---|---|---|---|
| 省份 | 总体 | 城市 | 县城 | 农村 |
| 陕西 | 60.5 | 55.0 | 64.4 | 53.6 |
| 甘肃 | 64.7 | 55.8 | 69.9 | 53.6 |
| 宁夏 | 53.0 | 48.1 | 59.5 | 66.7 |
| 青海 | 38.1 | 38.7 | 38.9 | 28.1 |
| 新疆 | 29.3 | 36.1 | 22.7 | 12.9 |
| 2012 年西北五省区普通高中超大班额比例（%） | | | | |
| 省份 | 总体 | 城市 | 县城 | 农村 |
| 陕西 | 25.3 | 16.3 | 30.4 | 27.9 |
| 甘肃 | 26.1 | 19.7 | 29.9 | 17.4 |
| 宁夏 | 18.1 | 17.7 | 18.1 | 26.9 |
| 青海 | 5.6 | 3.9 | 6.6 | 2.7 |
| 新疆 | 5.1 | 5.8 | 4.6 | 1.0 |

（资料来源：中国高中阶段教育发展报告，2014）

受人口流动等因素影响，原有的农村中小学校基础教育设施布点经过布局调整后出现了大量闲置，而原本供给不足的城市中小学校就学压力剧增，办学规模日益扩大，校园办学容量已经远远超过了校园空间环境的固有承载力。在就学供给严重不足的背景下，各种限制就学的政策又被迫出台，导致就学难、社会教育不公的现象进一步加剧。随着我国政治、经济、文化等领域的快速发展，特别是九年制义务教育的基本普及，应大力推动高中教育向普及化、多样化发展。然而，原本过于单一的高中办学模式在规模迅速膨胀集聚的背景下，给校园建设和更新带来了新的问题。

目前，我国高中的办学模式主要有普通高中和职业高中两种形式，而真正意义上的综合高中几乎不存在。普通高中和职业高中两者之间差异很大，缺乏相互联系沟通。因为普通高中办学基本目标是"升学预备"，所开设的课程主要是为高考而准备，老师授课、学生学习也以考学为最终目标。但是受我国高考体制和资源配置方式、地区水平差异等因素的影响，很大一部分高中毕业生毕业后无法升入大学。由于没有技能，无法适应市场经济的需求，影响了个人生存。而职业高中则基本开展"就业预备"式的教育模式，为就业做职业培训，学校主要开设职业技术课程。可是在传统的"精英教育"思想影响下，职业技术学校的学生总觉得"低人一等"，存在自卑心理，所以职业高中始终处于社会边缘而受不到社会的普遍重视。但随着经济文化的进一步发展，整个就业市场对人力资源的需求离不开职业高中的支持。

由此可见，办学模式过于单一，导致人才资源储备不足，严重制约着我国高中教育的健康发展。因此，为了扩大校园容量、提高既有校园空间环境的承载力，满足人们对优质教育的诉求，全面提升现有中小学校空间环境品质的任务异常繁重。但唯有这样，才能从根本上化解择校潮，实现教育公平公正，使广大学生和家庭受益，完成新时期教育的历史使命。

**4. 基础教育设施配置滞后，资源利用率低，学校与社会融合不足**

教育发展的优劣主要取决于资源如何优化配置。要促进西部地区教育事业的发展，进一步缩短东西部差距，必须从根本上改革传统的教育资源配置方式。由于各阶段、各类教育的对象、任务、特征、内容不同，所以资源配置方式也不同。从社会经济学来看，社会化大生产的资源配置主要有计划配置和市场配置两种方式。评判它们的标准至少有两点：第一点是结构优化，即能够使资源配置及其生产方式最大程度符合社会要求；第二点是效率增长，资源使用者以节约资源耗费、减少占用为目标，从而加快周转、提高素质，促进社会经济效率的显著增长。[①]

自 20 世纪 90 年代中期以来，受人口出生率的增长和高等学校不断扩招等因素的影响，我国普通高中教育事业发展迅速，高中教育资源的配置也有了明显的改善。从 1994～2014 年的 20 年期间，普通高中学校数从 13991 所增加到 16092 所，增加了 19.3%，在校生数由 713.2 万人增加到 2409.1 万人，增加了 237.8%，专任教师数从 55.1 万人增加到 129.9 万人，增加了 135.8%，生师比由 13:1 提高到 18.5:1。普通高中的教学条件也有了很大改善，例如理科试验设备达标率由 51.35% 提高到 65.35%，实验室建筑面积达标率由 50.06% 提高到 67.6%，体育场馆面积达标率由 46.32% 提高到 60.27%，图书馆达标率由 49% 提高到 64.3%。[②]

但是由于东、西部地区经济水平的差距，农村中小学校经过布局调整，优质资源不断集中、学校规模日趋扩大，导致在经济欠发达地区的一些学校教育资源得不到均衡配置，要么因为缺乏相应的设计规范和依据，导致大量新建学校成本增加，资源浪费；要么在原有的老校区，因为缺乏教育资源的合理均衡配置以及整合，造成学校和社会融合不够紧密，公共服务设施不能在学校和社区之间共享互用，公共财政投入不能发挥应有的作用。例如，XY 县斥资 1.2 亿新建的"超级航母式"学校——XY 一中是当地的重点高中，教学质量高、设备配备完善、校园空间环境良好。标准体育场、体育馆、游泳馆、艺术中心、报告厅等文体娱乐、公共设施一应俱全，却完全封闭在校内，仅在上课时使用，很多场馆绝大多数时间门锁紧闭，无人问津，极大地浪费了公共财政的投入；与此同时，学校周围的社区、单位基本没有这些设施，也无法使用这些公共资源。学校与社区各自封闭起来，缺乏有机的联系，导致教育资源在地区内的配置严重失衡，影响了资源利用率，增加了建设成本。此外，DL 中学位于 DL 县城中心，学校用地受到周围环境的限制，极为局促，在原有用地上仅能满足在校师生的教学、办学、生活，其他大型文体娱乐设施根本没有足够的空间环境。在公共基础设施匮乏的环境下，很多新型的教学内容、"第二课堂"和"课外实践"都无法开展，影响了学校的教育质量。而在距学校 1000m 的服务半径内就坐落着县剧院、县体育馆和县图书馆，这些设施在向社会开放的同时并没有和学校有机联系在一起，造成公共财政投入资源利用率不高，学社融合不足。因此，校内外的公共财政投入应视为一个整体，在不影响各自独立完整的同时，实施互用共享，均衡配置及使用资源，提高综合利用率，这样才能极大地节约成本，减少浪费，互利共赢（图 2.4）。

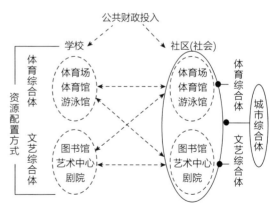

**图 2.4 校内外公共服务设施资源配置方式**

① 麻晓亮，李耀青，安雪慧. 西部县级普通高中学校规模及办学条件研究 [J]. 中小学管理，2008（11）.
② 霍益萍，朱益明. 中国高中阶段教育发展报告 [M]. 上海：华东师范大学出版社，2015.

以上说明，我国人口基数大、地域广阔、地区差异明显，教育资源配置和利用应以校内外统筹为原则，城市公共服务设施等公共资源应学校向社区开放、社区与学校共享，这样才能提高资源利用率，减少浪费，为经济基础薄弱的西部地区缓解公共财政紧张、资源分配不均的矛盾，也能在一定程度上解决基础教育设施的滞后问题。

## 2.1.3 国外高中办学历程

在西方，学校"school"、"schule"源于希腊语"schole"，词义的溯源是"闲暇"、"休息"。"学校"在词典里释为："学校是这样一种教育机构，它让一群通常是没有血缘关系、但属于相同社会阶层的青少年聚合在一起，进行着与家庭教育和学徒教育不同内容的教育。"[①]高中阶段的教育在不同国家的教育体制下形成了丰富多样的办学模式。以日本为例，日本在二战后基本上形成了普通高中、专门高中和综合高中为特征的三足鼎立的局面。自20世纪80年代以来又诞生了一大批特色高中及其特色学科，进一步丰富了日本高中教育的办学模式。所以在多样化的办学模式下，高中校园空间环境以及学科设置的具体形式也更加丰富多彩。例如，按照学科分类的角度看，有普通高中、专门高中（除职业高中以外的数理高中、美术高中、体育高中、英语高中、音乐高中等）、职业高中（专门高中的一种，包括农业高中、工业高中、医护高中、水产高中、畜牧高中、家政高中等）、综合学科高中（普通学科和专门学科相融合）、综合高中等。在学校类型多样化的基础上，校舍空间环境建设也呈现出多样化的局面。例如设置特别教室、学科教室、特别活动室（每两间教室设一间多功能室）、科目教室、信息中心等。[②]

而在美国，最突出的高中办学模式就是"学校与社区融合"的办学理念。最早提出"将学校融入社区"的是美国学者杜威（Dewey J）。他提倡"儿童中心主义"，他认为教育设施和服务一定要以"儿童"为主体进行组织。学校和生活、学校和社会是紧密联系的。中小学校里开展的典型教学活动应该是以儿童参与和体验为本位，围绕多功能、多地点而展开。例如儿童餐馆、儿童商店、农场、野外森林、加工厂等社会生活实践的体验。然后在老师的协助下，儿童自己设立实验室，研究自然科学或者进行小规模的实验。同时，学校可以利用周围社区的一切可利用的教育资源、公共服务设施和场所，甚至以"社区为教室"，例如将社区里的工厂、咖啡厅、图书馆、娱乐中心、企业等为学校使用。[③]教学模式也由单一的课堂讲授变得灵活自由和多样化，例如在社区公共场所展开讨论和公共演讲、在加工车间里进行操作演练等。还有"多地点学校"、"校中校"、"镇中镇"等多种类型的学校。学校也日渐成为社会性的开放校园，成为社区居民、地方组织、联邦机构共同参与的公共活动中心。其中美国费城的"公园道路学校"就是著名的一例。[8]

英国高中教育的办学模式首先要追溯到二战前的在"精英主义教育"价值取向下的文法学校和公学；自二战之后至20世纪80年代的一段时期内流行大众化的高中教育办学模式；20世纪80年代以后，高中教育的办学模式进行了综合化体制改革。其中英国"多元主义"的政治主张极大地影响了教育学家们对教育体制的改革方向，即理想中的学校应该提供较为

① 现代汉语辞海编辑委员会. 现代汉语辞海 [M]. 北京：中国书籍出版社，2011.
② 刘淑杰，张燕茹. 日本中学教育的新模式及其启示 [J]. 辽宁教育行政学院学报，1999（05）.
③ 李婧. 美国高中教育教学模式的多样化 [J]. 比较教育研究，2009（10）：37-41.

弹性灵活、为不同学习能力和学习基础的学生提供多种教育类型的综合性学校，从而使得每个人的潜能都能得到充分的发挥。因此，英国创办了多样化的"学校超市"以供家长和学生们选择，其中主要类型包括新型城市中学、社区学校、专门学校等。①

各个国家的办学理念、办学模式及学校类型比较如表2.16所示。

不同的教育类型下各国办学模式差异比较　　　　　　　　　表 2.16

| 国家 | 办学理念 | 办学模式 | 学校类型 |
|------|---------|---------|---------|
| 日本 | "学科多样化" | 普通高中、专门高中和综合高中三足鼎立 | 普通高中、职业高中、综合高中、综合学科高中、专门高中 |
| 英国 | "大众教育"、"精英教育"、"多元主义" | "学校超市" | 新型城市学术中学、文法学校、教会学校、城市技术学院、社区学校、捐助学校、专门学校 |
| 美国 | "学校与社区融合" | "社区学校" | "公园道路学校"、"校中校"、"镇中镇"、"多地点学校"、社区实验中心、社区工厂、社区图书馆…… |

## 2.2　教育规模经济相关理论支撑

### 2.2.1　"教育规模经济"理论

经济学上通常讲的"学校规模优势"是指学校规模扩大后能产生规模经济的现象。具体原因包括：首先，要求学校内部的各项教育设施及资源在使用总量上不超过规定的数量；其次，学校规模扩大后，学校内部人员的分工更趋于专业化；最后，达到一定规模的学校还降低了学校管理成本。因此，经济学家们对于学校办学规模的研究，主要借用"规模经济"的理论来分析"教育规模经济"产生的问题。

"规模经济（Economics of scale）是经济学中的一种特殊社会现象，它是指随着企业生产规模的扩大，使得产出的增加大于收入的增加这样一种现象。"这是由于生产规模扩大后，资源的利用率得到了提高，单位产品的成本有所降低。当然，这样的规模扩大并不是无限增长的，因为过大的组织规模会导致内部信息处理和协调工作变得更复杂，并且需要投入更多的成本，导致规模不经济产生。一般来说，经济学家普遍认为生产成本与规模之间的关系呈U形曲线，一定范围内，生产成本随着规模的扩大而逐渐降低，但是超出范围后，成本又逐渐升高，U形曲线的最低点即为成本最低的规模。学者们普遍认为，经济学中"规模经济"理论同样适用教育学。所以，"教育规模经济"理论可以表示为学校规模与教育成本之间的关系，就像企业规模及其生产成本的关系一样，呈U形曲线。② 如图2.5所示，在一定范围内，教育成本随着学校规模的扩大而逐渐降低，但超过临界值规模，教育成本会再次升高，此时的学校规模（U形曲线的顶点）即成为教育成本最低时的最佳学校规模。教育收益会随着学校规模的扩大而逐渐减少。因此，为了取得教育成本和教育收益的平衡，最佳学校规模成为曲线关系图中的重要转折点。[9]

① 孔凡琴. 多维视阈下的英国高中教育办学模式研究 [D]. 东北师范大学，2011.
② 徐小平. 贫困山区普通高中规模效益研究 [D]. 西南大学，2008.

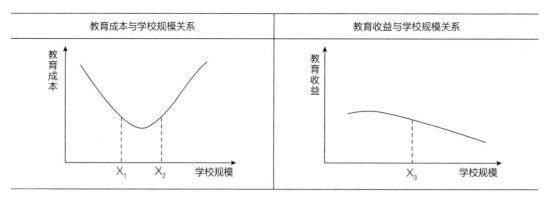

图2.5　教育成本、教育收益与学校规模关系的曲线示意图

所以"教育规模经济"理论成为支撑学校规模扩大的重要依据。支持学校规模扩大的原因是学校可以将节约下来的资源和成本，用于提高教师工资，提供更多培训，不断升级基础设施，为学生营造良好学习环境，提高成绩和教学质量。此外，另外一派学者认为学校规模扩大后能够提供更全面且多样化的课程。相比小规模的学校，大规模学校更容易出现多元化的兴趣，从而提供更全面广泛、灵活多样的课程。①

教育经济学相关研究表明，办学规模过大或过小都有弊端。在教育学领域运用"规模经济"的相关理论，通过对学校教育成本和教育收益之间关系的考量，可以反映出教育资源的利用率。若教育资源利用不充分，此时考虑适当扩大规模而不带来额外的成本，我们称之为"规模经济"；反之，若教育规模的扩大会增加教育成本则称之为"规模不经济"。所以，"教育规模经济"需要以下两个条件才能实现：一是资源利用是否充分；二是规模扩大是否合理。[12]

### 2.2.2　国外相关理论研究

#### 1. 办学规模与教育规模经济的关系

西方教育学学者通常运用"教育成本函数（Education cost functions）"对英国、加拿大、美国等发达国家的学校规模进行研究。研究证明：在中等及高等教育中均存在"规模经济"现象。在美国，已有34项研究发现，教育生均成本是一条U形曲线，当学校规模超过了一定的学生数量时，规模经济确实存在。

对大规模学校的研究最早开始于1967年，首先是哈佛大学校长科南特，他认为超过750人规模的学校可以节约成本，提高教学质量。接着学者科恩、里依、奥斯泊恩分别得出了学校的适度规模是2244人、1675人和1850人。而运用数理统计方法，通过计量经济模型——"成本函数"来估算成本可以得出，美国高中学校的适度规模在2000人左右。②而对于最佳学校规模，各个地区情况不同，尚未得出一致的结论。

与此同时，学者们还发现，规模过大之后也带来更多问题，如校园人际关系冷漠、辍学率升高、学生成绩下降等。随后，"大规模学校"的理论遭到了质疑，因为在美国相当一批规模达2000人甚至更多的学校中发现，规模越大，老师很难为每个学生提供教学帮助，管理困

---

① 沈晓雪. 上海市初级中学的适度学校规模研究 [D]. 华东师范大学，2012.

② 梁彦清. 美国微型学校述评 [D]. 华东师范大学，2006.

难，教育质量不高。所以，20 世纪 80 年代以来，美国开展了"中等学校小型化"的运动，许多大规模学校纷纷开始尝试分为若干个小学校。一时之间，"小的就是美好的"成为主要潮流趋势。综上，可以得出这样的结论：一是中等学校存在适度规模具有一定的客观性和合理性；二是学校适度规模的取值有较大的变化，各个地区并不统一。

除了教育经济学外，教育社会学、教育政治学、教育人类学和教育可持续发展等相关理论都对办学规模与规模经济之间的关系展开了深入的研究。最终确定"学校适度规模"的客观存在成为大家一致认可的结论。

### 2. 办学规模与教育收益的关系

从教育效益的角度，国外学者主要研究了学校办学规模的大小对课程设置、学生成绩的影响。对于学生成绩和学校规模之间关系的研究，学者们还没有得出一致的结论。

学者里依在美国威斯康星州研究 108 所高中得出：当学校规模为 143 人至 200 人之间时，仅能提供 3417 个学分；而规模在 1061 人至 2400 人之间时，则可提供 8013 个学分。规模越大，教师越能游刃有余地展开教学。因为规模越小，教师个人任课门次越多。规模扩大，学校能够提供多样化的课程。Koizumi 在印第安纳州研究证明，规模越小，成绩越好；而 Hammett 的研究结果则恰恰相反，他认为当教育成本一定程度被限时，较大规模学校学生成绩要高于较小规模学校学生成绩。同时，学者 Lee 和 Smith 发现，在校生规模为 600~900 人时，学生的综合成绩最高。[①]

而日本则一贯主张小规模的教学环境要优于大规模的学校。20 世纪 80 年代开始，日本就提出要拆分规模过大的学校。如果班级数超过 31 班，则认为规模过大，学校就要拆分成小的学校。日本政府从 1986 年起，逐步取消规模过大的学校，同时增加相应用地补给原有设施不足的学校，有助于规模过大的学校逐渐缩小规模。在日本，班级最佳人数为 40 到 45 人，按一个学校最大规模为 30 个班计算，中小学校的最大规模则为 1200~1400 人。[②]

### 3. 办学规模与地区之间的关系

美国教育学者认为学校规模与地区经济有一定关系。农村地区学校的规模相对要小一些，城市地区则要求更大一些。相关研究表明：贫困地区学校规模小但是有利于成绩的提高，经济发达地区学校规模大则更有利于成绩的提高。因此，立法机关规定：对学校的规模进行上限规定，民间基金会也出资在贫困地区创办小型学校。

美国与日本学校适度规模取值及其影响因素分析如表 2.17 所示。

**美国与日本学校适度规模取值及其影响因素比较**　　　　表 2.17

| 内容 项目 | 适度规模（人） | 教育效益 | 学生成绩 |
|---|---|---|---|
| 美国 | 2000 | 规模越大，学校能够提供更加多样性的课程及学科教育。 | 农村地区学校规模与成绩呈反比关系。城市地区学校规模与成绩呈正比关系；600~900 人的高中综合成绩最高 |
| 日本 | 1200~1400 | 小规模教学环境要优于大规模学校 | 班级数超过 31 个则影响学生成绩，被拆分为小型学校 |

① 翁伟斌. 美国"小型化学校"的改革与发展 [J]. 外国中小学研究，2006（07）.

② 熊淳，魏体丽. 日本义务教育学校布局调整的背景、特点及其启示 [J]. 教育与经济，2012（02）.

### 2.2.3 国内相关理论研究

#### 1. 办学规模与规模经济的关系

我国学者对学校规模的研究同样也从"规模经济"的视角出发，但是现阶段的研究仅停留在理论上，论述了规模经济的存在，并没有通过实证证明。其中学者靳希斌认为，"教育资源具有整体性和不可分性"，即学校的教育资源必须同时投入与使用才能达到最大利用率，例如教室里既有桌椅板凳，又有多媒体设备，以及各种教材，授课教师才能保证正常教学的进行；并且"某些资源购置和使用必须是一个自然单位，不能分割使用，例如教室不能只建半间，教师也不能只聘半个人"。根据靳希斌"教育资源具有整体性和不可分性"可以得出：学校规模较大有利于提高资源的利用率，优化配置，提升教师的细致分工程度，降低成本。而厉以宁教授则认为，"学校规模过大会带来管理方面的费用和人事纠纷的增加、机构过于臃肿、管理效率低等问题"。[①] 这说明学校规模的扩大范围并不是无限度的。

我国现阶段对办学规模经济的研究大多集中在高等教育领域。例如，有关研究表明，当高等学校在校生人数达到 8000～10000 人，生均成本随在校生人数的增加而减少；若超过 10000 人后，生均成本则基本不变。北京大学的闵维方、丁晓浩等学者也对高等教育规模经济问题进行了长期的研究。但学界对中等教育规模经济的研究特别是实证方面还较少，主要是因为教育规模经济方面的研究有大量的基础性数据需要采集，工作难度较大。

相关学者研究认为，决定学校适度规模的指标不能以学生人数为标准，针对教育投入、经济基础、地区文化、办学条件不同的学校，最佳规模应该不同。关于"学校适度规模"概念，王善迈教授的研究揭示了具体的内涵及外延。他认为，"当学校的学生和教职工、各项设施和设备之间的比例构成关系处于最佳状态时，这时的规模就可以认为是这个学校的适度规模。这个适度规模既包括教师的适度规模、设备的适度规模，还包括了学生的适度规模"。他还提出了学校适度规模的计算方法，即学生适度规模的取值取决于教师数量、师生比以及学校的设备数量。教师的数量已知，且处在学校适度规模下的教师数量和配套设施数量均可以根据学校已有的教学计划计算出来。然后再根据已知的教师数量、设备数量来确定学生适度规模。[②] 靳希斌教授认为"教育规模经济"的充分必要条件首先是资源是否充分利用以及学校规模扩大后不会衍生规模不经济缺陷。他认为，学校办学规模过小，教育资源的利用不够充分，就达不到理想的规模经济。教育规模的扩大范围是存在有限性的，规模过大也不一定就是规模经济。[③] 两位学者虽然没有给出学校的适度规模，但均从理论层面论证了教育规模经济的存在。

最早进行实证研究并推衍出学校适度规模大小取值的是我国台湾地区的学者林文达教授。他对台湾 21 所中学的学校规模进行了相关研究，发现台湾中学适度规模是 1800～2200 人，而台北市则是 2200～2400 人。[④] 以此，进一步论证了在不同地区和经济社会背景下学校的适度规模不同。另一位台湾学者林淑贞在《台北市国民中学经营规模之研究》中对全台北市的

---

① 靳希斌. 教育经济学 [M]. 北京：人民教育出版社. 2009.

② 王善迈. 经济变革与教育发展——教育资源配置研究 [M]. 北京：北京师范大学出版社，2014.

③ 靳希斌. 教育经济学 [M]. 北京：人民教育出版社. 2009.

④ 林文达. 教育经济学 [M]. 台北：三民书局股份有限公司. 1984.

46 所中学进行了学校适度规模的研究，该研究得出"城市市区学校的校均规模要明显大于城镇或郊区。在 46 所被研究的中学中有 32 所位于市区，平均规模均大于 1500 人，三分之二的学校规模大于 2500 人，三分之一的学校规模大于 3000 人，其中三所学校甚至超过了 4000人，而学校的教学及生活秩序一切正常"。因此，结论中林淑贞学者支持大规模学校。她认为中学的学校适度规模超过 4000 人，而城市和郊区的学校规模是不同的。

国内学者通过采集样本来研究"学校规模"最早始于义务教育。其中学者王玉昆对北京东城区 27 所普通中学的学校规模进行了相关分析。研究得出 27 所普通中学中最大的学校规模 2195 人，最小的学校规模 570 人，校均规模 1316 人，而且学校规模与办学效益呈显著的正相关关系（r=0.345），在 2195 人以下的学校，办学规模越大，效益越高。学者刘宝超从提高资源使用率的视角认为，"小学以每校 18 ~ 24 班，每班 40 ~ 45 人，全校为 720 ~ 810 人为宜；中学以每校 24 ~ 30 班，每班 40 ~ 50 人，全校为 1350 ~ 1500 人为宜"。① 但是有些学者根据我国教育发展不平衡的现状提出了普通高中合理的办学规模。马晓强提出，"我国普通高中办学规模可分类型定为：普通高中校均规模控制在 1400 人左右，城市及县镇的校均规模可以扩大到 1500 人，农村地区控制在 1000 人。这样可以坚持对城市、县镇和乡村地区进行分类指导的原则，更具现实性。"②

对于影响我国中小学校规模变动的相关因素研究目前大部分集中于我国农村中小学基础教育设施的布局调整——即"撤点并校"。石人炳教授认为，人口年龄及其分布影响了学校布局调整和数量、分布、规模的变化，特别是学龄人口的减少推进了学校布局调整的实施。学者郝文武在其研究成果中指出，城镇化必然推动了学校规模的变化。学者万明钢、白亮指出，部分教育工作者过度追求所谓的"教育规模经济"而导致了大规模学校的变化和广大学生就学难的教育不公现象。③ 李祥云在《中小学学校规模变动的决定性因素：人口变化还是政策驱动？——基于省级面板数据的实证分析》一文中指出，"2001 年之前，中小学校规模的扩大更多是由地区适龄人口的变化所引起的；而在 2001 年之后，则主要是因为教育决策者过分追求学校规模优势而大幅度减少学校数量——'撤点并校'相关政策所导致的。同发达国家一样，过分追求学校规模优势也带来了诸多问题。因此，对仍在进行的中小学校整合政策必须有所调整"。④

### 2. 办学规模与教育收益的关系

我国学者主要是从布局结构调整、优化资源配置的角度提出学校的适度规模，从而进一步提高办学效益。在 2005 年中国教育经济学年会上，魏真发表了《我国高中教育扩张与学校规模效益》的论文，根据我国高中规模扩张的人数与教育经费短缺之间的矛盾，提出应通过调整布局和资源重组实现规模效益。

关于教育质量与适度规模之间关系的研究，代表学者是我国张学敏教授。他通过建立理想状态下的质量—规模模型得出，伴随着学校规模的变化，教育质量呈现出先增后减的趋势

① 刘宝超. 关于教育资源浪费的思考 [J]. 教育与经济，1997（09）.
② 马晓强. 关于我国普通高中教育办学规模的几个问题 [J]. 教育与经济，2003（03）.
③ 郑小明. "超大规模高中"现象研究——以 C 中学为例 [D]. 天津大学，2004.
④ 李祥云，祁毓. 中小学学校规模变动的决定性因素：人口变化还是政策驱动？——基于省级面板数据的实证分析 [J]. 北京示范大学学报，2012（04）.

线。同时他将学校的适度规模分为大力发展期（DX）、平稳发展期（XY）和限制发展期（YE）三个不同阶段。如图 2.6 所示，中间的虚线代表教育水平的最低质量标准。通过教育规模与质量的折线关系图，张学敏教授主张，对于不同阶段和状态下的学校，应实行不同的政策引导。[①]

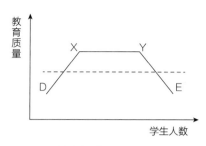

图 2.6　教育规模与教育质量关系图

从辍学率、家庭对学校活动的参与性角度看，更多的支持者倾向于小规模学校。这也足以证明学校规模的扩大、优质教育资源的集中并不利于所有学生成绩和积极主动性的提高。

### 3. 办学规模与地区的关系

从不同发展水平的省、市、自治区办学规模增长趋势可以看出：陕西、贵州、青海、四川、西藏等地区办学规模的扩张速度位居前几名，而北京、河北、上海、吉林等省市发展较为平稳。这和近年来国家支持西部大开发，促进西部教育事业的相关举措有很大关系。但西部地区经济基础薄弱，教育规模和学校数量仍要远远落后于其他地区。

同时，根据我国不同行政区划的类型得出，西部普通高中的规模增长速度要高于东部和中部。从时间上看，近 5 年普通高中都处于高速发展期，所以办学规模提升很大。其中西部地区增幅 36%，东部地区增幅 17%，中部地区增幅 18%，可见规模扩张的速度和原因在不同类型和地区各不相同。以西部地区为例，虽然普通高中学校数量逐年递减，可在校生人数却持续增加，这"一增一减"导致了高中的校均规模涨幅最高。尤其是广大西部的农村地区县镇普通高中是当前全国高中教育发展的重点地区，和我国城镇化进程的大力推进以及高速发展息息相关。根据我国高中教育的发展情况，可以得出以下数据（表 2.18）。

2005 年、2012 年全国及各区域普通高中校均规模　　　　表 2.18

| 区域 | 在校生人数（人） | | 学校数（所） | | 校均规模（人） | |
|---|---|---|---|---|---|---|
| | 2005 年 | 2012 年 | 2005 年 | 2012 年 | 2005 年 | 2012 年 |
| 全国 | 24090901 | 24671712 | 16092 | 13509 | 1497.1 | 1826.3 |
| 东部 | 9602290 | 9260518 | 6181 | 5104 | 1553.5 | 1814.4 |
| 中部 | 8301750 | 8101184 | 5124 | 4253 | 1620.2 | 1904.8 |
| 西部 | 6186861 | 7310010 | 4787 | 4152 | 1292.4 | 1760.6 |

（资料来源：中国高中阶段教育发展报告，2014）

综上研究分析，我们可以列出近年来我国教育学、经济学、社会学等相关学科的学者们关于教育成本、教育收益、教育经济和学校适度规模等领域及其关系的研究成果，在此基础之上，给予后续的相关研究以指导和参考依据（表 2.19）。

① 张学敏，陈相亮. 论学校适度规模及其类型——基于数量与质量双重因素的分析 [J]. 高等教育研究，2008（11）.

**关于教育收益、教育成本、教育经济和适度规模关系的代表性研究成果** 表 2.19

| 篇名 | 作者 | 发表时间 | 研究主题 | 研究方法 | 学科 | 类型 |
|------|------|----------|----------|----------|------|------|
| 我国中小学班级规模研究 | 王燕 | 2008年 | 分析中小学班级规模对教育质量、教育公平、教育经济效益产生的影响 | 班级适度规模问题及其对策 | 教育学、经济学 | 论著 |
| 贫困山区普通高中规模效益研究 | 徐小平 | 2008年 | 贫困地区高中的适度规模和教育效益 | 以湖北恩施州高中为例，研究贫困山区高中适度规模的实证研究 | 教育经济学 | 论著 |
| 论学校适度规模及其类型——基于数量与质量双重因素的分析 | 张学敏、陈相亮 | 2008年 | 教育质量与学校适度规模的关系及分类 | 建立区间曲线模型、理想状态假设 | 教育经济学 | 期刊 |
| 欠发达地区普通高中教育资源配置优化研究——以广西南宁市为例 | 黄幼岩 | 2012年 | 经济欠发达地区的高中教育资源均衡配置策略研究 | 选取案例实证分析，实现教育资源配置均衡性、公平性和有效性 | 教育学、经济学 | 论著 |
| 中小学学校规模变动的决定性因素：人口变化还是政策驱动？——基于省级面板数据的实证分析 | 李祥云、祁毓 | 2012年 | 人口因素和政策因素对学校规模变化的影响 | 构建1980~2008年包含影响我国中小学学校规模变动各因素的省级面板数据模型 | 教育经济学、教育人口学 | 期刊 |
| 关于我国普通高中教育办学规模的几个问题 | 马晓强 | 2003年 | 我国普通高中办学规模大小可分类型 | 对城市、县镇和乡村地区分类指导的原则 | 教育与经济 | 期刊 |
| 上海市初级中学的适度学校规模研究 | 沈晓雪 | 2012年 | 上海初级中学的适度规模研究 | 构建学校规模与教育成本和收益的近似曲线模型 | 教育经济学 | 论著 |

关于学校适度规模的已有研究主要包括以下几个方面：

**1. 关于学校规模大小的研究**

（1）支持大规模学校的主要观点

已有研究主要从经济学出发，主张大规模的学校在规模整合后其课程选择、教育资源利用等方面具有明显的规模经济优势。同时小规模学校经过整合后可以聚集大量的资金、资源、教学设施、设备、空间场所、师资力量等，这样可以通过较低的生均教育成本培养更多的学生，从而提高教育效益。此外，大规模学校课程更满足学生的需求，因为各项投入、经费包括师资等各项资源相对雄厚，可以根据学生的需求开设多样化课程。而小规模学校则不得不将资源集中在一些主要项目中，而无法满足一部分学生的个人兴趣和爱好。对于农村地区而言，高中学校通过整合可以减少学区和学校的数量，节约成本，有效应对农村地区经济薄弱等一系列财政问题，提高地区办学效益。

（2）支持小规模学校的主要观点

已有研究认为：随着学区和学校的进一步整合，学生往返学校的交通距离和时间成本会有所增加，提高了就学成本。由于大规模学校具有较多的限制和规则，管理方面的弹性和灵活性有所降低，在此条件下，教师和工作人员的工作态度相对消极。而且，随着学校规模的进一步扩大，学生对学校归属感较低，缺乏学习动机，导致家庭参与学校的管理和活动积极性更差。

综上可见，大规模学校和小规模学校在不同方面具有不同的优缺点。具体见表2.20中的主要内容。

不同层面学校规模大小的优劣比较　　　　　　　　　　表 2.20

| 项目 ＼内容 | 办学效益 | 课程设置 | 资源利用 | 学生成绩 | 人际关系 | 交通成本 |
|---|---|---|---|---|---|---|
| 大规模学校 | ★ | ★ | ★ | — | — | — |
| 小规模学校 | — | — | — | ★ | ★ | ★ |

### 2. 关于学校适度规模取值的研究

对学校适度规模取值的已有研究主要表现为衡量学校规模指标方面，论证了不同地区、不同经济发展水平的学校，教育投入和技术水平不同，学校适度规模也不同。因此，在不同经济水平和类型的教育之间，学校适度规模取值不同。以普通完全中学为例，通过平衡教育收益和适度规模的关系，国外最佳适度规模为 2000 人左右，而国内却只有 1500 人。这与国内外中等教育水平和社会经济条件不同有关。而且这个取值不是一成不变的，是随着社会和经济的发展而不断变化的。

2001 年以来，我国中小学规模的迅速膨胀，主要是为了追求规模扩大后带来的规模经济效益。因此，在中小学校经历了布局结构调整后，很多大规模的学校开始进行资源整合，与此同时也产生了很多新的教育和社会问题。因此，应结合国内外学校适宜规模取值的相关研究，从国内普通高中办学的现实情况出发，制定我国普通高中的适宜规模。

通过以上分析可得，学校适度规模能够在降低教育投入的基础上，进一步提升教育质量，从而促进教育公平。在城镇化背景下，优质教育资源不断集中而产生了越来越多的超大规模高中，为了保障教育的公平性和教学生活的正常开展，我们有必要在借鉴已有的相关理论研究与实践基础上，对不同类型、不同地区的学校适度规模进行资源配置使用的深入研究，合理计划校园的生均用地面积、生均建筑面积等成本，以实现建筑与环境的可持续发展，推动教育事业稳步发展。

本书即在此基础上（表 2.21），结合已有学科的研究成果，进一步进行理论分析和实证研究。运用建筑计划学的研究方法，对超大规模学校的建筑空间环境给出一定的空间布局的调整建议、功能构成与模式的确立、教育资源利用与配置的引导，以期在其他学校中得到推广，提高学校资源的利用率，节约成本，减少浪费，最终增加教育收益。

不同国家在不同学科及领域对学校规模的不同研究成果　　　　　　　　　　表 2.21

| 国家 | 相关学科 | 影响因素 | 研究模型与计算方法 | 适度规模取值 |
|---|---|---|---|---|
| 美国 | 教育经济学、教育人类学、教育可持续发展理论 | 地区经济、教育类型、教育规模经济、学生成绩 | 数理统计、计量经济模型、成本函数 | 2000 人最佳规模；600～900 人学生成绩最高 |
| 日本 | 教育经济学、教育人类学、教育政治学 | 人口变化、地区经济、教育类型、教育效益 | 规模经济与成本估算；班级最佳人数为 40～45 人，学校最大规模为 30 班 | 1200～1400 人 |
| 中国 | 教育经济学、教育社会学、教育可持续发展理论 | 人口变化、地区经济、教育类型、教育成本、教育收益 | 适度规模＝教师规模×师生比×设备规模质量—规模模型与折线图 | 城市与县镇地区 1500 人；农村地区 1000 人 |

## 2.3 中学校园规划设计发展历程概述

### 2.3.1 国外中学校园规划与建筑设计

教育建筑在一定程度上反映了特定时期内的社会变革与思潮演变,是时代的缩影。它的设计风格、形制的发展与社会经济、大众审美、教育需求以及各种建筑思潮密不可分。教育建筑还和地区人口数量的变化、社会、经济、文化、交通等息息相关。下面重点以美国和日本的发展历程为例,阐述其发展规律及特点。

#### 1. 美国

美国作为世界经济发达地区的代表,其教育水平一直位居世界的前列,教育建筑的发展也经历了以下六个历程(表2.22)。

美国学校的发展历程与基本概况　　　　　　　　　　　表2.22

| 序号 | 时间 | 教育发展 | 学校类型 | 空间特征 |
|---|---|---|---|---|
| 1 | 19世纪50年代到20世纪20年代 | 学院历史教育 | 巴尔的摩的学校 | 历史性建筑、标志性立面、轴线平面 |
| 2 | 20世纪40年代到50年代 | 高中教育普及期 | 现代主义建筑 | "鞋盒式"的方盒子 |
| 3 | 20世纪50年代末到60年代 | 入学率激增,教育需求大 | "开放式规划"学校 | 灵活可变、可折叠的建筑空间 |
| 4 | 20世纪70年代到80年代 | 人口减少,教育需求下降 | 余裕校舍 | 转租学校、置换功能 |
| 5 | 20世纪80年代到90年代 | 高中教育需求增加 | 高质量学校 | 整体式校园、整体化教学楼 |
| 6 | 21世纪的学校建筑及其革新 | 终身教育 全纳教育 | 社区学校 | 多样化的自主学习空间 |

（1）第一阶段：19世纪50年代到20世纪20年代

这个阶段是典型的学院派历史教育时期,较为突出的学校典型代表是巴尔的摩的学校。其建筑主要特征是带有厚重的砖墙、有明显轴线的平面、沥青满铺的屋顶。基本上是2~4层,并且学校占地面积较小,几乎没有学生活动的室外操场和校园景观。

（2）第二阶段：20世纪40年代到50年代

到20世纪中叶,现代主义建筑思潮流行一时,教育建筑也开始纷纷效仿简单的方盒子体块,易于施工,成本低廉,并由此而产生了一大批类似加工厂出来的"鞋盒式"建筑。但因为其缺少标识性、亲和力和个性化,这样的建筑也引发了广大市民和全社会对教育建筑的批判。

（3）第三阶段：20世纪50年代末到60年代

20世纪60年代,人口出生率的迅速提升使得学校入学率也大大增加,尤其是对高中校园数量的需求有了进一步的提高。例如通过采用可折叠移动墙壁、系统灵活的构件创造可变空间。在"开放式规划"的理念下,校园不再是"方块式"的千篇一律的建筑形式,而是提供了一个个可变的开放空间以适应新的教学需求。

（4）第四阶段：20 世纪 70 年代到 80 年代

伴随人口入学率的下降，学校规模开始变小，校舍空间变得余裕，校园数量出现过剩现象。很多学校得不到及时的更新维护，一些剩余学校因为闲置而被拍卖或租赁，或者置换为其他功能，教育建筑一度萧条起来。

（5）第五阶段：20 世纪 80 年代到 90 年代

自 20 世纪 80 年代末开始，人口迁徙下更多的人开始需要学校，同时对高质量教育的诉求也开始提升。一时之间，全国大概需要上千所新的高中来容纳更多的学生，高中教育和校园规划设计重新变得非常重要。

（6）第六阶段：21 世纪的学校建筑及其革新

进入 21 世纪以来，现代交通、计算机技术的极大发展促进了教育建筑的不断革新。为了满足不同个体对学习空间的需求，"校中校"模式广泛应用到大规模学校的建设中；此外还提倡"多地点学校"，即高年级的学生有更多的学习地点和学习方式，其中以费城的"公园道路学校"为典型；在"开放式学校"的基础上，出现了越来越多的"社区学校"以实现学校资源的社会化利用。

不同时期美国学校的典型实例如表 2.23 所示。

**不同时期美国学校的典型实例**　　　　表 2.23

| 时间 | 19 世纪中叶～20 世纪中叶 | |
| --- | --- | --- |
| 类型 | 巴尔的摩的学校 | 现代主义学校 |
| 典型外观 |  （图片来源：学校规划设计） |  （图片来源：新学校） |
| | 中轴对称式平面，带有前廊的立面，老虎窗，传统历史建筑的屋顶 | 钢和玻璃组成的方盒子，形体简洁，平屋顶 |
| 典型平面 | 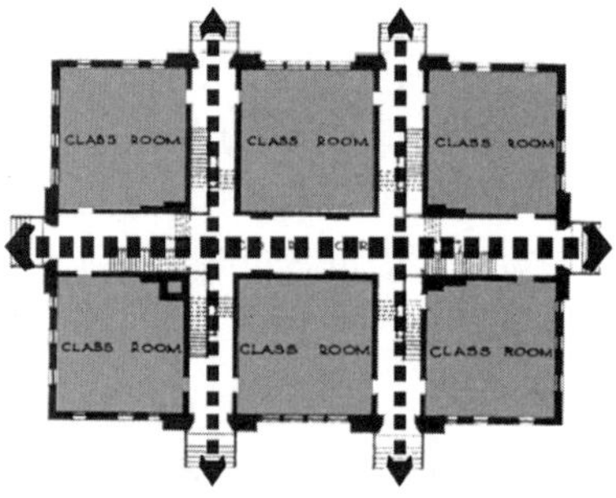 （图片来源：学校规划设计） | 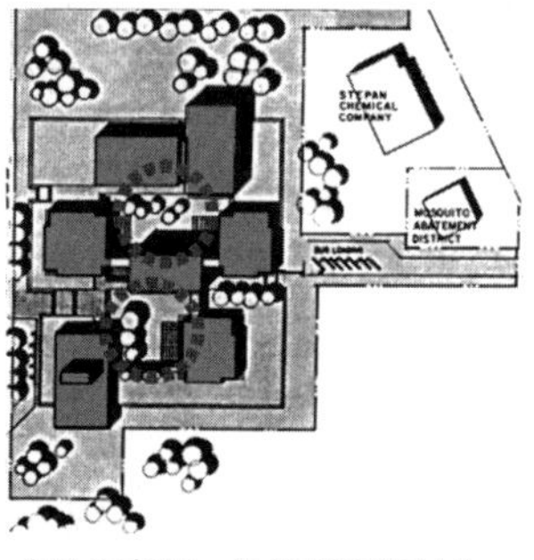 （图片来源：学校规划设计） |
| | 内走廊中轴对称，独立的教室单元 | 建筑体块为方盒子，几组独立的建筑围绕着两个庭院 |

| 时间 | 20 世纪中叶 ~ 21 世纪 | | | |
| --- | --- | --- | --- | --- |
| 类型 | 开放式校园 | | 社区学校 | |
| | 开放式校园规划 | 开放式的学习空间 | 学校向社区开放 | 社区与学校共享 |
| 典型外观 | （图片来源：学校建筑） | | （图片来源：学校建筑） | |
| | 学校的围墙打开，首层多布置绿化、平台等公共休闲交流空间，向城市开放 | | 学校与社区的公共服务设施互用共享，满足不同的学习要求 | |
| 空间分析 | | | | |
| | 教室围绕公共资源中心安排，走廊两侧为灵活可移动的隔断以满足不同的学习需求 | | 学校与社区住宅、公园共享，学生可以实现多地点、多样化的学习方式与需求 | |
| 典型平面 | （图片来源：学校规划设计） | | （图片来源：学校规划设计） | |
| | 注重小组学习和个体学习的需求，通过灵活空间实现分层次教学和弹性教学 | | 社区学校位于社区的中心位置，与周边的设施和社区具有很好的可达性 | |
| 空间照片 | | | | |

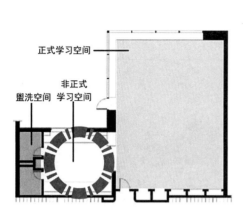

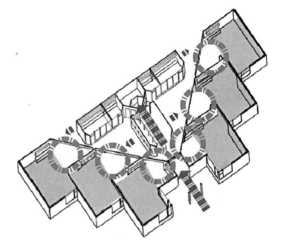

图2.7　L形教室单元平面模式图　　　　　　图2.8　皇冠独立学校L形教室平面格局轴测图

在"开放教育"、"正式学习与非正式学习"的教育理念影响下，美国中小学校建筑空间设计手法也呈现出一定的特点。L形教室平面格局是其中典型的一例。通常情况下，L形教室单元平面模式由三部分构成——正式学习空间（集中授课）、非正式学习空间（小组讨论）、盥洗空间。三个各自独立的矩形空间组合成一个L形。以伊利诺伊州的皇冠独立学校为典型代表，教学空间极具灵活性。L形教室是由两个矩形空间组成，大的矩形空间用于集体性教学，较小的矩形空间适合学生们进行相对独立的小规模学习，并设有盥洗室（图2.7、图2.8）。

在L形教室的基础上，"班群空间"模式较多地应用于教学空间的组团设计。"班群空间"通常设置3~4个教室为一个独立的学习单元，共同围绕一个核心公共空间布局。公共空间提供一个弹性、灵活、多样的交流空间，将"正式学习"与"非正式学习"相结合，便于各个班级学生之间的联系，引导自主探索、积极交流。

位于华盛顿的本杰明·富兰克林初中学校是该布局模式的典型实例。学校分为五个主要功能区：学习资源中心、普通教学区、办公区、体育运动区、餐厅。总体布局为每层设置两个主要的教学单元，每个单元分别由四个普通教室、一个核心交流区和一个开敞庭院组成。普通教室为每个班固定的"正式学习空间"，核心交流区为灵活自由的"非正式学习空间"，开敞庭院作为室外活动空间。我们也把这种几间普通教室围绕公共核心空间展开的布局模式称为教学组团的"班群空间"。它打破了传统单一的以长走廊串联普通教室为基本构成的空间布局，班级之间的交流交往更加灵活，且教室在采光、通风、隔声、防噪等物理舒适性方面更胜一筹（图2.9）。

新时期，伴随着教育理念和人才培养目标的不断革新，美国总统奥巴马2014年、2015年相继在白宫"创客嘉年华"上提出，要将美国建设成为"创造者的国度，鼓励青少年在创造中学习，成为事物的创造者而不仅仅是事物的消费者。"[39]极力推动美国进入"创客行动时代"（Maker Movement）。在此背景下，美国众多中小学纷纷开始建设校园创客空间。"创客空间"整合了物质、技术、社会等各方面资源，是实施创客教育的主要载体。广义来讲，不仅仅是普通教室，还包括操场、图书馆、博物馆、社区等任何地方，都可以成为创客空间。创客空间强调充满个性化和创造力的协作学习，注重实践参与，兼顾正式学习与非正式学习、

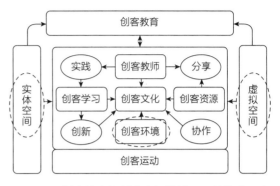

图2.9　本杰明·富兰克林初中平面图　　　　图2.10　创客教育与创客空间的关系及其构成要素

独立探究与协作探究，强调对话式情境的营造。在空间布局上，首先要允许学生自由闲逛，提供轻松自然的环境；其次是具备艺术手工创作、科学技术开发等不同类型学习的空间场所，尽可能创造丰富多样的创造活动；最后提供创造性成果的展示空间。

图2.10中列出了实现创客教育所需要的构成要素。其中"创客环境"、"创客空间"是最重要的空间载体，"创客文化"、"创客资源"是开展创客学习的有力支撑。创客实践需要"实体空间"和"虚拟空间"共同配合才能完成。

以下面典型的创客中心单位为例（图2.11），我们可以看到创客空间的基本构成模式。"创客学习—创客研讨—创客展示—创客资源中心—创客实践"这一基本流程的完成离不开开放型学习和探讨、公开性的展示与交流，以及随时查阅、跟踪线上服务。

总之，每一次教育建筑的革新都折射出不同的教育理念与教学模式对其影响。在开放教育、终身教育、全纳教育等理念下，教育建筑正肩负着一轮又一轮改革的使命，才能满足全社会对优质教育的需求。

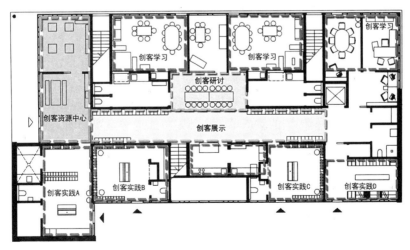

图2.11　创客中心单元空间构成模式图

## 2. 日本

日本教育建筑一向被认为是最安全坚固、竭力营造出家庭式氛围的空间场所。因此，自二战后，日本开始大量建设教育建筑，在室内布局、结构选材、灵活空间等方面具有独有的特征。具体经历了以下五个发展阶段（表2.24、表2.25）。

日本学校的发展历程与基本概况　　　　　　　　　　　表2.24

| 序号 | 时间 | 教育发展 | 学校类型 | 空间特征 |
|---|---|---|---|---|
| 1 | 1945~1965年 | 二战后教育，复兴计划 | 战后重建、改建 | 标准形RC结构，轻型钢架校舍 |
| 2 | 1965~1975年 | 升学率提高，教育建筑骤增 | 建设标准出版，配套设施完善 | 布局多样化，空间多变 |
| 3 | 1979~1985年 | 开放教育 | 开放式学校 | 注重公共空间 |
| 4 | 1990~2000年 | 老龄化趋势、终身教育、自由式教育 | 文化教育设施信息化、学校体制综合化 | 室内外为木质肌理，形成大量绿化环境 |
| 5 | 2000年以后 | 分组教学 | 新型建设标准 | 个性化学习空间，"校中校"模式 |

（1）1945~1965年

二战结束后，学校的恢复与更新成为战后国家复兴计划的重要一部分，对于学制普遍采取的是6.3制。日本建筑学会为了满足学校战后快速重建和改建的要求，校舍统一采用标准形RC结构和轻型钢架结构，教育建筑的复兴展开了新的篇章。

（2）1965~1975年

随着人口逐渐增加和升学率的进一步提高，学校的数量开始剧增。主要包括以下几点：①进一步完善教室配套设施，并从学生身高和心理出发，将教室内的前室、学习区、更衣室、生活区等分开，例如，吉武泰水设计的成蹊中学；②建筑布局采取灵活的组合方法，如走廊桥型真驹内小学、日土小学，综合型城南小学等；③按照高、低年级分区来配置教室和食堂，结合建筑材料并灵活运用地形以实现空间的多样化。

（3）1979~1985年

由于受到美国的"开放式教学"影响，教育建筑开始步入转型期。其中，以加藤学园为典型代表，开始出现了多样化的校园空间特征。例如引入"开放式空间"，按照科目类型设置科目教室、科目中心、多功能学习角和活动室；注重光庭和公共空间的营造等。在教室空间利用方面，通过保留传统的教室单元个体，将连通教室空间的走廊等交通空间适当放宽，或者结合其他公共空间设置成了多功能开放空间。而教室内部采用滑动的隔墙、推拉门扇、家具等灵活可移动的隔断，提高教学空间的利用率，丰富课程生活，从而实现多种教学需求。

（4）1990~2000年

20世纪90年代以来，伴随着全世界"终身学习、全纳教育"的呼吁声的高涨，以及日本信息化、老龄化的到来，教育建筑又一次成为全社会关注的话题之一。作为终身教育的重要场所，日本全国上下开始普及文化教育设施的信息化以及学校体制的综合化。1995年后，伴随着"自由式学校"的出现，设计师开始注重学校建筑空间环境的整体设计，室内外多采用木质的带有自然肌理的材料，并配合大量的绿化环境，以简约自然的现代手法完成一个个丰富多彩的校园规划。

（5）2000年以后

为了更加适应分组教学和个性学习的要求，开放式教学空间较之前有了进一步的发展，同时也提出了学校的新型建设标准。主要是明确了教室与开放式空间的相互位置关系、朝向以及教师休息室、露台、阳台、供水处等这些要素的整合。

日本建筑素来以安全、自然、开放为特征，教育建筑亦然。作为社区的开放教育与安全避难的重要场所之一，针对少子化、高龄化、防灾等社会突出问题，中学学校设施起着非常大的作用，学校也承担起终身教育的社会职责。不仅限于学校开放与终身学习设施的提供，甚至与高龄者、保育等福利设施的联合合作及其进一步的复合化都成为了学校研究的重要课题。因此，学校教育建筑在校园规划、公共空间的设计，科目教室之间的灵活划分等方面有着显著的特征。此外，日本也特别重视人性化的无障碍空间设计。政府要求所有学校建筑必须符合残疾人和老年人的无障碍设施硬性规定，例如用坡道取消上下式台阶，增加无障碍电梯和残疾人专用卫生间等。此外，校舍空间还必须配备服务于聋盲校的体育室、聊天休息室、电脑房等，用来供当地居民开展各种活动使用。学校不仅作为教育的场所，也作为综合的生活场所，餐厅、厕所、饮水器、更衣室、活动室等一系列生活行为的场所都详尽地设计，木质构造的空间也给人以温暖的印象。

**不同时期日本学校的典型实例**                                    表2.25

| 时间 | 1945~1979年 | |
| --- | --- | --- |
| 类型 | 一、战后改扩建学校 | |
| 实例 | 典型外观 | 典型平面 |
| | 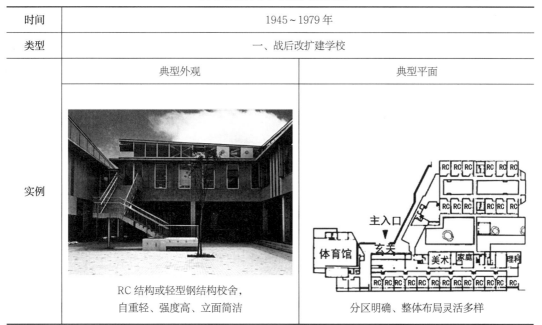<br>RC结构或轻型钢结构校舍，<br>自重轻、强度高、立面简洁 | 分区明确、整体布局灵活多样 |

| 时间 | 1945~1979 年 | |
|---|---|---|
| 类型 | 二、整体式布局学校 | |
| 实例 | 典型外观 | |
| | （图片来源：教育设施） | |
| | 典型平面 | |
| | 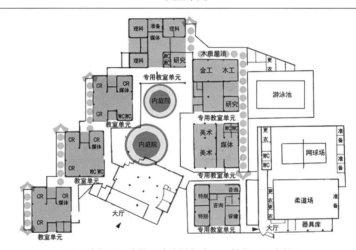（图片来源：建筑设计资料集成——教育·图书篇）<br>普通教室为组团式布局，整个功能区呈折线形展开，木质平台连廊加强了专用教室及文体娱乐设施之间的联系，同时加强建筑围合后的院落空间，丰富了空间的层次感 | |

| 时间 | 1980~2000 年 | |
|---|---|---|
| 类型 | 一、"学科交互式"校园 | |
| 特征 | 设置科目教室或学习角，科目教室围绕着学习资源中心布置 | 注重校园中的公共空间，如中庭、学习资源中心等 |
| 典型空间 | | |

| 时间 | 1980～2000 年 | |
| --- | --- | --- |
| 典型平面 |  | |
| | （图片来源：建筑设计资料集成——教育·图书篇）<br>教室围绕特别教室设置，分科目形成不同的建筑组团，共同使用资源中心或学习角 | |
| 类型 | 二、社区学校 | |
| 特征 | 在老龄化社会背景下，学校承担社区的教育功能，提供社区服务设施 | 充分考虑无障碍设施的设计，校内设施向社区开放 |
| 典型外观 | （图片来源：北美中小学建筑） | （图片来源：北美中小学建筑） |
| 典型平面 | （图片来源：建筑设计资料集成——教育·图书篇）<br>体育馆、食堂、地区交流中心、会议中心等向社区开放，互用共享 | |
| 空间模式 | （图片来源：北美中小学建筑） | （图片来源：北美中小学建筑） |

日本政府为实现多元化经济发展和人才培养的革新，1994 年颁布《高中学习指导纲要》，规定高中生除国语、数学、体育等十门必修课程外，还可根据个人能力与兴趣选择若干选修课程学习，进行"走班制"的教学改革，并形成完整的教室功能空间结构。在功能配置方面，分为特别教室型和教科教室型，在必须设置的功能室基础上还增加了选配功能室，丰富了课程体系，而且注重生活交流场所，还形成了一定的对外开放社区共享空间。具体如表 2.26 所示。

日本中学校园主要功能配置参考　　　　　　　　　　　表 2.26

| 空间 | | 必须修建 | 建议修建 | 有待研究 |
|---|---|---|---|---|
| 教室 | | 普通教室 | 特殊学习教室 | — |
| 多功能教室 | | 多功能公用空间 | 特别活动室 | — |
| 传媒 | | 图书室、电脑室、视听室 | LL 教室 | — |
| 教科教室 | | 语文教室、外语教室、数学教室、会教室、保健室 | 保健室 | — |
| 特别教室 | 理科教室 | 理科教室 | — | — |
| | 艺术 | 图画手工室（绘画、陶艺） | | 书法室 |
| | 技术 | 技术教室 | 木工教室、金属工艺制作教室 | — |
| | 家庭 | 家务教室 | 烹调教室、衣服剪裁教室 | — |
| | 音乐教室 | 音乐室 | 团体训练室、个人训练室 | — |
| 体育设施 | | 室内运动场、游泳池 | 武道馆 | — |
| 管理诸室 | | 校长室、职员室、会议室、接待室、印刷室、教材室、休息室、沙龙、更衣室、仓库 | — | 器械室 |
| 保健·聊天 | | 保健室、辅导室 | — | — |
| 生活·交流空间 | | 谈话室（心理辅导）、职业指导室、学生指导室、播放室、门厅、卫生间、更衣室 | 食堂、厨房 | 大厅、讲堂、烹调、住宿室 |
| 区域 | | — | 俱乐部 | PTA 室、地区活动室、志愿者室 |

（资料来源：建筑设计资料集成——教育·图书篇）

根据表 2.26 中功能部室的选配要求，将中小学普通教室空间构成分为一般学习空间（G）、多媒体空间（M）、教材空间（R）、教师角（T）、服务活动空间（P）、课外空间（H）、半室外空间（V）、水循环空间（W）、寂静空间（Q）等九个不同板块（图 2.12），形成以学习空间为核心的多样化灵活空间，实现学生个性特色发展，为"走班制"分层次教学提供基本的功能构成空间模式。

具体实例见图 2.13 樱花中学教学楼平面所示，一层走廊一侧为普通教室和多媒体空间复合的半开放学习空间，另一侧为普通教室和资源中心结合的半独立式学习空间，教学楼二层则为学生提供半室外的课外活动空间，层次丰富、内容多样。

图 2.12 教室机能及其构成要素

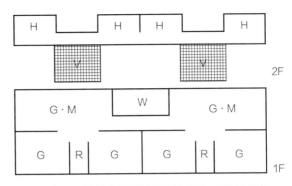

图 2.13 樱花中学教学单元空间构成及其要素

## 2.3.2 国内中学校园规划与建筑设计

近百年的教育变革使得中小学校空间环境经历了从无到有，从基础到全面、从一般到特色的校舍空间及环境设施的改变。纵观中国教育发展历程，大致可以分为以下三个不同的阶段（表 2.27）。

我国教育建筑发展概况 表 2.27

| 序号 | 时间 | 发展阶段 | 教育模式 | 学校类型 | 空间特征 |
| --- | --- | --- | --- | --- | --- |
| 1 | 1920～1949 | 萌芽起步期 | 中西结合 | 西式学堂、教会学校 | 点轴对称，历史建筑标志性立面 |
| 2 | 1950～1979 | 快速发展期 | 现代教育 | 传统建筑与现代建筑的结合 | 动静分区，群体性建筑布局 |
| 3 | 1980～2015 | 创新改革期 | 科教兴国 | 地域性、社会性、科技性 | 高效集约，整体式校园 |

### 1. 萌芽起步阶段

鸦片战争后，一大批爱心人士开始主张向西方学习教育理念，纷纷效仿西方兴办了一批"中西结合式"的教会学堂。此外，不少资本主义国家开始对中国实施意识形态领域的渗透和文化思想侵略，陆续在各地兴办了教会学校，这些建筑基本成为新中国成立前教育建筑的雏形。

### 2. 快速发展阶段

从 1950 年新中国成立初到 20 世纪 80 年代的 30 年间，可谓是我国教育事业迅猛发展的里程碑式阶段，也是教育建筑突飞猛进的快速发展期。伴随着社会经济的不断增长、人口出生率的增加和广大人民群众对优质教育的强烈诉求，使得学校数量激增，办学规模逐年扩大。而在校园规划设计方面则更多地借鉴了现代建筑坚固、实用、美观的基本特征。

### 3. 创新改革阶段

进入新世纪以来，在"科教兴国"的国家战略背景下，为回应"构建学习型社会"的国策与社会变革，加之新一轮建筑思潮的广泛推动，高中教育开始进入了稳步快速的革新阶段。主要体现在以下几个方面：

（1）集约利用土地

随着新型城镇化进程的推进，学校办学规模持续扩大，就学人数与教育资源和教育空间之间的矛盾日益凸显，加之各地区与学校之间在经济基础、社会条件、环境设施等方面存在一定的差异，校园建设用地能否合理规划利用，关系着整个社会物质空间环境的可持续发展。因此，在设计中主张"集约化设计"成为目前应对校园规模不断扩张、解决教育需求与教育空间之间矛盾的重要策略。

（2）体现多学科交融

目前，我国的中学教育正处于新时期探索阶段。在教学模式上，由传统的"班级授课制"向"分层次教学"转变，从而体现多样化的个性教育需求；在教学理念上也受到了西方教育的影响，逐渐由封闭式教学环境向开放式教学环境转变。

（3）关注公共交往空间

由于经济条件的制约、传统教学模式的影响，以往学校只考虑单体建筑的设计，而对校园的空间环境尤其是公众交往空间缺少细致研究和广泛实践。从 20 世纪 80 年代末开始，教育建筑越来越注重基于学生行为心理的公共交往空间的多层次营造。例如，利用建筑及其间隙围合出各种庭院、天井，形成底层架空空间及屋顶活动场地等各种公共场所，为学生的课外活动与交往创造更多有利条件。

（4）彰显地域性特色

受地域主义建筑思潮的影响，作为社会性场所的教育建筑，也应当承担起弘扬地方特色和历史文化的重任。例如，通过建筑布局、建筑材料、门窗构建等细节，进行丰富的设计实践。不同时期典型教育建筑如表 2.28 所示。

不同时期我国典型教育建筑的实例 表 2.28

| 时间 | 1920～1949 年（对历史主义的回应） | |
| --- | --- | --- |
| 类型 | 西式学堂 | 教会学校 |
| 典型外观 |  （图片来源：学校规划设计） |  （图片来源：学校规划设计） |
| | 带有历史建筑的传统屋顶和立面开窗，外墙厚重，洞口深凹，部分带有外廊 | 多为基督教堂的建筑形制，早期作朝拜用 |
| 典型平面 | 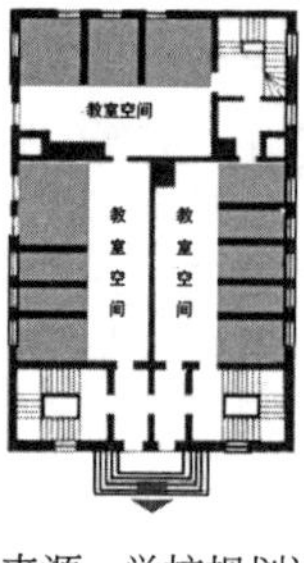 （图片来源：学校规划设计） | 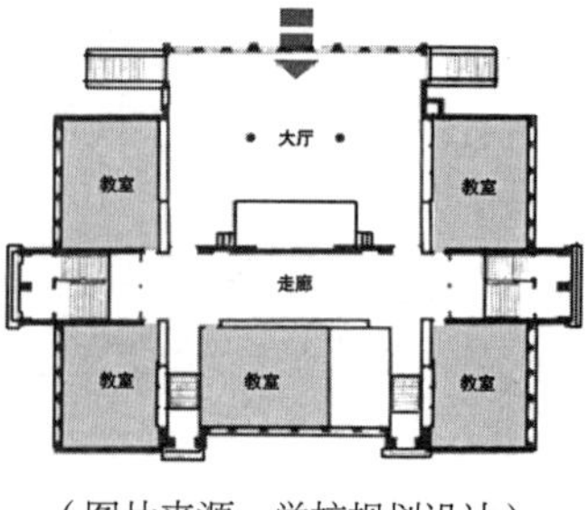 （图片来源：学校规划设计） |
| | 平面多呈矩形，主入口居中，角部或端部布置交通空间，教室成排布置 | 多为中轴对称，入口居中，教室为独立的单元，中部设走廊 |

| 时间 | 1950～1979 年（现代主义思潮） | |
|---|---|---|
| 类型 | 现代校园 | 地域校园 |
| 典型外观 | <br>（图片来源：国际顶级建筑盛典——学校·公共机构） | <br>（图片来源：国际顶级建筑盛典——学校·公共机构） |
| | 功能分区明确，建筑形体简洁，风格现代，多采用钢筋混凝土框架结构。立面开窗反映了建筑功能 | 因地制宜，选取地方性的材料和建构方式，在立面元素或屋顶造型上体现地方特色 |
| 典型平面 | <br>（图片来源：国际顶级建筑盛典——学校·公共机构） | <br>（图片来源：国际顶级建筑盛典——学校·公共机构） |
| | 校园布局合理，空间层次丰富，现代感足，各项设施功能齐备，动静分区明确，创造出宜人的学习生活环境 | 针对遮阳、通风、隔热等因素，充分运用地方材料和工艺，包括利用回收的旧砖等建筑材料 |
| 时间 | 1980～2015 年（建筑与场所的整合） | |
| 类型 | 整体式校园 | 集约化校园 |
| 典型外观 | <br>（图片来源：城市高密度下的中小学校园规划设计） | <br>（图片来源：城市更新中的"屋顶跑道"） |
| | 教学楼、办公楼、实验科技楼等通过连廊、平台、架空骑楼等形式串联在一起，形成整体式教学楼群，突出学科交融 | 通过底层架空、连廊相连、屋顶设置运动场、地下重置功能空间等手法最大化地利用土地，节约空间 |

| 时间 | 1980～2015年（建筑与场所的整合） | |
|---|---|---|
| 类型 | 整体式校园 | 集约化校园 |
| 典型平面 | <br>（图片来源：城市高密度下的中小学校园规划设计） | <br>（图片来源：城市更新中的"屋顶跑道"） |
| 类型 | 开放型校园 | 绿色校园 |
| | 新型教育理念与设计手法的体现 | |
| 典型外观 | <br>（图片来源：新学校）<br>通过架空、升起、预留孔洞，以不同的高度和空间需求创造丰富、半私密的围合庭院，适宜群组活动和社交 | <br>（图片来源：新学校）<br>建筑内外贯穿高效节能系统，运用可再生资源、雨水收集及净化装置等实现建筑的低能耗 |
| 典型平面 | <br>（图片来源：新学校） | <br>（图片来源：新学校） |

## 2.4　校园规模与规划设计的关联性研究

### 2.4.1　国外校园规模与规划设计的关系

办学规模的大小是校园规划设计时首要考虑的问题之一，面对既有的空间环境条件，大规模学校和小规模学校孰优孰劣值得商榷。例如，相比大规模学校而言，小规模学校是否一定要配备大型专用公共服务设施，如图书馆、体育馆、报告厅、艺术中心等呢？同样，当有些高中规模已经扩展到3000人以上甚至更大时，随之产生的关于校园安全管理、设施使用、教学模式、校舍空间环境等一系列相关问题又如何解决呢？

受人口基数、人口出生率、地区经济、交通条件、教育管理、教育体制等因素的影响，国外的学校规模经历了由小变大、又由大变小的漫长历程。学校规模的不同带来了教学效益的高低、空间环境规划设计优劣等问题和差异。一些学者认为，根据"规模经济"相关理论，学校规模扩大，成本会降低，而且学校里的每个人都可以更有效地使用学校设施。反之，学校过大，空间环境过于非人性化，会带来一定的压迫感，并不能满足每个学生的个体发展需求。相比而言，小规模学校更能为学生提供参与活动的机会。

由于人口数、地域性等原因，国外的超大规模学校数量并不多见。在一些办学规模超过3000人的超大规模学校，通常会采用以下两种规划模式：第一种模式是将学校建成一栋庞大的建筑单体，学生在不同楼层里来回穿梭，整体空间"单一化"；另一种模式则是功能用房围绕各种开放空间布置，内部带有采光，可以引入各种风景，每天变换各科课程内容以满足需求。虽然，较少出现超大规模高中，但是建筑师普遍认为，在校生超过3000人甚至更多的大规模学校是一种不同类型的学校，这类学校代表着独立类型的规划和设计。因此，有必要对其规划结构进行研究从而适应不同的教学需求。

主要规划模式包括以下几种（表2.29）。

**国外大规模学校规划设计的主要模式**　　　　　表2.29

| 序号 | 模式 | 国家 | 教育理念 | 办学模式 | 空间特征 |
|---|---|---|---|---|---|
| 1 | "校中校"模式 | 美国 | 人性化空间 | 大学校包含几个独立的小学校 | 各个子学校独立完整，边界清晰，中央设共享设施 |
| 2 | 综合性学校 | 美国 | 一体化教育 | 综合性的整体式学校 | 办学性质各不相同的几部分学校，共享大型服务设施 |
| 3 | 社区学校 | 日本 | 开放融合共享 | 向社区开放的学校 | 向社区、城市开放的社区学校 |

### 1. "校中校"模式

"校中校"模式即国外的"斋舍制"，是自1985年在美国开始实施的一种新型教育模式，也就是将一个大的学校再分为3～6个小学校或是单位集团，而大型公共设施如体育馆、食堂、艺术中心等互用共享。结果证明，将整个校园分成若干个小团体进行独立管理后，效果非常好，教学质量不仅大大提升，还增进了师生间的交流。这在英国公学制度中是一种典型的模式。公学（public school）特指英国精英私立学校，不由政府统一管理，学校可以对全社会公开自主招生。[①] 当然，这

---

① （美）C. 威廉姆·布鲁贝克. 学校规划设计 [M]. 邢雪莹，孙玉丹，张玉玲译. 北京：中国电力出版社，2006.

种将一个大学校再划分为几个小学校的模式并不是中国现在广泛分布的所谓"校中校"模式。

"斋舍制"的"校中校"模式是指将一个大的学校再分为几个小学校，其中每个单位学校拥有独立的校园空间环境和特征，同时共享位于学校中央的学习服务区域、资源中心和户外活动场地。例如音乐、科学、工艺、家政、技术等，这些区域是分隔但彼此临近的相关设施。除此之外，还可以共享一个多功能中心。可以看出，"校中校"模式既能提高

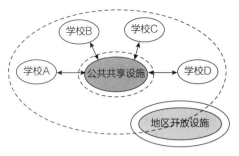

图 2.14 "校中校"模式概念图

公共教育资源的使用率，还能形成各自独立完整的校园功能分区和结构形态。因此办学规模对于校园建设用地提出了较高的要求。如图 2.14 所示，学校 A、B、C、D 为一个大型学校中的"校中校"，四个学校分别具备各自完整的校园区域和各项设施，可以共享体育馆、剧院、游泳馆以及其他一些公共设施。学校的共享设施和地区开放设施互用融合，进而达到"学社融合"。

### 2. 综合性学校

"综合性学校"是指一所独立完整的大规模学校，包括了十二年的基础教育领域——即幼儿园、小学和中学。三部分教育类型的学校共享公共基础教育设施，但却各自边界清晰，管理独立。其中以卡姆普兰建筑师事务所规划设计的美国佛罗里达州 Maerisber 中学为其中的典型。初、高中学校每部分都有各自的独立形式和区域，就是为了让学生们较易于辨认自己所在的学部。综合性校园因为能够实现几种类型的学校共享一次性投入较大、维护管理费用较高的大型公共服务设施，从而降低了教育投入和运营成本，同时由于各自分区管理，有效避免了由于人流过于拥挤而导致的交通疏散等现实问题。

### 3. 社区学校

社区教育是指为了整合社区设施资源，促进全社会的教育发展，在一定区域内利用各种可利用的资源，具有全体、全面、开放、共享的特征。目前很多国家进行学区制的教育管理体制，因为学校的选址位置有服务半径的要求，所以儿童就近入学，且学校是离社区居民住所最近的公共建筑，能够既满足社区成员终身学习的需求，又推动社区精神文明建设和可持续发展。尤其能够在协调学校、家庭、社会这三者的关系上发挥重要作用。社区学校可以说是社区教育的重要载体。在国外，社区学校或城市学院出现较早并已取得了较为成熟的发展。尤其是在美国，社区学校兴起于 1896 年，是由芝加哥大学的校长 W·R·哈帕创办，并在几十年间迅速发展起来的。同时美国的社区学院协会（AACC）也通过了学位认证，其学费低廉，可根据社区居民的不同需求来确定办学方向，同时可以提供优质的教学设施和环境，得到了广泛认可，从而成为与社区结合的教育模式之一。

日本也是较早实施社区学校、开展"学社融合"的国家之一。学校的各项教育设施不但作为公共服务资源与社区共享，还可以作为社区和城市的避难场所之一，供全社会在突发应急事件时使用。例如，在 1995 年阪神大地震中，学校作为社区的避难场所，在灾后的恢复重建中发挥了巨大的作用。据统计，地震中受灾人群有超过 80% 的人将学校作为避难场所，因为日本教育建筑的安全系数和坚固性可以达到普通建筑的 1.5 倍，而且学校的体育馆之类的大型建筑可以满足多人同时避难的要求，此外，避难者的生活服务空间还可以借用学校的餐饮中心、洗浴设施等。不同规划模式下的校园实例如图 2.15～图 2.20 所示。

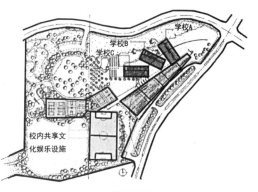

a 外观（图片来源：北美中小学建筑）　　　　　　　　　　　b 总平面图

学校规划布局顺应地形，A、B、C 三个校园各自独立并共享体育运动设施和公共学习资源中心。

图 2.15　美国新墨西哥州 Albuquerque 公立初中（"校中校"模式）

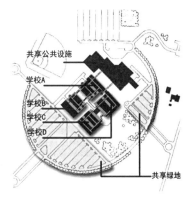

a 外观（图片来源：北美中小学建筑）　　　　　　　　　　　b 总平面图

四个独立的"校中校"呈整体式布局结构，区域内设公共绿地和其他共享服务设施。

图 2.16　美国芝加哥 Fort Wayne 城 Kosciusko 中学（"校中校"模式）

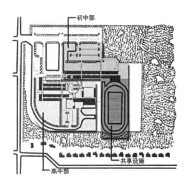

a 外观（图片来源：北美中小学建筑）　　　　　　　　　　　b 总平面图

初中部和高中部各自独立，通过共享步道相连，共享文体娱乐设施。

图 2.17　美国俄亥俄州 Solon 中学（综合性学校）

a 外观（图片来源：学校建筑）

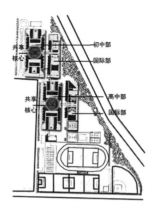
b 总平面图

初中部和高中部各自分设国际部，共享学习资源中心、庭院以及公共体育设施。

图 2.18　美国佛罗里达州 Maerisber 中学（综合性学校）

a 外观（图片来源：学校建筑）

b 总平面图

初中部和高中部通过共享街道广场相连，活动中心和剧院向社区开放。

图 2.19　日本冰见卡伊欧学校（社区学校）

a 外观（图片来源：学校建筑）

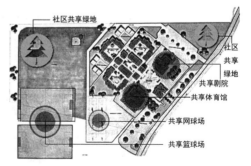
b 总平面图

学校与社区共享剧院、体育馆、网球场、篮球场及公园绿地。

图 2.20　智利莫尔 Empedrado 中学

在校园规划设计中,为了应对规模扩张,校内空间环境的组合与布局也具有相应的特点。具体体现在以下几个方面(表2.30)。

应对大规模的集约化层面的设计方法 表2.30

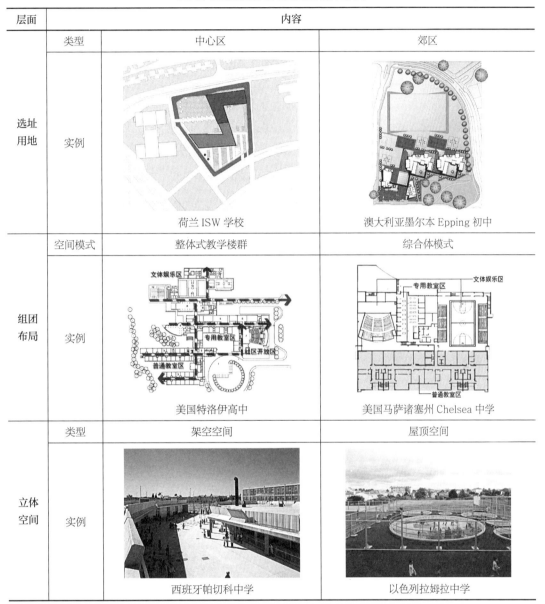

| 层面 | 内容 | | |
|------|------|------|------|
| | 类型 | 中心区 | 郊区 |
| 选址用地 | 实例 | 荷兰 ISW 学校 | 澳大利亚墨尔本 Epping 初中 |
| | 空间模式 | 整体式教学楼群 | 综合体模式 |
| 组团布局 | 实例 | 美国特洛伊高中 | 美国马萨诸塞州 Chelsea 中学 |
| | 类型 | 架空空间 | 屋顶空间 |
| 立体空间 | 实例 | 西班牙帕切科中学 | 以色列拉姆拉中学 |

注:本表图纸引自(西)阿里安·莫斯塔第.教育设施[M].苏安双,王雷译.大连:大连理工大学出版社,2004.

### 2.4.2 国内校园规模与规划设计的关系

为了应对城市的快速发展和不断扩张,中小学校的现状规模及校舍空间已越来越不能满足适龄学生的增长和教育需求,因此我国正经历着新一轮的城市中小学校建设高潮,大量建成环境中的既有中小学校空间环境也进入不断改、扩建的更新改造中。受校园周边环境的影响,大部分学校很难突破现有学校用地范围的限制而实现规模扩张,使用最多的方法是校园的更新改造设计。校园更新改造设计主要包括以下三种建设方式：另择址新建、拓展分校区和原址改扩建。

### 1. 另择址新建

另择址新建校区是目前大中城市常常采用的扩建模式，适用于城市中心区的大多数学校。这些学校因用地有限，承载力不足，现有土地不能支撑办学规模，处于超负荷状态，校园的基础服务设施也有待更新改造进而满足规模扩张后的就学需求。通过成立独立新校区以及整合既有的中小规模学校来完成更新，可实现教育资源的整合利用。

### 2. 拓展分校区

对于一些基础较好，但需要满足规模扩张的城市中小学校，常常采用选址建立分校的模式。这类建设模式多选址在原有学校的临近地块，采用不同校区各自独立管理的方式，分别安排不同年级学生的教学生活，同时在体育运动、图书文博等公共服务设施上互用共享，节约成本，提高教育资源的利用率。

### 3. 原址改扩建

目前，"原址改扩建"模式是已有校园规模扩张后较多采用的建设模式，因为另择选址新建、建立分校区和新建学校都给学生就近入学带来不便，同时增加了城市交通的压力。原址改扩建的模式是指在校园的建设用地内进行空间拓展，所以对校园的节约用地和空间的复合利用提出了一定的要求。通过多种途径的功能复合、立体化布局，形成集约、紧凑、高效合理的校园空间环境。在新的办学条件下，为了满足学校的规模扩张，除了用地方面的需求外，在校内的建筑布局、空间组合、景观绿化等方面也要进行一定的整合重组和集约利用。首先要突破传统严格的"功能分区"模式。传统的国内校园规划基本方法仍然是遵循"功能分区"的思想，将校园分为教学区、生活区、体育运动区三大部分。而在原址改扩建的基础上扩大学校规模时，对其规划设计的主要影响则体现在如何划分"级部"上。通过各年级级部的合理划分可满足大规模办学的空间需求。其次，学校规模扩张的同时，需要划分空间层次，创造不一样的空间环境来适应新的教育理念和教学模式，以满足新时代对人才的需求。例如多义空间、非正式学习空间、弹性教学空间等。图2.21～图2.24通过不同的学校实例体现了不同的规模拓展模式。

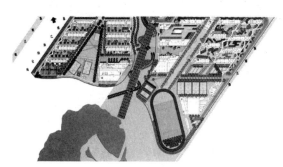

a 总平面图        b 外观

该学校坐落于苏州高科新区的公园绿化带上，为了保持景观的连续性，校区分为东西两部分，通过山景相连，绿树成荫，自然景观与人造景观相辅相成，创造了一系列充满启发性和趣味性的公共空间。

**图 2.21　苏州科技城高级中学（选址新建）**

**（图片来源：国际顶级建筑盛典——学校·公共机构）**

a 总平面图

b 外观

该学校是天津耀华中学的分校,在天津极具社会影响力和文化声誉。设计风格延续了耀华中学的精神,
古典建筑与现代建筑交相辉映,又融合了基地周围城市环境的特性,以带动整个社区的品质。

**图 2.22　天津滨海耀华中学(拓展分校区)**

(图片来源:国际顶级建筑盛典——学校·公共机构)

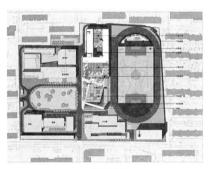

a 总平面图

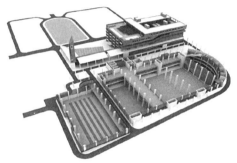

b 鸟瞰图

北大附中——因学校用地紧张,空间局促,为满足教学需求拆除原有风雨操场,扩大为标准跑道运动场,
体育场下方建造游泳池和地下球类体育馆,教学东楼部分拆除改造,并设置看台和室外剧场以满足学生的交往和需求。

**图 2.23　北京大学附属中学(原地改扩建)**

(图片来源:国际顶级建筑盛典——学校·公共机构)

a 总平面图

b 外观

该小学是四川地震后的重建项目。重建的学校与孝泉当地文化有着深层次的内在联系,
营造了许多类似城市空间的场所,成为学校的多义空间,为学生提供了不同尺度的游戏交流的趣味空间。

**图 2.24　四川德阳孝泉镇民族小学(原地改扩建)**

(图片来源:断裂与延续——四川德阳市孝泉镇民族小学灾后重建设计)

近年来，由于校园在建设用地上受到很大的限制，在越来越多的规划设计实践中，设计师主要从功能复合和空间集约利用两个方面进行校园的改造更新。设计方法与途径主要体现在以下两种模式上：

### 1. 节地目标下的"教育综合体"模式

近年来，随着校园规模的进一步扩张，我国土地资源日益紧张，在可持续发展的目标下，超大规模学校的规划设计出现了借鉴"城市综合体"的"教育综合体"模式。即校园规划设计不再沿用严格意义上的传统功能分区形式，而是设置一栋或者几栋"综合体"建筑以实现功能的高度复合和空间集约。在具体的设计手法上，往往通过建筑架空层、屋顶平台、地下空间的挖掘及立体空间叠合，实现空间的多层次利用，使用更加灵活。

表 2.31 通过不同的实例列举了集约化空间利用和功能复合的不同模式及方法。

集约化空间的设计模式与典型实例　　　　　　　　　　　表 2.31

| 空间 | 集约模式 | 空间特征 | 功能布局 |
|---|---|---|---|
| 地下空间 | 1. 存储、后勤、体育活动综合体<br>2. 餐饮娱乐综合体 | | |
| 屋顶平台 | 1. 小型活动场<br>2. 屋顶花园 | | |
| 建筑架空层 | 活动、交流、展示综合空间 | | |

注：本表中功能布局图纸来源：赵宏玫.当代中学校园建筑研究及未来发展趋势[D].天津大学，2014.

### 2. "学社融合"下的"微缩城市"模式

在新型校园建设中，不仅是大学校园，一些重点或示范中学也达到了一定的建设规模和办学标准，它们成为所在城市或地区的重要组成部分之一，同时自身还是一个相对完整的社区，甚至形成"缩微城市"景观。学校与社区开放共享，组成一个完整的整体，和城市共享图书、文体、娱乐、体育运动等公共服务设施和绿化景观。因此，现代城市的设计方法也常常应用于校园规划设计，如基于城市结构形态的规划布局、基于学生环境行为的外部空间设计、校内外空间环境叠加和图底关系分析等。

如上海大学附属中学是实验性示范高中，坐落于科技大学城腹地，紧临上海市宝山科技园和上海大学商务区，周边环境优越，人文气息浓郁。学校占地 200 亩，总建筑面积 5.9 万 $m^2$。校内分为四大功能区：教学区、运动区、生活区。布局合理，功能齐全，教育教学设施达到了全国同类学校的领先水平，为素质教育的实施和学校的发展奠定了强大的硬件基础（图 2.25）。

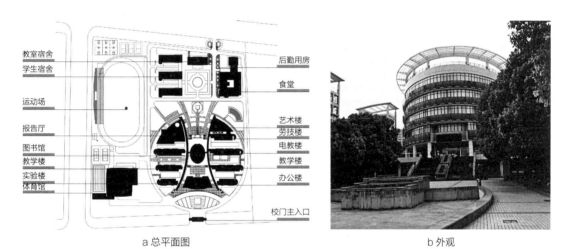

图 2.25　上海大学附属中学

## 2.5　国内外研究现状借鉴与启示

### 2.5.1　中学教育教学理念与方法

纵观国内外高中教育的发展历程，可以看出，我国的高中教育由于人口基数大、城乡差距明显、人力资源分布不均、高等教育设施配备不足，在九年义务教育体制和中小学校基础教育设施布局调整的影响下，教育理念相对落后，教育目标单一，办学模式主要以"预备就业"和"预备升学"形成了两极分化的两种高中类型。而国外的高中教育理念和教育目标各不相同，办学模式也是丰富多样（表 2.32）。有以下几点值得我国在实践中借鉴和学习：

（1）教育目标在适用人群及使用对象的划分上应更加弹性、灵活，建立一套适用于各种价值取向和学习条件的办学模式。

（2）学科设置上可以将"知识"和"技术"在一定程度上适当融合，以做促学，多学科融合，注重在实际问题中解决问题能力的培养。

（3）学校与社区的融合还有待加强，学校和社区的公共服务设施可以在一定程度上共享互用，从而提高资源的利用率。

国内外中学教育教学差异对比分析　　　　　表2.32

| 内容<br>国家 | 教育目标 | 办学模式 | 和社区的关系 | 学科设置 |
|---|---|---|---|---|
| 中国 | 预备就业、预备升学 | 普通高中、职业高中 | 相对独立 | 学术知识和职业技术知识分开传授 |
| 美国 | 学校即社会，社会即学校 | 多种形式的社区学校 | 理论联系实际，共享公共设施 | 学术知识与职业技术知识在实践中共同传授 |
| 日本 | 多样化的特色高中和特色学科 | 普通高中、专门高中、综合高中 | 学校、社区、家庭融合，社区是学校的应急避难场所 | 除普通高中的通识知识外，在特色高中设置特色学科 |
| 英国 | 多元主义，弹性教学 | 综合中学，"学校超市" | 单独设立服务于社区的"社区学校" | 设置包含技术的"核心学习单元"，倡导普职融合 |

### 2.5.2　中学校园规划与建筑设计

进入新世纪以来，我国的教育环境发生了巨大的变化，一是新时代对创新型人才培养模式的要求；二是城镇化对原有基础教育布点平衡的冲击而引发的办学规模集聚扩大；三是在生活品质的提升下人们对高品质教育资源的期待与诉求愈发强烈。因此，我国现有的教育资源配置模式和校园空间环境规划设计已经远远不能满足社会的多方面需求。借鉴国外经济发达地区的学校规划设计理念，能极大地促进我国教育建筑的革新，主要体现在以下几个方面：

#### 1. 开放式的规划理念

借鉴西方发达国家的经验，"开放式教育"更能体现学校的社会性，更有助于促进学社融合，实现公共资源的开放共享。开放式的校园布局一方面有利于在日常生活中与社区融合，提高公共服务设施的利用率；另一方面在应对自然灾害等突发应急事件时，可以利用学校作为救援中心，充分体现学校建筑空间开敞、灵活的特点，发挥其社会性作用。

#### 2. 灵活可变的建筑空间

日本和我国台湾地区的教育建筑多通过可移动、可拆卸的灵活隔断来实现多种教学活动需要的可变空间，也从一定程度上创造了学生课余活动和交往的丰富空间。本着高效、集约、资源共享的原则，教育建筑在空间的分隔与流通、功能的多变与复合上需要不断满足教学活动的各种需求。

#### 3. 基于学生行为而设计的场所空间

教育建筑应以学生的行为和特点为依据，创造适宜学生交往和符合行为尺度的空间环境。在建筑的组团之间，广场庭院、入口、屋顶等，各种外部空间环境和室内空间相比同样重要。相比国内的教育建筑，国外的学校更注重教室之外的中庭、入口、天井、庭院、屋顶等场所的营造，激发交流、交往行为，创造宜人的环境。

### 2.5.3　中学校园规模与设计的关系

由于人口基数、地区经济、社会文化等方面的差异，国外校园的规模要远远小于我国学校的办学规模。但同时期、同类型相比，在美国和日本的教育发展历史上，也经历了较大规模的发展历程。首先，大规模学校作为一种特殊的校园类型，国外教育发达地区将其作为独立的办学模式进行规划设计，其成熟的设计手法和完善的理论架构能够为我国今天乃至未来潜在的超大规模学校提供一定的设计参考与依据。主要体现在以下几个方面：

### 1. 按照级部关系划分校区

由于年龄结构、课程设置、授课方式等内容的不同，决定了所需要的教育空间有所不同。可以根据各级部的特征，对大规模甚至超大规模学校进行结构划分，各级部可以拥有相对独立完整的教学用房，实行独立的分区管理，有效地提高教学资源与设施的使用效率；同时各级部之间也可以在一定程度上共享一些公共服务用房，实现校区内的资源共享，提高资源利用率。

### 2. 按照校内外空间关系划分校区

超大规模学校办学时，一部分空间如教学、实验、办公等用房必须设在校内与师生联系紧密的地段；而另一些用房可以和社区或城市的关系更近一些，如与图书、观演、体育运动等相关的大型公共服务设施可以和周围社区共用。因此，在划分超大规模学校的结构时，可以根据校内外空间和服务设施的开放或私密等使用要求和共享级别来进行界定和划分。

### 3. 按照办学模式的差异划分校区

很多学校由于地域性、文化性等不同特点，可以根据办学模式的差异进行校部划分，诸如国际部、独立部等，不同的校部具有不同的空间环境和教学模式特征，因而配备具有不同要求的教育教学空间。

伴随着办学规模的扩大，除了在校区结构划分、校园建设用地等方面体现明显的特征和强烈的诉求外，也可以通过功能高度复合、空间活用与置换、立体校园叠合营造等方法进行空间环境的革新，从而保证师生的正常教学生活，达到校园办学容量与空间环境协调融合的最终目标。

## 2.5.4 研究小结

通过以上的分析和总结，我们可以分别从教育理念与规划设计、空间模式与规划设计、办学规模与规划设计、校内外空间环境有效利用与规划设计这四个方面提炼超大规模办学下校园空间环境的特点与要求（表2.33）。

国内外教育发达地区先进经验对教育发展的启示　　　　　　　　　　表2.33

| 内容<br>国家或地区 | 教育理念 | 学校规模 | 空间模式 | 与社区的关系 |
|---|---|---|---|---|
| 美国 | 开放教育 | 从小到大，又从大到小 | 围绕学习资源中心布置灵活、个性化的学习空间 | 与社区共同办学 |
| 日本 | 终身教育 | 从大到小 | 相关学科共同围绕开放空间，取消教室和走廊之间的隔墙 | 学校向社区开放 |
| 中国台湾 | 个性教育 | 从大到小 | 教室空间多用途使用，大小统一，形成聚落 | 学校与社区共享 |

## 2.6　本章小结

本章内容主要从教育学、经济学、社会学、地理学等不同学科对教育规模经济、办学规模、校园规划、资源配置等相关概念进行了阐述和分析。运用对比归纳的方法，从国内外已有研究和使用案例中列举了影响高中办学规模和空间环境的主要因素，及其相互关系和已有成果，从中总结出超大规模高中在办学规模、教学管理、资源配置、校舍规划设计、空间环境使用等方面的特征及需求，进而为进一步研究超大规模高中校园空间环境计划提供一定的理论基础和参考依据。

# 3 理论建构：
# 超大规模高中建筑空间环境计划概念解析

本章阐述了超大规模高中建筑空间环境计划的主要内容、研究方法、参考依据，以及和办学规模、空间环境、设计应用的相互关系，从概念解析、特征描述、理论建构上为本研究的展开确立了研究框架和研究方向，进一步明确了如何运用以建筑计划学研究方法为主的相关理论依据，为研究内容的展开奠定了学科理论基础。

本章的研究框架如图 3.1 所示。

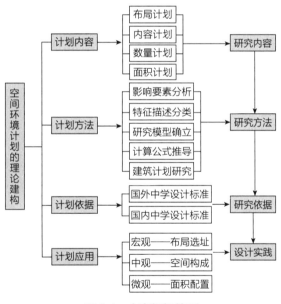

图 3.1 内容框架简图

## 3.1 空间环境计划内容

面对超大规模高中建设和使用过程中出现的新建学校——资源利用率低，以及改扩建学校——缺乏相应的建设标准指导而空间严重不足这两个方面问题，运用建筑计划学的研究方法，进行如下的计划研究。

### 3.1.1 布局计划

布局计划是指对超大规模学校的选址、区位、用地布局、组合方式等宏观层面的规划。主要研究因学校规模扩张后而引发的校内建筑空间环境如何组合及使用等一系列问题。具体包括：各组团之间的不同组合模式、校园布局选址、办学设施及利用、位置关系等，同时研究校内外实验、文体娱乐等公共服务设施空间环境因共享而引发的建筑计划相关问题，如游泳馆、图书馆、体育场馆等。以此探讨校内设施适宜的对外开放模式以及由此带来的对学校校园管理、内部空间组合模式及安全因素等的影响。表3.1 罗列了与超大规模高中用地相关的主要因素。

超大规模用地相关因素及其分类　　　　　　　　　　　　　　　　　　　表 3.1

| 影响要素 | 分类依据 | 主要内容 | 主要特征 |
|---|---|---|---|
| 布局选址 | 地形地貌 | 山地；丘陵 | 用地集中 |
| | | 平原 | 用地分散 |
| | 区位关系 | 城市（县城）中心区 | 用地富裕 |
| | | 城市（县城）边缘区；偏远农村地区 | 用地不足 |
| 规划结构 | 规划模式 | 按照功能分区或空间特征组织规划结构 | 轴线式；网格式；组团式；自由式 |
| 办学类型 | 办学性质 | 普通高中；完全中学；小、初、高一体化办学；校内设分属国际部或地区部 | 部分公共用房或体育文化设施共享共用 |
| 办学层次 | 管理方式 | 独立办学高中；隶属于单位或社区； | 学校功能外移或与周围单位、社区共享 |
| 校区关系 | 校园类型 | 校中校；子校分校；另择新址建校 | 校区之间教育资源与设施的互用关系 |

### 3.1.2 内容计划

内容计划主要是针对使用需求和功能的中观层面研究。由于教学理念、教学手段和方法的改变，尤其是对于大多数实行寄宿制的农村偏远地区超大规模高中而言，对学生和老师所需要的生活功能用房以及由此引发的建筑空间组合变化研究不够。随着教学时间的灵活化和教学方法的多样化，特别是新课改的实施，超大规模高中建筑空间内容构成的改变将成为重要的研究内容。表3.2 表达了影响空间模式的相关因素。

超大规模高中空间模式影响因素及其内容　　　　　　　　　　　　　　　表 3.2

| 影响要素 | 主要内容 |
|---|---|
| 办学理念 | 开放式教育；学社融合；国际化教育；全纳教育 |
| 授课方式 | 编班制授课；小组教学；分层次教学 |
| 课程设置 | 全（综合）科目；单（特别）科目 |
| 班额 | 标准班：每班 50 人；大班额：每班 56 人及以上；超大班额：每班 66 人及以上[①] |
| 平面形式 | 中内廊式；单外廊式；双廊式；中庭式 |
| 办学类型 | 普通高中；完全中学；小、初、高一体化办学 |

---

① 霍益萍，朱益明. 我国高中阶段教育发展报告 [M]. 上海：华东师范大学出版社，2015.

教学及教学辅助用房、生活服务用房和体育、文化、运动用房构成了校舍主要功能用房的三大分区。其中，在集约、高效、共享的使用原则下，除了各班、各年级专用的普通教室供各班使用外，其他用房可以供全校共享或学科之间互用，文化、体育活动设施及场馆可以对外开放。生活服务、后勤管理等用房还可以根据功能的不同，组合成多功能活动中心或生活综合体，既整合了相近功能又节约了校园建设用地（表3.3）。

校舍主要功能用房空间组合内容及方式                    表3.3

| 功能构成 | | 包含要素 | 使用方式 | 组合方式 |
|---|---|---|---|---|
| 教学用房 | 普通教室 | 各班普通教室 | 级部共享 | 教学楼群或与其他用房整合 |
| | 专用教室 | 实验室、音乐教室、美术教室、计算机教室等 | 全校共享或学科共享 | |
| | 公共教学用房 | 多媒体教室、合班教室、图书资料室等 | 全校共享（可对外开放） | |
| 教学服务用房 | 办公用房 | 教学办公、行政办公、展览会议、社团办公等 | 全校共享 | 与教学用房相结合 |
| | 管理用房 | 总务室、保健室、接待室、维修室、传达室等 | 全校共享 | |
| 生活服务用房 | 食堂 | 学生食堂、教工食堂 | 全校共享 | 多功能餐饮活动中心或生活综合体 |
| | 宿舍 | 学生宿舍 教工单身宿舍 | 全校共享 | |
| | 后勤 | 开水房、配电室、商店 | 全校共享 | |
| | 存储 | 汽车库 | 全校共享 | |
| 文化活动场馆 | 体育馆 | 篮球、羽毛球、乒乓球场、排球等各类运动场 | 全校共享（可对外开放） | 学生活动中心或与生活服务用房相结合 |
| | 艺术中心 | 琴房、体操房、排练厅、舞蹈室、练功房、瑜伽室等 | 全校共享（可对外开放） | |

### 3.1.3 数量计划

对于微观研究层面而言，重点研究的是超大规模高中主要功能用房的数量。即教学用房、办公用房、生活用房、体育运动场地等各项服务设施的个数，根据使用者的需求、设施的利用率以及课程设置内容，完善现行中小学校建设标准，补充基础数据。

### 3.1.4 面积计划

在空间构成、组合及模式研究的基础上，进一步提出适合超大规模高中不同办学模式下的面积指标参考。此外，补充主要用房的使用面积以及数量大小。例如，由于新的教学设施的引进、功能的不断多样化和班额的扩大使得原规定中的使用面积远不能满足现状。

综上，本课题从宏观、中观、微观三个层面，分别对校园的选址、布局模式、空间构成及内容、面积指标大小等进行建筑计划。各研究层面、研究内容与校园空间环境的关系如表3.4所示。

在上表的基础上，对比现有标准和规范，本研究主要针对超过48班的办学规模。宏观层面上研究校园选址、用地和布局模式；中观层面上研究校园开放广场、庭院、主体功能建筑单体的尺度与组合关系；微观层面上研究各功能用房的面积、数量、大小、空间模式等（表3.5）。

不同研究层面上各研究内容与规模、空间环境之间的关系　　表 3.4

| 层次 | 项目 | 影响要素 | 研究内容 | 与办学规模的关系 | 与空间环境的关系 |
|---|---|---|---|---|---|
| 宏观 | 布局计划 | 区位选址、校内外环境 | 位置、组合模式、内外设施使用关系 | 随规模的变化而引发的空间组合及设施互用等问题 | 校园规划设计；校内外各组团的布局与组合关系 |
| 中观 | 内容计划 | 办学理念、使用功能、教学模式与需求 | 教学及教学辅助用房、办公用房、生活服务用房 | 随规模的变化而引发的功能用房不足、更新或置换等问题 | 校舍空间设计；室内外空间环境及设施设计 |
| 微观 | 数量计划 | 规模、使用率、课程设置 | 教学、办公、生活、体育运动等各项服务设施的个数 | 随规模的变化而引发的数量不足或余裕等问题 | 建筑标准层设计；经济技术指标 |
| | 面积计划 | 班额、规范、功能、教学需求 | 校内外主要建筑的用地面积、建筑面积、生均面积；主要功能用房的使用面积 | 随规模的变化而引发的面积适足或不足等问题 | 功能用房平面设计；室内家具布置；建筑标准层设计 |

各研究层面下的指标计划研究内容与实践应用　　表 3.5

| 层面 | 研究内容 | 指标计划 | 实践与应用 |
|---|---|---|---|
| 宏观 | 用地 | 校园用地、生均用地面积 | 校园规划，总平面设计 |
| 中观 | 广场、庭院，主要建筑单体 | 主要功能用房的标准层建筑面积、生均建筑面积、生均使用面积 | 建筑平面设计，环境设计 |
| 微观 | 普通教室、实验室、图书室、宿舍、食堂 | 教室、理化生实验室、图书资料室、宿舍、食堂的数量和面积大小，生均使用面积指标 | 内部空间设计，细部设计 |

## 3.2　空间环境计划方法

### 3.2.1　影响因素分析

#### 1. 城镇化进程及基础教育设施布局调整

超大规模高中的出现与城镇化进程的推进、县域范围内基础教育设施的布局调整密切相关。广大西部地区的人口逐渐向城市、重点镇、重点县集中，广大农民及其子女对高中优质教育资源的极大需求推动了优质高中办学规模的不断扩张。经过布局调整，集中并优化整合了有限的优质教育资源，提高了校舍和设施的利用率，从而产生规模效益。在此社会背景和政府的相关举措影响下，已出现的超大规模高中面临随着规模扩张而不断改扩建的迫切需求；未来潜在的超大规模高中则需考虑当教育资源整合后如何能够更好地与社区、城市相结合，提高资源利用率，最终构建学习型社会。

#### 2. "新课改"下的教育理念与教育模式

"新课改"即"新一轮基础教育课程改革"的简称，是我国继素质教育的全面实施之后，教育部对教学模式的新改革。这次改革在课程上主要加入了学分制，并以模块的形式将高中课程体系重新编排设置。每一个学科又分为必修和选修两部分，然后又细分为若干模块，一个模块即为一本教科书。学生在完成必修模块的基础上每学年可自主选择选修模块。增加选修环节的主要目的是使传统的"被动式学习"变为"主动式学习"，引导学生探索适应自己的学习方法，乐于探究。

随着新型教育理念的不断出现，与之相配合的教学模式也在不断创新。高中教育现阶段在传统的"编班授课制"的基础上又不断探索，产生了情境体验式、启发探究式、分层次教学式、开放自主式、行为引导式等多种新的教学方式。由以往的传统讲授式逐渐演变成探究式学习、小组式学习、发现式学习等新型学习方式。而作为教学活动的主要物质载体——校园空间环境，在此影响下也发生了根本性的变化。新的教育理念和教学模式迫切需要多种新型教学空间环境以及校园空间序列来实现。

### 3. 学校与社区的融合

在国际社会的影响下，"终身教育"、"全民教育"的教育理念已经深入人心。20世纪90年代以来，一些发达国家和地区一直倡导的"学校社区一体化"、学校和社区走向融合、学校教育社区化，越来越成为一种主流发展趋势。"学社融合"的不同运作模式对学校的规划布局、功能结构、校内外设施共享互用等方面产生了一定影响。学校的职能不仅仅是授业解惑的场所，而是兼顾社区活动中心、文教站、学习资源中心等公共建筑的复合化职能，所以也出现了越来越多的新型功能空间，使得原本单一的教育建筑类型出现了更丰富、更灵活的空间构成形态。学校与社区之间公共服务资源的开放共享是学校与社区互动的必要前提。在经济基础薄弱的西部地区，超大规模高中办学应本着集约、高效、共享的原则，提高公共财政投入的利用率，进而推进"学社融合"的大目标。

### 4. 学校办学规模

笼统地讲，学校规模的大小应涉及学校教师、班级数量、在校生人数和教学设施配置情况。学校规模主要影响着教育资源的利用率和教育效益等方面的问题。因为，从教育经济学角度来看，教育成本与在校生数量之间存在着直接必要联系。当教育质量一定，随着学校规模的扩张，教育成本降低，教育资源利用率得以提高。学者范先佐在《教育经济学》中正式提到"学校适度规模"的概念——即"所谓学校适度规模，是指在教育的其他条件不变的情况下，学校恰好可以使所有资源得以充分利用，并在不违背教育规律的原则下，保证教育质量，此时合理的学校规模即为适度规模"。[①]

因此，在进行超大规模高中建筑空间环境计划时，要对学校规模进行适度合理的限定。现行中小学校建筑设计规范所支撑的学校规模上限是48班，根据研究组已经调研的情况可以得出，现有的超大规模高中办学规模主要集中在50~100班之间，超过100班的学校并不多见。因此，本研究将学校规模范围限定在50~100班内进行相关设计指标的计划研究。

（1）与学校规模相关的指标变量

高中校园的基本空间构成分为教学区、生活区和体育运动区三个部分。在校区使用中，并不是校园空间的每一部分都随着规模的扩张而扩大。以"校园用地"为切入点可以将用地分为两部分：随学生人数成比例增减的部分主要包括建筑用地、绿化用地及部分体育用地，如篮球、排球、体操、器械运动等场地；不随学生人数成比例增减的部分主要是环形跑道用地。此外，随着教学模式的进一步灵活化和开放化，伴随着校园规模的扩张，校园的一些公共服务设施可以和社区共享互用，节约一定的校舍空间；综合化演示实验室、探究小组实验室的

---

① 范先佐. 教育经济学 [M]. 北京：中国人民大学出版社，2014.

进一步开放也可以使原有的专业实验室不需要因规模的扩张而增加面积和数量。教室内设图书角、建筑底层架空、屋顶设运动场等空间利用方式使得原有学校的校舍用房指标不会产生太大的变化。

（2）与学校规模、班额相关的指标变量

在进行建筑空间计划时，学校办学规模只是影响因素之一。在学校规模的指标影响下，班额的大小也是空间指标计划的重要影响因子，主要体现在对普通教室和专用教室指标制定的影响方面。办学规模越大，班额越大，普通教室和专用教室的容量就越大，则需要的空间和面积也相应增加。

表 3.6 列出了在不同的设计模式和空间使用方式下，空间或指标不随着规模的扩张而增加，甚至由于集约化的利用方式，面积不增而减的空间关系。

（3）与学校规模有关的管理模式和教学方法

伴随着学校规模的变化，相关管理及教学办法也有所不同。例如，学校根据在校生人数的不同把住宿方式分为走读制、寄宿制和半寄宿制，不同的住宿管理方式使得宿舍空间及其规划设计也产生了变化。除了住宿部分之外，教学、实验、办公、体育、文化等设施和空间也会随着规模的变化而改变。因此，这些方面也成为空间计划的重要影响因素之一。

综上，我们可以根据前面的分析，将所有影响空间环境计划的影响因子进行分类分级。根据内容所属关系，它们分列在一级影响因子所属的分级序列下，空间计划内容及指标则对应第四级影响因子的内容（表 3.7）。

指标不随规模扩张而变化的空间利用模式与空间关系　　　　　　　　　表 3.6

| 内容 ＼ 项目 | 普通教室 | 专用教室 | 图书馆 | 行政办公 | 运动场 | 文化 / 体育中心 |
|---|---|---|---|---|---|---|
| 与社区共享 | — | — | √ | — | √ | √ |
| 底层架空 | √ | √ | √ | √ | √ | √ |
| 屋顶活动场 | — | — | — | — | √ | √ |
| 功能用房附设多功能角 | √ | √ | √ | √ | — | √ |
| 学习资源中心 | √ | √ | √ | √ | — | √ |
| 功能置换或活用 | √ | √ | √ | √ | √ | √ |

不同影响级别下各因子与空间计划内容及指标的关系　　　　　　　　　表 3.7

| 对应关系 | | 影响因子 | | | | |
|---|---|---|---|---|---|---|
| 影响因子级别 | 一级 | 布局调整 | 学社融合 | 新课改 | 校舍用地 | 办学规模 |
| | 二级 | 资源配置 | 选址 | 课程体系与设置 | 校园有效用地 | 班额 |
| | 三级 | 校园规划与设施利用 | 校内外空间组合关系 | 教学模式与空间关系 | 功能构成及土地利用方式 | 教学、管理方式 |
| | 四级 | 总平面设计，环境设计 | 校内设施开放，校外设施共享 | 建筑组团关系，空间使用与组合模式 | 环形跑道用地，建筑标准层面积 | 空间平面及细部设计 |
| 空间计划内容及指标 | | 规划结构，总平面图，环境设计图 | 内外设施共享模式图 | 建筑平面图 生均建筑面积 生均使用面积 | 有效（生均）用地面积；建筑密度 | 内部空间设计图 |

### 3.2.2 特征描述分类

由于城市建设用地变得日益紧张，各学科知识之间的横向联系也越发紧密，新时期的教育要求现代人才更加创新复合，全社会对"学社融合"的呼声也越来越高涨，所以在高效、集约、共享、多样的教育目标与发展方向下，超大规模高中正朝着多样复合、集约共享的特点发展。与普通规模高中相比，超大规模高中具有学科种类多样、布局整体集中、规模尺度较大、课程体系丰富、设施种类齐全、资源利用率高、开放程度较强的特点及优势；但教育学和行为心理学家研究得出，较大规模学校的归属感和识别性较弱，师生、生生之间的人际交往性没有普通规模高中的交往性强，学生的学习成绩会受到一定的影响（表3.8）。

综上，超大规模高中具有以下特征和优点：

（1）有利于提高各种教学设施和资源的利用率，减少重复建设的浪费，实现共享，使公共财政投入的各项设施都发挥出最大的使用效率和经济效益。

（2）集中复合、布局紧凑的建筑群体可以提高校园土地利用率，有效缓解用地紧张的矛盾，可节约室外管网和道路工程的投资与维修费用，为校园留出较大绿地，改善校园绿化环境。

（3）功能复合多样化，可以丰富学科之间的内涵和外延，提供更多的学习机会，有利于信息沟通、思想交流，使学习更高效，以培养更多的高素质人才。

但是与此同时，超大规模高中由于缺少建设指导和参考依据，也呈现出改扩建不符合规范标准、新建校园利用率不高、过于贪大求全而导致的归属感、识别性、导向性差，安全管理经济性不佳等诸多问题。因此，亟待对已有问题进行反思和总结，对设计手法进行优化提升，增进教育效益，促进地区教育的发展。

此外，依据布局选址、学校规模、地域特征、教学模式、办学类型、住宿管理与开放程度等不同的分类依据，各类型的超大规模高中还具有不同的特点（表3.9）。

普通规模高中与超大规模高中特征比较 表3.8

| 类型 | 布局 | 形态 | 功能 | 规模 | 尺度 | 土地利用 | 资源利用 | 课程学科 | 开放程度 | 设施种类 | 归属感 | 识别感 | 交往性 |
|---|---|---|---|---|---|---|---|---|---|---|---|---|---|
| 一般规模高中 | 缺点 | | | | | | | | | | 优点 | | |
| | 独立分散 | 单体 | 独立 | 较小 | 较小 | 较低 | 较低 | 单一 | 较弱 | 较少 | 较强 | 较强 | 较好 |
| 超大规模高中 | 优点 | | | | | | | | | | 缺点 | | |
| | 整体集中 | 楼群 | 复合 | 较大 | 较大 | 较高 | 较高 | 多样 | 较强 | 较多 | 较弱 | 较弱 | 较弱 |

不同分类标准下超大规模高中的类型 表3.9

| 分类依据 | 超大规模高中的类型 | | |
|---|---|---|---|
| 布局选址 | 城市（县）中心区 | 城市（县）边缘区 | 新区或偏远地区 |
| 学校规模 | 50～80班 | 80～100班 | 大于100班 |
| 地域特征 | 平原地区 | 丘陵地区 | 山区地区 |
| 教学模式 | 编班授课制 | 编班授课＋小组教学 | 分层次、开放式教学 |
| 住宿管理 | 走读制 | 半寄宿制 | 寄宿制 |
| 开放程度 | 向社区开放 | 部分校区开放 | 独立 |
| 办学类型 | 独立办学 | 完全中学 | 社区、单位合作办学 |

### 3.2.3 研究模型确立

基于以上对超大规模高中的类型、特征及影响要素的分析可得，不同的超大规模高中具有不同的特征及设计要求。因此，在进行建筑空间计划时，有必要对研究对象进行选取范围和案例模型的确定，从而进行有针对性的专门细化研究。

**1. 布局选址**

本文选取的研究对象主要是针对县城（重点镇）的公立高中，其中具体类型包括：城市（县）中心区、城市（县）边缘区、新区或偏远地区三种。校园建设用地指标是衡量伴随着校区规模扩张，土地是否有效利用的重要参数，也是高中校园规划建设最突出的变化特征之一。

**2. 学校规模**

本文选取的研究对象的规模主要是针对超过 50 班以上（超大规模的定义：在校生人数超过 3000 人或班级数大于 50 班）和 100 班以下的高中。现状中 50~100 班规模的超大规模高中占到了绝大多数，且超过 100 班规模的"巨型高中"在规划设计和办学管理方面具有不同的特点，应作为一种特殊的类型进行研究或分不同的校区办学。

**3. 地域特征**

本研究以陕西地区为例，对陕北、关中、陕南的不同地区超大规模高中进行了相关调研。选取的研究对象以平原地区为主，局部涉及黄土高原流域地形。

**4. 教学模式**

目前西部地区高中阶段教育基础薄弱，还处于我国教育条件较差、教学水平不高的不发达地区，教学模式仍以传统的"编班授课制"为主。但在笔者调研过程中得知，有些示范性高中已经开始尝试对传统教学模式进行改革。例如教室内附设多功能学习角、课桌椅摆放为小组教学模式、走廊内设图书角和自习空间、将教师办学与教学空间相结合等新型空间组合和使用方式等，将成为本研究重点关注的方面。

**5. 住宿管理**

在广大西部农村地区，尽管经过了基础教育设施布局调整，适当合并和集中了教育资源，但由于地域偏僻、幅员辽阔，很多地区的超大规模高中仍主要设在重点镇或县城，很多离学校较远的学生仍选择住校。学校的住宿管理方式主要以半寄宿制和寄宿制为主。所以，本研究主要选取寄宿制和半寄宿制高中进行研究。

**6. 开放程度**

受寄宿制等办学因素的影响，很多超大规模高中均是封闭制独立管理，校园没有对外开放。只有少数新建的高标准示范性高中，因为文化体育设施较为齐备，有些体育场（馆）在课余时间对外开放使用。所以，在开放程度上选取的研究对象为部分校区开放和独立校区两种。

**7. 办学类型**

已调研的超大规模高中基本以独立办学的公立高中为主，还有少量因为布局结构调整的因素，初中部和高中部共享、共用一些公共资源，也成为一种典型的超大规模高中。因此，研究对象选择独立办学和完全中学两种。表 3.10 表示了不同计划内容下研究模型的选取和确立。

| 计划内容 | 选取研究模型 |
|---|---|
| 布局选址 | 1. 城市（县）中心区；2. 城市（县）边缘区；3. 新区或偏远地区 |
| 学校规模 | 50～100 班 |
| 地域特征 | 平原地区为主，山地地区为辅 |
| 教学模式 | 编班授课 + 小组教学 |
| 住宿管理 | 1. 半寄宿制；2. 寄宿制 |
| 开放程度 | 1. 部分校区开放；2. 独立校区 |
| 办学类型 | 1. 独立办学；2. 完全中学 |

## 3.2.4　计算公式推导

在宏观层面上，通过测绘、制图等量化分析的方式，对校园用地和总平面规划的整体状况进行直观的图纸反馈，借助计算机辅助工具，直接统计出校园用地面积、各项环境设施建设用地面积，根据在校生人数，计算出生均用地面积。接着，对主要功能用房和各建筑单体进行平面测绘和空间状况的调研，通过绘制计算机图形，统计出主要建筑单体的标准层面积，各使用空间的面积、大小和数量。根据使用面积系数 K 值的经验取值教学办公空间为 60%，生活服务空间为 80%，从而得出各主要单体的使用面积和生均使用面积，完成空间环境相关指标计划内容。

空间环境计划研究利用问卷调查法、访谈法、POE[①]法进行使用者和使用行为及方式的调研。通过家具和陈设观察、行为观察、问卷调查、访谈调查等，结合使用者的行为、意识，对空间尺度进行评价分析。通过问卷得出使用者满意度和意见反馈，完善空间环境计划的参考指标。因此，需要对表 3.11 中的现状进行如下的收集和研究。

**不同调研内容与途径下计划指标的推导　　表 3.11**

| 内容 | 调研方法 | 特点 | 公式或途径 | 计划指标 |
|---|---|---|---|---|
| 教材、课表、实验记录、使用清单 | 记录、制表统计法 | 客观、定量 | 根据课表、实验计划使用现状推算出：利用率 = 实际使用个数 / 原有配置个数；使用面积系数 k 值 = 使用面积 / 建筑面积 | 教室个数、实验室个数 |
| 建立主要功能用房的空间计算模型 | 测绘、量化分析 | 客观、定量 | 生均建筑（使用）面积 = 总建筑（使用）面积 / 在校生人数使用面积 = 建筑面积 ×K 值 | 主要功能用房建筑面积、使用面积、生均建筑面积、生均使用面积、标准层建筑面积 |
| 建成环境使用后评价 | 问卷调查法、POE 法 | 主观、定性 | 访谈、发放问卷、观察 | 结合使用者行为，空间尺度的评价总结理想状态下的空间环境 |
| 校园用地范围、面积、使用状况、土地建设状况 | 测绘、量化分析 | 客观、定量 | 生均用地面积 = 校园用地面积 / 在校生人数；建筑密度 = 基底建筑面积 / 总用地面积 | 校园用地面积、生均用地面积、建筑密度、容积率 |

---

① 即 Post Occupancy Evaluation，使用后评价。

### 3.2.5 建筑计划研究

建筑计划是一门科学的建筑设计方法，不仅依赖经验和规范，更要求以生活实态调查为基础。其中，对人在建筑空间环境中的使用状况实态调查是关键所在。它能够为建筑设计提供科学的设计依据，最终实现经济效益和社会效益。所以，建筑计划学的基本出发点就是人、行为、生活与建筑和空间之间的关系。因此，从对既有建筑的调查分析中寻求定量规律和空间模式，这是建筑计划的基本内容和方法。建筑计划学的研究方法是一个开放包容的庞大体系，主要包括社会学、行为学、逻辑学、心理学、计算机科学、数理学等各种社会科学、自然科学以及两者相交叉产生的学科。具体研究方法有问卷调查法、SD 法、KJ 法、数理统计法等。下面主要结合本文所采用的研究方法，分调查研究和分析研究两个方面阐述建筑计划在实践中的应用。

研究中采用的调查方法主要包括观察调查、询问调查和测绘调查三种。分析方法主要包括逻辑试错法、案例分析法、平面分析法、模型分析法四种。其中，逻辑试错法是逻辑学中的常用方法，是对客观事物的假定说明。[①] 在研究时，首先利用假说法提出各种各样的假说，然后有意识地用调查结果对假说进行验证，这样可以使调查研究有的放矢。平面分析法和案例分析法通常结合在一起进行。表 3.12 列出了各调查研究和分析研究的方法、特征及适用范围。

**本文采用的调查方法与分析方法概况列表**　　　　　表 3.12

| 调研方法 | | 具体内容 | 特征 | 优点 | 适用范围 |
|---|---|---|---|---|---|
| 观察调查 | 家具及陈设观察 | 根据室内家具、陈设等调查使用者的空间利用意识 | 探寻空间与人的行为之间的对应关系 | 现场观察，可操作性和记录性强，结果直接 | 空间尺度，空间模式的利用 |
| | 行为观察 | 观察行为与空间之间的关系；综合考虑天气、场所、时间等外因 | 在平面图内定期记录人的行为，记录时间、地点、事件 | 和建筑空间相关联，具体分析空间制约及诱发行为 | 观察者的存在不影响人的行为 |
| 询问调查 | 问卷调查 | 根据提前准备好的题目，直接向使用者询问意见或要求 | 分发问卷，填写、回收或以邮件的形式留置再反馈 | 统一提问，易于统计，收集样本多 | 适用于探寻比较重要的客观性事实调查 |
| | 访谈调查 | 直接的问答调查 | 与对象者直接见面进行 | 接触到活生生的现实，能够获得一定的结果 | 得到对象对空间环境的依赖感 |
| 测绘调查 | | 利用图纸、卡片、照片记录建筑物、聚落、街区 | 以总平面图、平面图、立面图、剖面图绘制为基本 | 在历史逐渐形成的建筑环境中阅读空间与人之间的关系 | 解析获得的资料记述客观性 |

| 分析方法 | 具体内容 | 特征 | 优点 | 适用范围 |
|---|---|---|---|---|
| 逻辑试错法 | 依据一定的科学原理，对客观事物提出假定说明 | 科学性、推测性、多样性、预见性 | 使研究调查有的放矢 | 待有条件调查研究时证实 |
| 平面分析法 | 基于实测结果，对各种成果进行分析 | 探讨设计手法、设计规律、建筑与生活方式的关系 | 结合历史、文化、自然、民俗、生活方式、建筑学等多专业综合分析 | 建筑形态与人的活动方式之间的比较研究 |
| 案例分析法 | 对各种策划案例进行论述和分析 | 通过个案的专题研究，把握实质和规律 | 提供丰富的个案实例和研究基础 | 现代社会科学中普遍采用 |
| 模型分析法 | 采用具象或抽象化模型进行分析研究的方法 | 有图形模型分析和数学模型分析 | 认识事物的现象、关系和本质 | 对模型进行抽象化、符号化 |

---

① 邹广天. 建筑计划学 [M]. 北京：中国建筑工业出版社，2010.

结合以上分析，笔者在超大规模高中的调查研究和分析研究中针对不同的调研对象，运用了下列的调研方式，展开不同调研内容的分析研究，从而形成本计划研究的调查成果（表3.13）。

不同调研对象的调研内容展开及成果列表　　　　表3.13

| 调研方法 | | 调研对象 | 调研内容 | 调研成果 | 调研形式 |
|---|---|---|---|---|---|
| 观察调查 | 家具及陈设观察 | 教学楼、实验楼、办公楼、食堂、文体中心等主要建筑单体 | 主要功能用房的室内设计及家具摆放 | 空间细部设计、内部空间设计 | 图纸、空间透视 |
| | 行为观察 | 高一、高二、高三各年级的不同学生 | 上学、放学、课间、户外活动、体育运动时间的行为及方式 | 行为平面及随地点变化的各种行为特征 | 图纸、图表 |
| 询问调查 | 问卷调查 | 任课教师、学生 | 空间使用率、使用问题建议 | 校园使用后评价问卷列表 | 图表、意见书 |
| | 访谈调查 | 校领导、办公室主任、后勤负责人、理化、生、任课教师 | 空间使用率、发展现状及问题 | 校园使用后评价、学校的发展历程与前景展望 | 图表、意见书 |
| 测绘调查 | | 校园用地及建筑单体 | 教学及教学辅助用房、生活用房 | 总平面图、平面图、室内平面图 | 图纸 |
| 分析方法 | | 研究对象 | 研究内容 | 研究成果 | 研究方式 |
| 逻辑试错法 | | 使用状况、空间利用方式 | 资源配置及使用方式、空间与行为的关系 | 行为方式图、意见建议书 | 分析图 |
| 平面分析法 | | 平面设计、空间设计 | 主要功能用房的平面设计、空间组合特征及模式 | 平面分析图、平面设计图 | 图纸、图表 |
| 案例分析法 | | 校园规划设计、空间环境设计 | 总平面设计、土地利用、校舍空间布局及组合模式 | 总平面图、透视图、空间分析图 | 图片、表格 |
| 模型分析法 | | 主要功能用房的空间模型 | 廊宽、单元空间的面积、数量及大小 | 单元空间的（生均）建筑面积 | 计算机、图形（表） |

建筑计划评价方法主要有生活实态调查和建筑使用后评价两种。对已经建成的环境进行环境评价，对于改造建成环境和今后拟建环境的计划、设计与建设都将起到重要而积极的作用。建筑使用后评价（即 Post Occupancy Evaluation，简称 POE）指的是在建筑使用后，根据使用者的使用状况对其进行系统、严谨的评价过程。POE 关注的是建筑物的使用者及其需求能否得到满足，因此它能为我们在将来建造更好的建筑打下坚实的基础。使用后评价包括了建筑性能的优、缺点，它通过系统、严谨的比较建筑实际性能及其设计目标和建成效果，进一步提高建筑质量、投资效益和使用效益，从而创造建筑更大价值。[①]

对于超大规模高中空间环境计划而言，对已建成的校园空间环境进行使用后评价的调查十分有必要。这将对新建、改扩建超大规模高中的计划起到积极的促进作用。主要针对校领导、任课教师、在校学生进行的访谈和使用后评价的调查，可汇总成使用建议和评级表，以指导未来的校园建设（表3.14）。

① 邹广天. 建筑计划学 [M]. 北京：中国建筑工业出版社，2010.

**超大规模高中使用后评价调查对象及主要内容**　　表3.14

| 调查对象 | 评价对象 | 评价内容 | 评价级别 |
|---|---|---|---|
| 校领导 | 超大规模高中的办学规模；教学管理、校舍空间使用现状及问题 | 办学规模的大小；校舍空间及资源的配置及管理 | 过大、适中、不足 |
| 各科任课教师 | 超大规模高中的办学规模、教学管理、课程设置、班级规模、空间环境现状及问题 | 课程设置的方式，教学管理的模式，教学空间的使用 | 过量、适量、不足 |
| 学生 | 超大规模高中校舍空间环境的现状及问题 | 校园空间环境舒适度、交往性、开放性、满意度 | 较好、一般、较差 |

　　规划设计、施工建设、投入使用是建筑全寿命周期中间的三个阶段，加上建筑前期策划与使用后环境评价这两个阶段，构成了一个从建筑策划到环境评价的建筑全寿命周期的完整过程。其中针对每一个环节可能出现的问题，建筑计划均予以指导和建设，保证了建筑设计的科学性与合理性，减少了投资浪费，提高了资源使用率，使得环境评价良好。图3.2详细表示了建筑全寿命周期与建筑计划的关系。

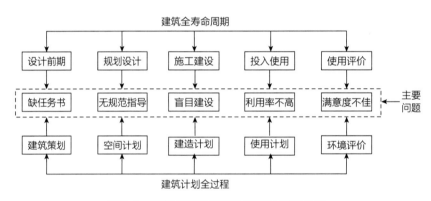

**图3.2　建筑全寿命周期与建筑计划的关系**

## 3.3　空间环境计划依据

　　制定超大规模高中建筑空间环境计划主要参考了不同办学条件及规模下的国内外现行中小学建筑设计规范与标准。因为与国内的人口基数、社会经济、教育理念、教育模式等均不同，国外很少出现超大规模高中，普通班的班额也没有中国学校的班额大。例如，德国地区的建设指导标准，只给出了几个主要功能分区的总体面积指标，没有分项项目的指标参考。从严格意义上讲，与其说是设计规范，更像是一部建设指导手册，而且，各个地区没有统一标准。

### 3.3.1　国外中小学建筑设计标准

#### 1. 美国

2002年10月7日正式颁布的《DoDEA教育设施建设指导手册》是美国为21世纪高中校园建筑的革新和校舍空间空间环境及设施的统一完善而制定的地区标准。正如该标准所说："随着科学技术的不断创新，社会条件的进步与发展，学校应该在此背景下展开广泛而深刻的新一轮变革。从课程设置、教室设计、校园规划、环境配置等方面都应该推行新的标准。为了使得校园建筑与校园课程、设施相协调，为全地区的学校实施此标准。"[①] 表3.15摘列出了该标准中为高中校园制定的主要功能用房的面积指标及参考。

DoDEA 教育设施建设指导手册——高中校园篇　　　　表 3.15

| 功能分区 | 用房名称 | 面积指标（m²） |
|---|---|---|
| 行政办公用房 | 等候区 | 19 |
| | 接待室 | 28 |
| | 复印室 | 9 |
| | 会议室 | 19 |
| | 校长办公室 | 19 |
| | 副校长办公室 | 16 |
| | 普通教师办公室 | 134（人均 10） |
| | 学生档案室 | 7 |
| | | 合计：251 |
| 艺术教室 | 中央学生工作区<br>（包含工艺品区、清洁区、指导区） | 153 |
| | 制窑室 | 9 |
| | 印刷室 | 28 |
| | 储藏室 | 14 |
| | | 合计：199 |
| 礼堂 | 舞台 | 186 |
| | 舞台准备 | 37 |
| | 储藏 | 19 |
| | 更衣 | 37 |
| | | 合计：279 |
| 公共学习用房 | 职业教育中心（包含演讲区、学习区、特殊项目区、存储） | 121 |
| | 计算机科学研究室（包含演讲区、学习区、特殊项目区、存储） | 121 |
| | 远程学习中心 | 42 |
| | 烹饪室（包含教师指导、烘焙、冷冻、储藏、清洗、准备） | 158 |
| | 课程指导中心（包含等待、会议、职业咨询、探究、心理咨询、储藏） | 大规模：75 |
| | | 小规模：56 |
| | 信息资源中心 | 大规模 223 |
| | | 小规模 74 |
| | 模数化技术实验室 | 112 |
| | 多功能计算机实验室 | 121 |
| | 阅读室 | 84 |
| | | 合计：834/815 |

---

① 美国建筑学会，DoDEA 教育设施建设指导手册 [S]．2002.

| 功能分区 | 用房名称 | 面积指标（m²） |
|---|---|---|
| 辅助用房 | 普通教室 | 84（生均 3.5） |
| | 化学实验室 | 156（生均 10） |
| | 通用实验室 | 133 |
| | 心理指导室 | 84 |
| | 第二语言室 | 42 |
| | 医疗保健室 | 55 |
| | 听力修复室 | 42 |
| | 家校互动室 | 14 |
| | 语音训练室 | 42 |
| | 学习辅导室 | 102 |
| | 物理理疗室 | 102 |
| | 特别指导教室 | 42 |
| | | 合计：525 |
| 厨房 | 食物准备 | 149 |
| | 洗涤区 | 19 |
| | 烘干区 | 9 |
| | 冷冻区 | 9 |
| | 办公室 | 9 |
| | 休息区 | 5 |
| | 更衣室 | 7 |
| | 门卫室 | 2 |
| | 接待区 | 9 |
| | | 合计：218 |

（资料来源：DoDEA Education Facilities Specifications）

在上述功能用房的面积指标中并没有列出相应的办学规模，只有多功能活动中心和音乐厅根据不同的办学规模制订的不同的面积指标，具体如表 3.16、表 3.17 所示。

**不同办学规模下多功能活动中心功能及面积分配表**　　　　表 3.16

| 功能用房 | 面积（m²） | | | |
|---|---|---|---|---|
| | 100~300 人 | 301~700 人 | 701~1000 人 | >1000 人 |
| 球场 | 0 | 697 | 697 | 697 |
| 观众席 | 800 | 800 | 800 | 800 |
| 更衣室 | 260 | 112+（学生人数 -300）×2 | 112+（学生人数 -300）×2 | 112+（学生人数 -300）×2 |
| 教练办公 | 19× 教师人数 | 19× 教师人数 | 19× 教师人数 | 19× 教师人数 |
| 体操储藏 | 37 | 37 | 37 | 37 |

| 功能用房 | 面积（m²） | | | |
|---|---|---|---|---|
| | 100~300人 | 301~700人 | 701~1000人 | >1000人 |
| 艺术体操 | 0 | 0 | 232 | 697 |
| 多功能用房 | 697 | 3.75×（学生数 -300）+233 | 3.75×（学生数 -300）+233 | 3.75×（学生数 -300）+233 |
| 咖啡 | 19 | 28 | 37 | 37 |
| 舞台 | 186 | 186 | 186 | 186 |
| 舞台准备 | 37 | 37 | 37 | 37 |
| 服装室 | 0 | 37 | 37 | 37 |
| 体能训练 | 80 | 80 | 80 | 80 |
| 洗衣房 | 9 | 9 | 9 | 9 |

（资料来源：DoDEA Education Facilities Specifications）

**不同办学规模下音乐厅功能及面积分配表**　　　　　　　表3.17

| 功能用房 | 面积（m²） | | | |
|---|---|---|---|---|
| | 0~300人 | 301~500人 | 501~700人 | >700 |
| 音乐室 | 116 | 153 | 186 | 232 |
| 办公室 | — | 14 | 14 | 14 |
| 练习室 | 置于音乐室内 | 18 | 18 | 27 |
| 储藏室 | 置于音乐室内 | 7 | 9 | 14 |
| 计算机中心 | 置于音乐室内 | 置于音乐室内 | 46 | 46 |
| 乐器储藏 | 23 | 37 | 46 | 60 |
| 合唱室 | 置于音乐室内 | 置于音乐室内 | 116 | 116 |

（资料来源：DoDEA Education Facilities Specifications）

从上述标准可以看出，与国内规范标准相比，美国的校园规范更像是建设指导标准，很多数值为范围区间，不是唯一确定的数值，而且在功能用房的设置上有其突出的特点。除了普通教室之外，还设置了很多类型的公共教学用房和辅助教学用房，例如课程指导中心、第二语言室、家校互动室、特别教室等。具体差异如下：

（1）全面突出"全纳教育"的理念，除了为普通学生设置的教学空间外，还为那些语言、听力、身体有障碍的残疾学生提供方便其就学的辅助空间。如听力修复室、物理理疗室、第二语言室等。这些功能用房的设置为残疾学生的教学生活提供了全面的保障。

（2）在教学方式上更提倡开放学习，公共学习用房更能体现多功能、多学科、复合化的空间设计理念。例如多功能计算机实验室、课程指导中心、职业教育中心、信息资源中心均是多功能复合下以课程指导、就业咨询、信息检阅、科技模拟、特别学习辅导为一体的大空间，在教学理念和空间模式上更突出灵活、开放、多元、弹性的使用方式。

（3）在空间面积的大小和指标分配上，将办学规模划分为五个级别：0~300、301~500、501~700、701~1000、>1000，根据不同的级别及使用情况，制定不同的指标取值及相应的计算公式。

（4）教室生均使用面积和教师人均办公使用面积均大于中国的面积指标标准。教室生均使用面积为 $3.5m^2$/ 生，教师人均办公使用面积为 $10m^2$/ 生。

## 2. 日本

日本一直提倡的是小班式开放型教学，且班额限定在 40～45 人之间，一般超过 30 班则分校，现行规范的办学规模最大只支撑到 30 班。加之在日本学校的教学空间设计中，教室与教室、教室与走廊之间均是灵活的隔断，可以根据教学的需要随时增减空间，从而实现灵活与弹性教学。所以表 3.18 给出的面积指标标准均是参考值，学校可视实际的条件及需求进行相应调整。

**日本高中学校校舍主要空间功能及指标列表**　　　　　　表 3.18

| 功能分区 | 用房名称 | 面积指标（$m^2$） |
|---|---|---|
| 教科教学 | 普通教室 | 64（生均 1.6） |
| | 多功能室 | 72 |
| | 特别活动室 | 84 |
| | 图书室 | 192 |
| | 电脑室 | 120 |
| | | 合计：532 |
| 特别教室 | 理科教室 | 130（生均 3.3） |
| | 艺术教室 | 120 |
| | 生物教室 | 120 |
| | 技术教室 | 120 |
| | 图画教室 | 90 |
| | 音乐教室 | 150 |
| | 语言教室 | 58 |
| | 烹饪教室 | 170 |
| | | 合计：958 |
| 管理用房 | 职员办公 | 64 |
| | 校长室 | 24 |
| | 会议室 | 64 |
| | 教材室 | 20 |
| | 印刷室 | 22 |
| | | 合计：194 |
| 生活、交流空间 | 运动场 | 1200 |
| | 讲堂 | 220 |
| | 食堂、厨房 | 320 |
| | | 合计：1740 |

（资料来源：建筑设计资料集成——教育·图书篇）

从上表可以看出，与美国学校设置的功能用房不同，日本在教学用房的设置上更突出普通教室与特别教室的区别。在日本，形成了普通高中、专门高中和综合高中三足鼎立的局面，因此在科目教室的设置上有所区分。普通教室型是开放式空间，和走廊之间形成开放灵活的隔断，以满足多种教学形式的需求；专门高中更强调其专门化，教学空间以某一类学科为主；综合高中则兼具普通高中和专门高中的特点，结合了普通教室和特别教室的特点。运动场包括武术、击剑、游泳和各种球类运动等多种功能。因为办学规模和班额都控制在一定范围内，所以生均指标相对比较固定，生均教室使用面积为 1.6m²/ 生，生均实验室使用面积为 3.3m²/ 生。

### 3. 德国

在国外，由于人口基数的影响，很少出现超大规模的学校，并且学校的班额也不会达到中国每班七十人甚至八九十人的程度。如德国汉堡地区以最大班额 48 班为例，学生人数在1200 人左右，那么每班学生数大致为 26 人左右（表 3.19）。德国汉堡地区学校建筑规划设计标准的特点有以下几点：

（1）所有指标包括班级数、学生数、房间面积都以 24 为模数，推算和叠加都十分简易方便。每间教室面积为 81m²，容纳学生 26 人，生均使用面积为 3.1m²/ 生；校舍生均使用面积为 6.5m²/ 生。

（2）在班级数一定的前提下，学生数的取值为一个区间，分别规定了低值和高值，使得学生数量可以在这个区间范围内变化，显得更加灵活和人性化。

（3）除了对层高、设备等有一定要求的特殊用房外，所有用房均采用一样的大小标准，模数单元的划分更易于标准化施工和建造。

（4）辅助用房采用统一的面积。

（5）增加了研究小组、储藏和公共交流的空间。

**德国汉堡地区学校建筑规划设计标准（以 24 为模数）**　　表 3.19

| 班级数 | | 16 | 24 | 32 | 40 | 48 |
|---|---|---|---|---|---|---|
| 学生人数（低值） | | 388 | 582 | 776 | 970 | 1164 |
| 学生人数（高值） | | 424 | 636 | 848 | 1060 | 1272 |
| 一般空间（教室、计算机科学等）面积（m²） | | 1296 | 1944 | 2592 | 3240 | 3888 |
| 可变空间面积（m²） | 净面积 | 240 | 312 | 384 | 456 | 528 |
| | 音乐、艺术 | 144 | 192 | 240 | 336 | 384 |
| | 后勤服务 | 24 | 24 | 24 | 24 | 24 |
| | 行政办公管理 | 312 | 384 | 456 | 552 | 624 |
| | 公共区域 | 360 | 504 | 648 | 792 | 800 |
| | 厨房 | 48 | 48 | 48 | 48 | 48 |
| | 管理 | 24 | 24 | 24 | 24 | 24 |
| | 全日制多功能场所 | 144 | 216 | 288 | 336 | 408 |
| | 合计 | 216 | 288 | 360 | 408 | 480 |
| | 共计 | 2592 | 3624 | 4656 | 5760 | 6656 |
| 研究小组 | | 162 | 151 | 146 | 144 | 139 |
| 每生面积（m²） | | 6.1 | 5.7 | 5.5 | 5.4 | 5.2 |

（资料来源：Musterflächenprogramm faür allgemeinbildende Schulen in Hamburg，2011）

在德国，不同地区的学校建设标准不同。柏林地区学校的设计标准分别对三种规模的学校进行了分类和面积标准的罗列，即720人、960人、1200人。表3.20是标准的详细内容和数量，分析可得：柏林地区学校对各功能空间要求并没有中国学校的标准那么细致，只是将主要使用空间——教学、次要使用空间——食堂、多功能厅，以及辅助使用空间——储藏分开列出。主要特点有：

（1）总学生人数中考虑了4%的残疾儿童。

（2）教室内设置了衣帽挂取，教学用具放置、存储的功能空间。每间教室面积为65m²。校舍生均使用面积为4.1m²/生。

（3）设置了学生工作、小组教室和多用途空间。

柏林学校建筑规划设计标准（5~12年级）　　　　　　表3.20

| 内容　　　　　　项目 | 每个年级有三个班级相同（720个学生） | | 每个年级有四个班级相同（960个学生） | | 每个年级有五个班级相同（1200个学生） | |
|---|---|---|---|---|---|---|
| 7~9年级人数 | 348 | | 464 | | 580 | |
| 5~6年级人数 | 150 | | 200 | | 250 | |
| 总学生人数（4%的残障儿童） | 498 | | 664 | | 830 | |
| 功能 | 空间（m²） | 数量（个） | 面积（m²） | 数量（个） | 面积（m²） | 数量（个） | 面积（m²） |
| 带衣帽挂取、存储功能的主要班级教室 | 65 | 12 | 780 | 16 | 1040 | 20 | 1300 |
| 小组教室1 | 50 | 4 | 200 | 5 | 250 | 6 | 300 |
| 小组教室2 | 40 | 4 | 160 | 5 | 200 | 6 | 240 |
| 学生工作场所 | 50 | 2 | 100 | 3 | 150 | 4 | 200 |
| 教学用具空间 | — | | 100 | | 120 | | 140 |
| 多用途房间 | 300 | — | 300 | — | 300 | — | 300 |
| 食堂/餐厅（至少1.2m²/生） | — | 1 | 100 | 1 | 120 | 1 | 150 |
| 衣帽间 | 40 | — | 40 | | 50 | | 60 |
| 厨房 | 40 | — | 40 | — | 40 | — | 40 |
| 操作间 | — | 1 | 50 | 1 | 65 | 1 | 80 |
| 康乐室 | 45/60 | 3 | 150 | 4 | 195 | 5 | 240 |
| 阅读室 | 35 | 1 | 35 | 1 | 35 | 1 | 35 |

（资料来源：Redaktionelle Überarbeitung，2012）

### 4. 国外学校规划设计标准和学校规模之间的关系

从上述规范可以看出，不同国家的高中设计规范内容不同。例如德国规范，更强调地区的特点，不同地区制定不同的校园建设标准。在指标分配上，随着学校规模的扩大、班级数和在校生人数的增加，标准教室的数量按照每个班级配置一间教室的标准相应增加，行政办公、音乐艺术教室、餐厅、小组教室也按照基本单元的模式标准成比例增加，而厨房、操作间、阅读室、衣帽间、多功能用房等保持不变。并且，体育用地、生活用地的功能空间并未在标准中列出。在空间内容计划上，只是罗列了大致的功能分区，开放空间即多用途房间只给出了300m²。而美国则不同，在建设标准上更强调校园空间的多样化、复合化、开放性，仅多功能学习资源及就业指导中心就有四五个复合公共空间。且类似体育馆和音乐厅这样的公共服务设施还有根据校园办学规模计算的指标公式，极为严谨细致。可见，在美国校园规划和设计中非常注重公共开放性空间的设计与使用。在日本，由于办学条件和教育理念的差异，教室采用开放式的灵活隔断，且班额适中，所以面积指标并没有非常严格的限制。在空间内容计划方面，注重高中类型的区别，强化特别教室的功能与作用。

### 3.3.2 国内中小学建筑设计标准

#### 1. 国家标准

我国现行中小学国家标准规范主要有《城市普通中小学校校舍建设标准》、《中小学校设计规范》、《中小学理科实验室装备规范》JY/T 0385-2006、《农村普通中小学校建设标准》建标109-2008、《汶川地震灾后重建学校规划建筑设计导则》（教发2008）共五部（表3.21），但所支撑的办学规模最大只到48班。

现行中小学相关国家标准　　　　　　　　　　表3.21

| 标准<br>项目 | 《城市普通中小学校校舍建设标准》 | 《中小学校设计规范》 | 《中小学理科实验室装备规范》 | 《农村普通中小学校建设标准》 | 《汶川地震灾后重建学校规划建筑设计导则》 |
|---|---|---|---|---|---|
| 执行时间 | 2002.7 | 2012.1 | 2006.7 | 2008.12 | 2008.10 |
| 批准部门 | 建设部<br>教育部 | 住房和城乡建设部 | 教育部 | 住房和城乡建设部<br>发改委 | 住房和城乡建设部、教育部、发改委 |
| 主编部门 | 教育部 | 教育部 | 教育部 | 教育部 | 教育部 |
| 适用对象 | 适用于城市新建中小学校规划建设 | 适用于城镇、农村中小学校规划建设 | 适用于中小学校理科实验室空间设计及设施配备 | 适用于乡镇及以下农村普通中小学校新建、改扩建 | 适用于指导汶川地震灾后重建的幼儿园、中小学规划建设 |
| 主要内容 | 校舍规划建设各项面积指标 | 校舍用地布局、校舍建设面积指标 | 普通中小学理科实验室装备面积、数量、设施要求 | 农村中小学的校舍用地布局、校舍建设指标 | 汶川地震灾后重建学校的建设指标、规划与建筑设计、结构及设备 |
| 最大班级规模 | 48 | 30 | 48 | 24 | 36 |

其中，2012年起实施的《中小学校设计规范》GB 50099-2011是在2002版规范的基础上进行了一定的修改完善。对于随着办学规模的扩大、设计指标的改变而影响较大的部分提出了"学校可比总用地"和"学校可比容积率"的概念，明确了校园中并不随着办学规模扩大而扩大的环形跑道的用地面积是不可比的，应排除在校园有效用地面积之外。其中指出，"学校可比总用地是指校园建设中除环形跑道外的用地，与学生总人数成比例增减。学校可比容积率是指校园中各类建筑地面上总建筑面积与学校可比总用地面积的比值"。[1] 在校园规模扩张的影响下，这两个新概念的引入，让环形跑道的用地面积可以暂时不计入与学生人数成比

---

[1] GB 50099-2011. 中小学校设计规范 [S]. 北京：中国建筑工业出版社，2010.

例变化的校园总用地面积内。学校可比容积率概念的引入，有利于在节地目标下，提高校园的有效容积率。此外，在新课改的背景下，该规范中还提出了学生活动室这个功能空间，它是为学生开展兴趣小组或社团而设立的。

表 3.22 列出了国家对于高中设定的现行规范中关于面积指标的相关规定。从班级规模中可以看出，规范仅支持到 36 班，班额为 50 人，生均占地面积及生均建筑面积取值相差太大。这些指标不足以支撑和指导已经出现的和潜在的超大规模高中的新建、改扩建规划设计，导致资源无法充分利用或成本浪费。

现行高中规范相关指标标准　　　　　　　　　　　　　　　　　表 3.22

| 标准 | 班级数（班） | 班额（班/人） | 生均用地面积（m²/生） | 生均建筑面积（m²/生） | |
| --- | --- | --- | --- | --- | --- |
| | | | | 基本指标 | 规划指标 |
| 《城市普通中小学校校舍建设标准》 | 18 | 50 | 22 | 7.4 | 10.4 |
| | 24 | 50 | 21 | 6.9 | 10 |
| | 30 | 50 | 19 | 6.6 | 9.2 |
| | 36 | 50 | 22 | 6.4 | 8.9 |
| 《中小学校设计规范》 | — | 50 | — | — | — |
| 《汶川地震灾后重建学校规划建筑设计导则》 | 18 | 近期 50，远期 45 | 29.93 | 7.4 | 10.4 |
| | 24 | | 26.51 | 6.9 | 10 |
| | 30 | | 28.79 | 6.6 | 9.2 |
| | 36 | | 29.56 | 6.4 | 8.84 |

从上述国家中小学标准及规范中可以看出，随着在校生人数的增加而成比例变化的重要内容和指标主要有以下几个方面：普通教室面积、数量；理科实验室面积、数量；行政办公用房面积、数量；餐饮、住宿用房面积、数量。环形跑道不纳入校园的有效用地面积内。

## 2. 地方标准

我国是教育大国，各个省市的办学情况也不尽相同。为了满足地方办学的要求，统一地区教育教学标准和相关设施的规定，很多省、市、自治区纷纷制订了地方办学建设标准。对于超过 48 班的标准，只有贵州、浙江、山东、江西这四个省份制订，且地区之间差异较大，尤其是东西部地区悬殊更大。例如西部地区的贵州省和东部地区的浙江省，生均建筑面积相差三倍之多，生均占地面积也相差两倍有余，理化生实验室数量的差距也很大。实践表明，必须制订适合地区发展的面积指标标准才能满足地区教育可持续发展的需求。表 3.23 列出了超过 48 班的已颁布的各省市制订的标准。

各省市制订的大于 50 班规模的普通高中建设标准　　　　　　　表 3.23

| 　　　　　　标准项目 | 《贵州省普通高中学校建设规范》 | 《浙江省寄宿制普通高级中学校建设标准》 | 《山东省普通高级中学基本办学条件标准》 | 《江西省普通高级中学基本办学条件标准》 |
| --- | --- | --- | --- | --- |
| 最大班级规模 | 60 | 60 | 60 | 66 |
| 最大规模校园建筑面积（m²） | 20385 | 66497 | 26690 | 48622 |

| 项目 标准 | 《贵州省普通高中学校建设规范》 | 《浙江省寄宿制普通高级中学校建设标准》 | 《山东省普通高级中学基本办学条件标准》 | 《江西省普通高级中学基本办学条件标准》 |
|---|---|---|---|---|
| 最大规模校园占地面积（m²） | 62599 | 111396 | 65255 | 71400 |
| 最大规模生均占地面积（m²/生） | 20.86 | 37.13 | 21.75 | 30（普通高中）<br>39（寄宿制高中） |
| 最大规模生均建筑指标（m²/生） | 8.1 | 22.17 | 8.9 | 14.73 |
| 理化生实验室数量 | 10 | 15 | 24 | 11 |

从表 3.24 可以看出，在省市自定的标准中，江西省将普通高中和寄宿制高中的面积指标有所区分。这是因为办学及管理模式不同，校园占地面积和校舍建筑面积也应有所不同。这样因地制宜、实事求是，才能形成有针对性的细化标准，指导实际建设。

**各省市普通高中建设标准节选**　　　　　　表 3.24

| 标准 | 班级数（班） | 班额（班/人） | 生均用地面积（m²/生） | 生均建筑面积（m²/生）基本指标 | 生均建筑面积（m²/生）规划指标 |
|---|---|---|---|---|---|
| 《贵州省普通高中学校建设规范》 | 24 | 不超过50 | 26.25 | 7.5 | 10.2 |
| | 30 | | 23.24 | 7.1 | 9.3 |
| | 36 | | 25.40 | 6.8 | 9.0 |
| | 48 | | 22.45 | 6.9 | 8.3 |
| | 60 | | 20.86 | 6.8 | 8.1 |
| 《浙江省寄宿制普通高级中学校建设标准》 | 24 | 不超过50 | 41.28 | 23.68 | |
| | 30 | | 39.85 | 23.64 | |
| | 36 | | 38.62 | 23.07 | |
| | 48 | | 39.00 | 22.49 | |
| | 60 | | 37.13 | 22.17 | |
| 《山东省普通高级中学基本办学条件标准》 | 24 | 近期50远期45 | 25.57 | 9.55 | |
| | 30 | | 23.76 | 9.72 | |
| | 36 | | 26.18 | 9.67 | |
| | 48 | | 23.40 | 9.17 | |
| | 60 | | 21.75 | 8.90 | |
| 《江西省普通高级中学基本办学条件标准》 | 18 | 不超过50 | 普通高中 | | 16.5 |
| | 24 | | ≥42 | 25 | 15.33 |
| | 30 | | 30~42 | 29 | 14.63 |
| | 36 | | <30 | 30 | 14.43 |
| | 42 | | 寄宿制高中 | | |
| | 54 | | ≥42 | 34 | 14.77 |
| | 66 | | 30~42 | 39 | 14.82 |
| | | | <30 | 39 | 14.73 |

| 标准 | 班级数（班） | 班额（班/人） | 生均用地面积（m²/生） | 生均建筑面积（m²/生） | |
|---|---|---|---|---|---|
| | | | | 基本指标 | 规划指标 |
| 《山西省普通高级中学基本办学条件标准》 | 24 | 不超过 50 | 25.9 | 11 | |
| | 36 | | 25.5 | 10 | |
| | 48 | | 23.1 | 10 | |
| | 60 | | 21.7 | 10 | |

由于东西部地区在经济、文化、教育等方面存在一定的差异，因此在各省市制定的标准中，同样为 60 班规模，山东省规定理化生实验室数量为 24 个，贵州省则仅为 10 个，差距很大。因此，对于越来越多的超过 50 班的超大规模高中校舍建设标准，不能采取"一刀切"的方式，有必要因地制宜，根据各省市的具体情况，科学合理地制定建设标准，节约成本，减少公共财政的浪费。

对比国内外已有的不同地区制定的中小学校设计规范可以得出，因为各个国家、地区在社会、经济、文化等各方面条件的不同，高中办学规模和校舍建设情况也不同。和美、日、德相比，我国的标准在空间构成上没有开放、复合等方面的区别，而是按照主要功能部室进行指标罗列，在人均使用面积取值上也比较低。表 3.25 列出了国内外标准与规范的比较和差异。

**美、日、德、中各国中学设计标准比较**　　　　　表 3.25

| 内容 项目 | 布局计划 | 内容计划 | 数量计划 | 面积计划 |
|---|---|---|---|---|
| 美国 | 向城市、社区开放，布局灵活 | 多功能、复合化学习指导资源中心处于核心位置 | 未统一划分 | 大空间公共用房运用随规模变化的指标计算公式计算面积 |
| 日本 | 按照学校类型划分 | 按照学科类型分区布置，向社区开放的部分独立于校园 | 未统一划分 | 开放空间设隔断，面积控制不严格，生均指标较大 |
| 德国 | 按地区划分、体育运动场地未列入规范中 | 只列大致功能用房，未细划分内部功能分隔 | 教学用房随规模扩大而增加，辅助用房和公共用房不变 | 以模数成比例变化，生均指标较大 |
| 中国 | 动静分区，环形跑道用地不可比 | 详细的功能用房及其相互之间的关系 | 教学、办公、生活用房随规模的扩大而增加 | 国家与地区标准之间差异较大，规模最大 48 班，面积不明确 |

因教育理念和教学方式不同，所以学校作为教育的主要场所，其建设标准与空间环境要求也不同。从上述分析可以得出，国内外学校建设规范内容方面的主要差异如表 3.26 所示。

| 项目 | 国外 | 国内 |
|---|---|---|
| 属性 | 建设指导手册 | 建筑设计规范 |
| 模数 | 所有数值统一模数 | 部分数值采用模数 |
| 在校生人数 | 区间取值,并考虑残障学生 | 定值,不考虑残障学生 |
| 功能用房 | 只列出主要使用空间 | 详细列出所有空间使用 |
| 特殊需求 | 设置了研究小组教室和多用途房间 | 仅列出学生活动室 |
| 存储、图书、个别指导空间 | 与教学用房有机结合 | 未与教学用房有机结合 |
| 分区 | 动静空间有机结合 | 严格按照功能分区罗列 |
| 与规模的关系 | 部分空间随规模成比例增减 | 所有空间随规模成比例增减 |

## 3.4 空间环境计划应用

### 3.4.1 宏观层面——选址与布局

宏观层面上,建筑空间环境计划可以指导超大规模高中的选址与布局,以及建设用地的面积取值。超大规模高中在学校的布局选址和用地方面存在以下问题:

**1. 学校与社区融合不足**

在西部经济欠发达的很多农村地区,"开放校园""学社融合"的规划设计理念还没有得到广泛认同,所以学校用地及规划布局还是一个封闭的独立体。在建设之初,和公共设施使用时并未考虑共享开放、资源集约等原则,导致校园成本增加,重复建设浪费;同时在布局选址时没有和周边社区或环境的公共服务设施统筹考虑,导致了公共财政投入的浪费(图 3.3)。

**2. 室外活动场地类型单一、生均使用面积不足**

西部地区超大规模高中校园室外活动场地类型单一、生均使用面积不足是一个十分普遍的现象。因老校区的选址多处在县城中心,改扩建的预留空间严重不足,所以早操和体育课教学难以展开。在所调研的数十所学校中,大约 85% 的学校在室外体育运动场地方面没有达到建设标准的要求,场地类型过于单一,球类、器械类活动不能满足多种类型的需求。人口密度过大,活动空间狭小,存在安全隐患,尤其是操场过小,甚至无 300m 环形跑道和 100m 直跑道,球类运动、田径教学更难以开展,早操只能在人行道和生活区分片进行(图 3.4)。以上问题在校园用地的规划和建设上还有待完善和提高。

**3. 建设模式过于松散,预留用地不足,不利于充分发掘土地价值**

在所调研的各个学校中,绝大多数学校的土地利用模式较为松散,各功能组团、单体建筑相对独立,自成系统、缺少联系。而且仅仅是在平面上发展,建筑密度过大,没有综合考虑土地的多维开发模式,导致校内产生大量的消极空间,容积率过低,不能充分发掘建设用地的利用价值,同时也没有为学校的远景发展预留充足的建设发展用地,不能满足弹性办学需求,体现资源集约、高效利用的原则与目标。

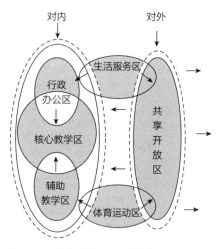

图 3.3  校内外共享开放功能分区示意图

图 3.4  课间操在人行道展开

### 3.4.2  中观层面——空间构成模式

基于建筑空间环境计划的空间构成模式可以应用于指导不同条件下超大规模高中的新建与改扩建。现有超大规模高中在空间构成模式上存在以下问题：

#### 1. 布局结构拥挤随意、改扩建缺乏统一规划

位于老校区的超大规模高中多为建校历史悠久的名校，校园规划设计起点较低，缺乏统一规划和分期建设目标的制定。随着学校规模的日益扩大，校舍空间不断加建时只能采取"见缝插针式"的建设，很多甚至不满足防火疏散和日照的规范要求，对师生的身心健康造成不利影响。还有一些空间构成过于简单的校园总平面，缺乏对周边环境的综合考虑，校园用地边界不完整，室外环境布置凌乱，更难以体现新型的教学理念与模式需求。

#### 2. 主要建筑组团缺乏有机的联系

学校规模的扩大直接影响着校园中主要功能建筑组团——普通教室、专业教室，以及公共用房的空间形态和组合关系。老校区在规划设计中过于注重严格的功能分区，使得校园中各个单体建筑及主要功能区之间缺乏必要有机的联系，甚至处于割裂状态。这种过于机械的规划布局结构及空间组合模式无法满足小组学习、团组学习、探究学习等新型教学模式对空间环境的要求。

#### 3. 生活区不能体现人性化特征

由于优质教育资源的不断集中，更多住家离校较远的学生选择寄宿学习和生活，导致短期内的住宿需求急剧膨胀，使得很多学校的生活服务区不能满足规模扩张的需求，而且在规划初期并没有考虑生活区与校园总体规划的关系，所以没有预留建设用地和扩展空间，与之配套的环境设施也不够人性化。

如图 3.5 所示，我国传统的农村中小学校功能分区为：教学区、行政办公区、生活服务区、体育运动区。开放性校园因注重公共开放空间和向社区及城市的开放，形成了几个主要功能组团围绕共享资源中心的布局模式。同时文化、娱乐、体育、运动、生活服务等附属功能组团在一定程度上由校内、校外共享使用，形成了一个共享"群"和交流"圈"，功能构成与空间模式灵活、有机（图 3.6）。

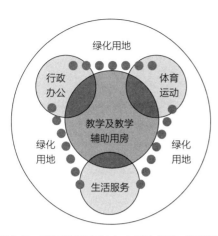

图 3.5 我国传统农村中小学功能构成示意图

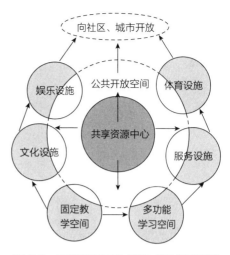

图 3.6 开放型校园功能构成模式示意图

### 3.4.3 微观层面——面积配置

基于建筑空间环境计划的面积配置可以用于指导不同条件下超大规模高中建设指标的确定。现行国家高中建筑设计规范最大只支撑到 48 班，不能有效的指导超大规模高中的建设，具体体现在以下几个方面：

#### 1. 面积配置与办学规模之间的关系不够细化

已有规范标准中，只是逐一罗列了不同办学规模类别下的各种功能用房的面积与数量，并没有明确区分哪些面积随规模变化而改变，哪些面积配置与规模的变化没有关系。例如，教学办公用房随着规模的扩张而不断变大，体育用地即环形跑道不能与规模成比例变化；又如部分用房的面积取值随着办学规模的扩张，并不成比例增减，而体现出不同的规律。

#### 2. 缺少应对灵活办学的弹性指标

随着优质教育资源的集中、教育理念与教学方法的不断革新，地区之间办学条件的差异，对校园空间环境提出的灵活性、多样化、开放型、弹性制等方面的需求也越来越高。而在现行规范中，基本采用"一刀切"的方式，没有体现对未来学校的办学变化及教学模式改革的考虑。

#### 3. 未体现科学计算面积配置的公式与方法

通过查阅已有规范可以得出，几乎所有标准只是给出了结果，即面积配置与大小取值的参考，而没有说明数据的来源与科学计算面积配置的公式与方法。而美国在体育馆、音乐厅等人流集中、面积较大的公共空间面积配置取值时给出了计算公式与推导过程，这点值得我们借鉴。

## 3.5 本章小结

本章内容主要针对建筑空间环境计划的相关概念和理论方法进行了阐述，主要包括计划内容、计划方法、计划依据、计划实践四个方面。其中本研究的主要内容包括布局计划、内容计划、数量计划、面积计划。运用建筑计划学的相关调查研究方法，进行了影响因素确立、对象特征分类、空间模型建立、计算公式推衍四个关键步骤，从而为下面的内容——宏观、中观、微观三个层面的计划实践铺垫坚实的理论基础，提供方法与指导。

# 4 特征梳理：
## 典型超大规模高中现状分析

本章从地域现状出发，通过对社会经济、文化、教育、政策、已有规范及标准等各方面的分析，重点阐述了典型地区高中阶段教育的分类、特征、数量、现状及问题，同时列举了课题组已调研的典型超大规模高中相关设计指标和使用现状问题，为超大规模高中建筑空间环境计划提供一定的参考与依据。

本章的研究框架如图 4.1 所示。

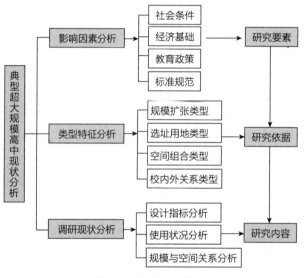

图 4.1　内容框架简图

## 4.1　典型地区现状梳理

### 4.1.1　社会经济状况

陕西省是全国贫困面最大的省份之一，同时也是国家加大对西部地区教育投入的重点示范地区。因此，陕西地区超大规模高中的现状在一定程度上反映了广大西部地区的高中教育及校园建设的主要问题。

陕西省总面积 20.58 万平方公里，总人口 3775 万人，其中城镇 1985 万人，乡村 1790 万人。行政区划下辖 1 个省会城市（副省级）、9 个地级城市、1 个地级示范区。各地区行政区划及人口数量如下表所示，9个地级市共辖70个县，其中在城镇化进程的背景下，人口超过20万的县城共25个，主要集中在关中平原地区。以西安、咸阳、渭南为典型代表，人口密集的县城超过总数的64%。而陕北地区的榆林和延安两市，人口超过20万的县城却仅占6.7%（表4.1）。可见不同地区之间的城镇化进程与社会经济发展息息相关，这些差异体现在社会发展的各个方面。

陕西地区行政区划及各地区人口数量列表 表4.1

| 项目<br>内容 | 县<br>（个） | 人口超过20万<br>人的县（个） | 市辖区<br>（个） | 镇<br>（个） | 非农人口<br>（人） | 总人口数<br>（人） | 非农人口比<br>重（%） |
|---|---|---|---|---|---|---|---|
| 西安 | 4 | 4 | 9 | 67 | 4181557 | 8152948 | 51.3 |
| 铜川 | 1 | 0 | 3 | 23 | 445665 | 840529 | 53 |
| 宝鸡 | 9 | 2 | 3 | 105 | 2025530 | 3838387 | 53 |
| 咸阳 | 10 | 5 | 2 | 126 | 1840707 | 5266828 | 35 |
| 渭南 | 8 | 5 | 1 | 130 | 2466363 | 5614285 | 44 |
| 延安 | 12 | 1 | 1 | 91 | 812019 | 2343357 | 35 |
| 汉中 | 10 | 3 | 1 | 180 | 923571 | 3841373 | 24 |
| 榆林 | 11 | 1 | 1 | 138 | 762050 | 3738414 | 20 |
| 安康 | 9 | 1 | 1 | 157 | 494992 | 3062070 | 16 |
| 商洛 | 6 | 3 | 1 | 122 | 1127188 | 2517449 | 45 |
| 杨凌 | — | — | 1 | 3 | 115463 | 190322 | 61 |
| 共计 | 80 | 25 | 24 | 1142 | 15195105 | 39405902 | 39 |

注：人口指建镇行政区人口；非农人口指户籍人口。

（资料来源：陕西统计年鉴，2014）

通过对已调研地区及学校的数据调查和对政府及教育行政部门的官员访谈，可以得出，陕西地区的教育发展状况可根据地区归结为以下三大类。

第一类：关中地区。城镇化进程较快，经济示范区多，历史文化积淀深厚，普及九年义务教育力度大，高中阶段教育健康平稳发展。

第二类：陕南地区。地域广，地形条件起伏多变，人口众多。但广大农村地区经济发展缓慢，且多位于山区，受地形局限，教育的发展受到很大的制约。

第三类：陕北地区。城市化进程较慢，除少数靠能源产业支撑的大县，多数贫困县经济较为落后，文化基础薄弱，教育发展速度较慢，办学效益差。

总之，无论从人口数量还是地域面积上看，第一类关中平原地区总人口为2371万人，占全区总人口数的60%，其发展现状是全地区的主流，也基本代表了陕西地区的教育现状。从发展的过程看，关中地区的部分县已成为全国基础教育先进县，从而带动了周边地区的发展。在高中教育方面，各市、县、区政府对高中教育发展投入力度加大，学校设置布局基本合理，教学设备、设施的配套建设水平较好，生源稳定，教学质量稳步提高。但从三类地区的整体情况来看，仍面临基础教育底子薄等主要问题。尽管办学条件有所改善，同东部经济发达省份相比仍有较大差距。尤其是在城镇化背景下，地区之间的差异，导致城市与乡村，关中地区与陕南、陕北地区之间的基础教育发展很不平衡。加之中等教育结构不尽合理，教育经费投入不足，远远不能适应现代教育事业发展的需要。

### 4.1.2 基础教育状况

陕西省是全国贫困面覆盖最大的省份之一，在全省107个县区中，其中国家级重点贫困县50个，主要集中在自然地理条件较差的陕北、陕南地区。地域偏僻，农业基础薄弱，农村教育更是连年处于萎缩状态。据陕西省2014年统计年鉴显示，全省农村地区人口每十万人中受到高中教育的人仅占15.8%（表4.2）。

陕西省各地区每十万人受教育的人口比例　　表4.2

| 地区 | 占六岁及以上人口比重 | | | |
|---|---|---|---|---|
| | 大专及以上 | 高中 | 初中 | 小学 |
| 全省 | 11.20 | 15.8 | 42.58 | 24.84 |
| 西安 | 23.17 | 21.76 | 37.56 | 15.41 |
| 铜川 | 8.48 | 20.27 | 45.41 | 21.15 |
| 宝鸡 | 8.49 | 17.83 | 44.52 | 24.93 |
| 咸阳 | 9.08 | 17.47 | 47.17 | 22.02 |
| 渭南 | 6.34 | 16.25 | 51.72 | 22.14 |
| 延安 | 9.27 | 15.92 | 39.29 | 31.49 |
| 汉中 | 6.66 | 13.56 | 40.76 | 32.10 |
| 榆林 | 8.21 | 14.27 | 38.34 | 30.64 |
| 安康 | 5.13 | 10.33 | 37.22 | 40.14 |
| 商洛 | 5.90 | 11.00 | 44.82 | 31.22 |
| 杨凌 | 31.60 | 15.51 | 33.76 | 15.97 |

（资料来源：陕西统计年鉴，2014）

截至2015年1月，全省现有各级各类学校16242所，在校学生745.53万，教职工总数61.10万，师生总数占全省人口的近1/4。普通高中544所，其中城区239所，镇区260所，乡村45所。在校生人数969167人，其中城区327563人，镇区574242人，乡村67332人。已建成省级标准化普通高中310所，占总数的60.7%，省级示范高中45所，占总数的8.8%。初级中学校内外学龄人口数为1335193人，在校学龄人口数1331577人，受教育率为99.7%（表4.3）。

陕西省各类地区中学及在校生人数汇总表　　表4.3

| 项目 内容 | 总计 | 城区 | 镇区 | 乡村 |
|---|---|---|---|---|
| 中学校数（个） | 544 | 239 | 260 | 45 |
| 比例（%） | 100 | 44 | 48 | 8 |
| 在校生人数（人） | 969167，寄宿生446001 | 327563 | 574242 | 67332 |
| 比例（%） | 100 | 34 | 59 | 7 |

（资料来源：陕西统计年鉴，2014）

表 4.4 列出了陕西省各地区学校的班级及在校生人数的规模。可以看出，关中地区的学校数达到了全省的 60%，班级数占总数 65%，在校生人数约为总人数的 75%。陕北地区的学校数量规模仅占到 15%，可见地区之间的教育发展极不平衡。

陕西地区各地区学校数及学生数概况        表 4.4

| 市、县（区） | 学校数（所） | 班数 | 招生数 | 在校生人数 | 毕业班人数 |
|---|---|---|---|---|---|
| 陕西省 | 2363 | 16026 | 336071 | 969167 | 318268 |
| 西安 | 423 | 3525 | 62678 | 286732 | 60462 |
| 铜川 | 58 | 358 | 5848 | 21494 | 8225 |
| 宝鸡 | 219 | 1560 | 28022 | 90423 | 32518 |
| 咸阳 | 311 | 2482 | 60468 | 166802 | 53766 |
| 渭南 | 385 | 2514 | 53655 | 156806 | 51910 |
| 延安 | 130 | 1065 | 23397 | 65028 | 20786 |
| 汉中 | 219 | 1146 | 27419 | 73649 | 22612 |
| 榆林 | 231 | 1468 | 225322 | 89569 | 30088 |
| 安康 | 199 | 960 | 174679 | 61133 | 18584 |
| 商洛 | 180 | 857 | 156450 | 54351 | 17481 |
| 杨凌 | 8 | 81 | 13341 | 4676 | 1836 |

（资料来源：陕西统计年鉴，2014）

从表 4.5 可以看出，在学校的音乐、体育、实验仪器、美术等硬件设施配备上全省地区整体达标率基本为 70%。其中理科实验仪器达标率最高，为 79%，体育运动场（馆）达标率最低，为 68%。在区域差异上体现为城区学校达标率最高，但体育运动场（馆）的达标率仍较低；镇区学校达标率要低于平均值，农村学校居中。由此可见，伴随着城镇化进程的进一步推进，在优质教育资源集中的条件下，县城的学校规模日趋扩大，但校舍及设施状况尚未达到一定标准，亟待改善提升。

陕西地区高中办学条件达标校数一览表        表 4.5

| 学校 | 体育运动场（馆）达标校数 | 体育器械配备达标校数 | 音乐器材配备达标校数 | 美术器材配备达标校数 | 理科实验仪器达标校数 |
|---|---|---|---|---|---|
| 总计 | 368 | 394 | 386 | 381 | 428 |
| 达标率（%） | 68 | 72 | 71 | 70 | 79 |
| 高级中学 | 194 | 199 | 193 | 193 | 223 |
| 完全中学 | 174 | 195 | 193 | 188 | 205 |
| 城区 | 165 | 186 | 231 | 178 | 192 |
| 达标率（%） | 69 | 78 | 97 | 74 | 80 |

| 学校 | 体育运动场（馆）达标校数 | 体育器械配备达标校数 | 音乐器材配备达标校数 | 美术器材配备达标校数 | 理科实验仪器达标校数 |
|---|---|---|---|---|---|
| 高级中学 | 47 | 54 | 51 | 50 | 59 |
| 完全中学 | 118 | 132 | 180 | 128 | 133 |
| 镇区 | 170 | 175 | 173 | 171 | 199 |
| 达标率（%） | 65 | 67 | 67 | 66 | 77 |
| 高级中学 | 128 | 128 | 126 | 125 | 144 |
| 完全中学 | 42 | 47 | 47 | 46 | 55 |
| 乡村 | 33 | 33 | 32 | 32 | 37 |
| 达标率（%） | 73 | 73 | 71 | 71 | 82 |
| 高级中学 | 19 | 17 | 16 | 18 | 20 |
| 完全中学 | 14 | 16 | 16 | 14 | 17 |

（资料来源：陕西省教育年鉴，2014）

《陕西省教育人才中长期发展规划（2010-2020年）》中明确提出"教育中长期战略目标——'教育人才规模要稳步扩大'到2020年，力争培养和造就一支品德高尚、结构合理、业务精湛、充满活力，不断推动我省教育事业改革发展的专业化、创新型人才队伍"。"到2020年，全省教育人才总量从2009年的19.8万人增加到22.4万人，实现了较大规模的增长"。（图4.2）① 所以，面对陕西地区教育

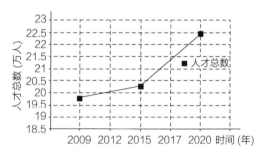

图4.2　人才总数变化图
（图片来源：陕西省教育年鉴，2014）

发展的现状，高中阶段教育的未来改革和发展时不我待，只有不遗余力地增加教育投入，改善校园空间环境，促进教育资源的配置公平与平衡，才能缩小地区之间的差异，最终构建学习型社会。

## 4.2　超大规模高中特征分析

### 4.2.1　布局结构影响

基础教育设施布局调整的贯彻实施是农村中小学改革与发展进程中的重要一环。2001年5月，国务院《关于基础教育改革与发展的决定》的正式提出揭开了中小学布局调整的序幕。其中明确指出，"因地制宜地调整农村义务学校布局；按照小学就近入学、初中适当集中、优化教育资源配置为原则，合理规划和布局调整现有学校布局；农村的小学和分散教学点要在

---

① 陕西省教育厅. 陕西省教育人才中长期发展规划（2010-2020年）. 2010.

方便学生就近入学的前提下适当合并集中，在交通不便地区仍保留必要的教学点；学校布局调整要与危房改造、城镇化发展以及移民搬迁等项目统筹规划"。①

在此之后的 2002 年、2003 年，国家颁布了一系列的政策和文件《关于完善农村义务教育管理体制的通知》、《中小学布局调整专项资金管理办法》、《关于进一步加强农村教育工作的决定》等，都有力推动了农村中小学布局调整的进程。随后，对流动人口子女入学、偏远山区就学、校舍设施配备等布局调整过程中不同方面的问题关注也体现在国家教育部陆续颁布的各项政策文件中。2006 年，教育部《关于切实解决农村边远山区、交通不便地区中小学生上学远问题有关事项的通知》指出，"要把解决好农村偏远山区、交通不便地区的中小学生上学远等问题作为贯彻科学发展观，推进义务教育均衡发展的重要举措"。② 2007 年，教育部《关于进一步加强和改进对省级实现"两基"进行全面督导检查的意见》要求，"重点检查基础教育布局不合理、大班额、教学仪器设备配备不足等一系列问题，以及农村寄宿制学校建设设施配套情况，现代远程教育设备的应用情况"。③2010 年，教育部《关于贯彻科学发展观进一步推进义务教育均衡发展的意见》强调，"地方各级教育行政部门在调整现有中小学布局时，要统筹考虑城乡经济以及社会发展状况、未来的人口变动状况和人民群众的现实需要"。④同年，《国家中长期教育改革和发展规划纲要（2010-2020 年）》要求，"不断巩固义务教育普及成果；适应城乡发展需要，合理规划学校布局；进一步加快缩小城乡差距，建立城乡一体化的义务教育机制；切实减小校际差距，实现义务教育均衡发展"。⑤

通过以上对国家不同政策和教育精神的解读，可见面对传统学校地域偏僻、人口分布不均，布局分散、规模小、办学条件差的现状，中小学布局结构调整的核心就是扩大优质教育资源，从而为广大农民及其子女提供全面的教育。

在布局调整实施的十年间，经过不同程度的资源整合，陕西地区的高中数量逐年减少。经过教育资源重新配置，在校生人数也有了不同程度的降低。图 4.3 表达了陕西地区 2005~2014 年十年间的高中学校数量及在校生人数的变化过程。

从区域划分上来看，近几年来，虽然学校总数在逐年减少，但县镇高中的规模在持续增加，以表 4.6 为例，县镇高中数量和在校生人数逐年增加，校均规模基本维持在 3000 人左右，班额规模也居高不下，成为名副其实的"大班额"，甚至"超大班额"。

从图 4.4~图 4.6 可以看出，伴随着城市高中、乡村高中学校数量、在校生人数的减少，县镇高中反而逐年扩张，足见其办学规模发展趋势和区域的教育需求只增不减，并且校均规模超过了 3000 人，确已形成"超大规模高中"。因此，陕西地区超大规模高中多集中于县镇地区，且校舍空间陈旧，亟待改、扩建以进一步提升校园的空间环境品质。

① 国务院. 关于基础教育改革与发展的决定（国发 [2001] 21 号）[R]. 北京：中共中央国务院. 2001.

② 教育部. 关于切实解决农村边远山区、交通不便地区中小学生上学远问题有关事项的通知（教育厅 [2006] 5 号）[R]. 北京：教育部. 2006.

③ 教育部. 关于进一步加强和改进对省级实现"两基"进行全面督导检查的意见（教督 [2007] 4 号）[R]. 北京：教育部. 2007.

④ 教育部. 关于贯彻落实科学发展观进一步推进义务教育均衡发展的意见（教基 [2001] 1 号）[R]. 北京：教育部. 2010.

⑤ 国家中长期教育改革和发展规划纲要领导小组. 国家中长期教育改革和发展规划纲要（2010-2020 年）[M]. 北京：人民出版社，2010.

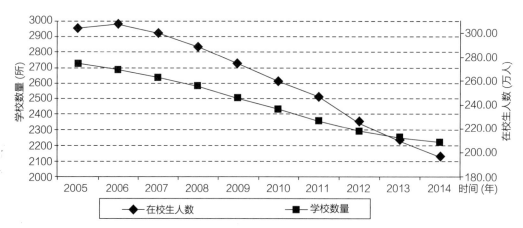

图 4.3  2005～2014 年陕西地区高中学校数量和在校生人数变化示意图

（图片来源：陕西教育统计年鉴，2006～2015）

2011～2014 年分区域陕西高中数量变化    表 4.6

| 年度 | 高中学校数量 | | | 在校生人数 | | | 县镇高中校均规模 | 县镇高中班级数 | 县镇高中班额 |
|---|---|---|---|---|---|---|---|---|---|
| | 城区 | 镇区 | 乡村 | 城区 | 镇区 | 乡村 | | | |
| 2011 | 275 | 114 | 76 | 118512 | 371826 | 163129 | 3262 | 6833 | 55 |
| 2012 | 267 | 115 | 71 | 126065 | 384627 | 166259 | 3344 | 6980 | 55 |
| 2013 | 271 | 179 | 23 | 162689 | 490590 | 45276 | 2744 | 7725 | 64 |
| 2014 | 69 | 177 | 15 | 310113 | 548457 | 40854 | 3099 | 9297 | 59 |

（资料来源：陕西教育统计年鉴，2012～2015）

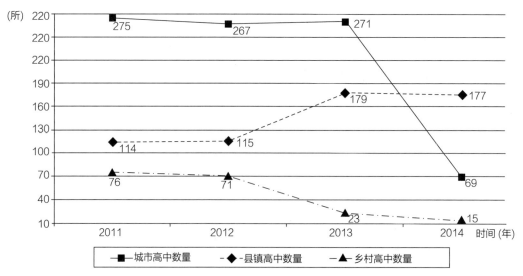

图 4.4  2011～2014 年陕西各地区高中学校数量变化示意图

（资料来源：陕西教育统计年鉴，2012～2015）

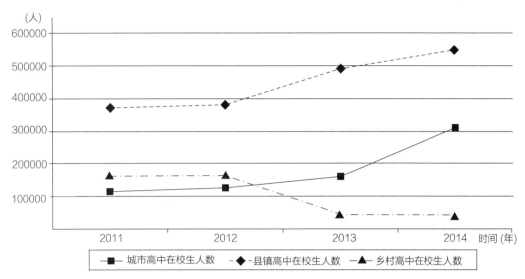

图 4.5　2011~2014 年陕西各地区高中在校生数量变化示意图
（资料来源：陕西教育统计年鉴，2012~2015）

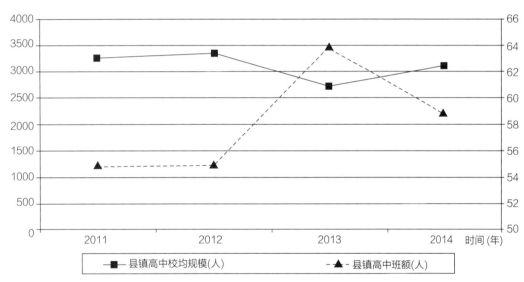

图 4.6　2011~2014 年陕西各地区高中校均规模变化示意图
（资料来源：陕西教育统计年鉴，2012~2015）

### 4.2.2 规模及类型

#### 1. 陕西超大规模高中的数量

截至 2014 年 12 月 31 日，陕西地区高中共计 511 所，其中高级中学 261 所，城区 69 所，县镇 177 所，乡村 15 所。在校生人数 899424 人，其中城区 310113 人，县镇 548457 人，乡村 40854 人。校均规模 1760 人，其中城区校均规模 4494 人，县镇 3099 人，乡村 2724 人，规模比前一年增长较多。办学规模超过 48 班的县域公立超大规模高中共计 72 所（表 4.7，图 4.7）。据西部地区 6‰~10‰ 的人口自然增长率，当人口达到 20 万人以上时势必出现超大规模高中。目前，在陕西省所辖的 80 个县中（不含县级市和市辖区），存在超大规模高中的县城数已达 46 个，占总数的 57.5%。伴随着人口的持续上升，县域超大规模高中还在增加。

陕西各地区超大规模高中的数量　　　　　　　　　　　　表 4.7

| 地区 | 学校数量（个） | 地区 | 学校数量（个） |
|---|---|---|---|
| 西安 | 5 | 咸阳 | 16 |
| 渭南 | 12 | 宝鸡 | 5 |
| 延安 | 9 | 榆林 | 9 |
| 汉中 | 8 | 安康 | 3 |
| 商洛 | 5 | 共计：72 | |

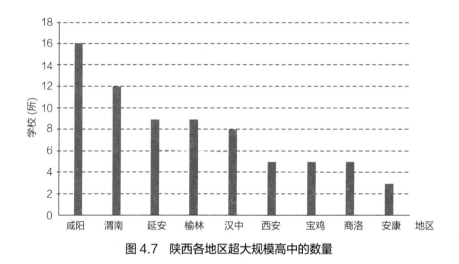

图 4.7　陕西各地区超大规模高中的数量

### 2. 陕西超大规模高中的分类

在布局调整和优质教育资源不断集中的趋势下，陕西地区出现了越来越多的超大规模高中。尤其是自然地理条件差的陕北、陕南地区，因地区经济基础薄弱，农村教育发展相对落后。而且无明确的建设规范作参考，导致教育资源分配要么不均衡、要么严重浪费，无法指导未来学校建设（表 4.8）。

根据表 4.8 可以得出，陕西超大规模高中的新建校园因缺乏明确的任务书和相应规模的建设标准指导，造成大量资金浪费，校园基础设施利用率不高。如调研组调研过的 XF 一中，校园现有的空间环境能够容纳 5000 人，而在校生规模仅为 2400 人，食堂、实验室、普通教室等空间均存在一定的浪费；另一方面，既有高中的老校区，由于在改扩建的过程中对相关配套环境设施没有考虑，导致空间不足，影响了教学质量和教学效果。如调研组已调研的 QX 一中，由于地处县城中心，用地极为局限，周边环境复杂，不断扩招后，学生的教学、生活空间均严重不足，目前在校生 7000 多人，而现有空间环境仅能容纳 3000 人。

| 项目\学校 | 类型 | 学校规模 | 学校用地 | 设计依据 | 任务书 | 与周边关系 | 主要问题 | 典型学校 |
|---|---|---|---|---|---|---|---|---|
| 新校区 | 复合型 | 整合后规模扩大 | 规划后增加 | 省市自定规范 | 有 | 与周边有一定关系 | 设计与使用不一致 | MX 一中 |
| | 预留型 | 未来扩招，规模扩大 | 保持不变 | 无明确规范 | 无 | 相对独立 | 资源利用率不高 | XF 一中 |
| 老校区 | 膨胀型 | 规模日趋扩大 | 不断变大 | 省市自定规范 | 有 | 向周边发展 | 布局不合理 | QX 一中 |
| | 不变型 | 保持不变 | 保持不变 | 无明确规范 | 无 | 共享公共设施 | 空间严重不足，周边用地复杂 | SD 一中 |

## 4.2.3 现状主要问题

### 1. 办学方面

（1）财力不足、经费短缺

由于经济基础薄弱、地方财政短缺，在陕西很多偏远农村地区，学校财政状况连年入不敷出，不仅预算没有公共设施经费，甚至连学杂费也常被挪用，导致学校无法正常运转，更面临着校舍危房亟待改建的状况。学校没有设置学科专用教室、单身教师公寓，学生宿舍数量也严重不足，各项办学条件及设施也同类级别学校相比有很大差距。除了校舍之外，校园环境也待改造提升。因超大规模学校人口密度大，建设用地紧张，室外活动空间狭小，安全隐患增多，校园管理也受到很大影响。

（2）班额人数过大，安全管理受影响

根据已有调研得知，现有超大规模高中平均一个年级在 20 个班以上，一个班的人数也是 70 左右。因此，原本设计好的只能容纳 50 人左右的教室，却要挤下 70 甚至 80~90 人，人均用地面积、人均建筑面积大打折扣。因为人流过于拥挤，导致课间活动、大型集会、安全疏散等成为首要注意的问题。加之在超大规模高中办学中，一些地处县城中心的老校区，多实行半寄宿制管理，学生们为了午餐、午休，上下学期间人流快速集散，使得放学骑车速度过快，供餐高峰期食堂拥挤，汽车数量增加、交通事故不断等成为越来越突出的社会问题。其次，由于学校规模变大而引发的内部空间组合的复杂性，以及由于公共财政投入对社会开放后引起的校园管理、安全制度等方面的问题也成为社会广泛关注的话题，值得进一步探讨。

### 2. 使用方面

（1）新校区资源浪费，利用率不高

目前，超大规模学校建设的主要依据是 2002 年通过的《城市普通中小学校校舍建设标准》（表 4.9），该标准针对的适用规模仅为 48 班。因为缺乏建设依据和标准比对，对于新建的超大规模高中而言，校园建设用地过于浪费，造成大量校舍空间闲置。

以图 4.8 中的新建超大规模高中为例，现有空间环境的承载量是办学规模 5000 人，现有规模仅 2400 人，尤其是广场和庭院空间较为空旷，校园建设用地极为浪费，空间尺度也不适宜学生交往，庭院围合感和停留感较差。教学楼许多教室闲置，实验室和食堂的利用率也不到 60%，多数校园用房门锁紧密，利用率极低。

| 项目\标准 | 《城市普通中小学校校舍建设标准》 | 《城镇普通高中建设标准》 | 《中小学理科实验室装备标准》 |
|---|---|---|---|
| 执行时间 | 2002.7 | 2004.9 | 2006.7 |
| 主编部门 | 教育部 | 教育部 | 教育部 |
| 主要内容 | 用地标准、校舍规划、建筑面积 | 校舍用地、校舍建筑面积指标 | 理科实验室装备面积数量、设施要求 |
| 最大规模 | 48 | 30 | 48 |

（2）老校区用地局限，空间严重不足

还有一部分位于县城中心的老校区在办学规模扩张的背景下，由于用地紧张，校园周边环境复杂，校舍空间及环境设施陈旧，严重影响了在校师生的教学和生活。如调研组调研过的 QX 一中，校园地处老县城中心，规模急剧扩张后，用地及环境设施不足，环境和土地承载量仅能容纳 3000 人，校内课间操的活动场地也被各班学生用来晨读和自习（图 4.9）。

（3）国家标准或省市自定标准不适用于当前建设和使用

截至目前，大多数新建、改扩建的超大规模高中建设依据依然是《城市普通中小学校校舍建设标准》，此标准并没有给出超大规模学校的指标参考。而各地区、各省市自定的建设标准差异较大，如陕西省为应对超大规模办学提出了"学校规模大于 48 个班的，以 37～48 个班的数据为基准，每增加 4 个平行班，理、化、生实验室及其附属用房各增加 1 套"[①] 的调节办法。但是在调研过程中发现，相当一部分的超大规模高中并没有依照此建设标准。因此，应根据各学校的办学标准和地区条件，制定合理的标准参考。

（4）规模扩张后资源配置不均衡

伴随着校园规模的不断扩张，东西部地区经济基础之间的差距不断加大，以及受农村中小学校布局调整的影响，西部欠发达地区一些学校的资源不能得到公平配置，要么因为缺乏相关规范和标准，导致新建学校资源浪费、成本增加，要么在老校区因为缺乏资源整合，造成学校和社会不能够紧密融合，综合利用率不高。

图 4.8　资源利用率不高的新校区

图 4.9　用地拥挤的老校区

---

① 陕西省教育厅. 陕西省普通高中教育技术装备标准 [S]. 2010.

教育发展取决于教育资源如何优化组合利用。因此，对于西部经济基础薄弱的欠发达地区而言，高中阶段办学需要在规模不断扩大的过程中使得资源充分运用，避免衍生"规模不经济缺陷"。在"学社融合"的教育理念下，学校应与周围的社区、单位内外统筹，公共资源互用共享，从而提高资源的综合利用率，促进地区的教育、文化、社会、经济等全面发展。

## 4.3 现行政策条文标准解读

### 4.3.1 教育政策

**1.《国家中长期教育改革和发展规划纲要（2010-2020 年）》**

2010 年教育部颁布的《国家中长期教育改革和发展规划纲要（2010-2020 年）》对高中教育的新阶段提出了明确的发展方向和政策指导。如"加快普及高中阶段教育，到 2020 年普及高中阶段教育，满足初中毕业生的高中教育需求"，"进一步增加对西部经济欠发达偏远农村地区普通高中的扶持力度"[①] 等。以上精神足以表明，因现阶段地区教育发展和人才培养模式的需求，未来西部地区高中教育将会有长足的发展，国家将大力支持高中多样化办学，全面实施教育均等化、现代化。

**2.《中共陕西省委陕西省人民政府关于贯彻〈国家中长期教育改革和发展规划纲要（2010-2020 年）〉的实施意见》**

陕西省针对《国家中长期教育改革和发展规划纲要（2010-2020 年）》，结合地方教育现状，给出了具体的实施意见。其中关于高中阶段教育的有"不断统筹发展高中阶段教育。按照每 20 万人口设置一所高中、主要设置在县城或重点镇的原则，优化布局。加大政府公共财政投入，扩大普通高中家庭经济困难生的资助力度。鼓励有条件的县实行高中教育免费制。力争到 2015 年，全省 70% 的普通高中达到省级标准化高中的办学标准；到 2020 年，全部达到省级标准化高中建设标准"。[②] 按照此文件的规定，即在人口超过 20 万的县镇集中设置一所普通高中，使得优质教育资源不断向县城集中，新建学校与潜在标准化高中急需有针对性的专门细化标准进行相关指导建设。

### 4.3.2 建设标准

与西部其他省份相比，陕西省在办学标准与实施规范中并没有严格区分普通高中和寄宿制高中，而是更多地参考了《汶川地震灾后重建学校规划建筑设计导则（教发 2008）》中的相关标准与细则，结合陕西地区特点制订了学校建设标准。截至目前，已有标准规范《陕西省普通高中标准化学校评估标准及实施细则》《陕西省普通高中示范学校评估标准及实施细则》《陕西省普通高中教育技术装备标准》《陕西省示范高中教育技术装备标准》《陕西省义务教育阶段学校办学标准》及《陕西省普通中小学校、幼儿园办学（园）标准》共 6 部。其中，

---

① 国家中长期教育改革和发展规划纲要领导小组. 国家中长期教育改革和发展规划纲要（2010-2020 年）. 北京：人民出版社，2010.

② 陕西省教育厅. 中共陕西省委陕西省人民政府关于贯彻《国家中长期教育改革和发展规划纲要（2010-2020 年）》的实施意见［R］. 西安：陕西省教育厅，2010.

班额规定不超过 56 人，最大规模为 36 班，城市与县镇高中的标准有所区别。

按照《陕西省普通高中示范学校评估标准及实施细则》的规定，陕西省普通高中示范学校共计 27 所，其中属于超大规模高中的学校共计 11 所。现行规范不论是办学规模、班额还是校舍空间环境的面积指标与实际使用仍有较大出入，且没有细分的标准指导实践建设。表 4.10 摘列了陕西省现行中小学规范及标准中对于规模和面积指标的规定，其中办学规模最大只支撑到 36 班。

陕西省普通高中建设面积指标相关标准　　　　　　　　　表 4.10

| 标准 | 班级数（班） | 班额（班/人） | 生均用地面积（$m^2$/生） | 生均建筑面积（$m^2$/生） | |
|---|---|---|---|---|---|
| | | | | 基本指标 | 规划指标 |
| 《陕西省普通中小学校办学标准》 | 18 | 不超过 50 | 29.56 | 7.4 | 8.9 |
| | 24 | | 28.79 | 6.9 | 9.2 |
| | 30 | | 26.51 | 6.6 | 10 |
| | 36 | | 29.93 | 6.4 | 10.4 |
| 《陕西省普通高中标准化学校评估标准及实施细则》 | — | 不超过 56 | 25（城市） | 12（城市） | |
| | | | 30（县镇） | 10（县镇） | |

表 4.11 摘列了《陕西省教育技术装备标准》中对于理、化、生实验室的数量规定，对于 37～48 班规模的普通高中，理科实验室的数量取值为一个变化的范围。对于超过 48 班规模的普通高中，规范中规定，"每增加 4 个平行班，理、化、生实验室及其附属用房各增加 1 套。"[1]

陕西省高中教育技术装备标准　　　　　　　　　表 4.11

| 标准 | 学校规模 | 物理实验室/探究室 | | 化学实验室/探究室 | | 生物实验室/探究室 | |
|---|---|---|---|---|---|---|---|
| | | 基本要求 | 规划要求 | 基本要求 | 规划要求 | 基本要求 | 规划要求 |
| 《陕西省普通高中教育技术装备标准》 | 37～48 班 | 4～5 | 5～6 | 4～5 | 5～6 | 3～5 | 4～6 |
| 《陕西省示范高中教育技术装备标准》 | 37～48 班 | 4～5 | 5～6 | 4～5 | 5～6 | 3～5 | 4～6 |
| 备注 | 每增加 4 个平行班，理、化、生实验室及其附属用房各增加 1 套 | | | | | | |

（资料来源：陕西省高中教育技术装备标准，2010）

---

[1] 陕西省教育厅. 陕西省普通高中教育技术装备标准，[S]. 2010.

## 4.4 超大规模高中实态调研

### 4.4.1 调研对象范围

根据研究组已有研究表明，陕西县域公立超大规模高中学校数量共72所。其中以常住人口数最多的渭南市（53万人）和咸阳市（49万人）的学校数量为最多，位居第一、第二。可见，超大规模高中的出现与城镇化进程的速度和优质教育资源的集中程度密不可分。按照《中共陕西省委陕西省人民政府关于贯彻〈国家中长期教育改革和发展规划纲要（2010-2020年）〉的实施意见》中明确提到的"按照每20万人口设置一所、主要设置在县城或重点镇的原则，优化普通高中布局"[①]的办学政策，说明人口基数越大，分布越稠密的县镇，越容易出现超大规模高中。因此，此次调研将范围选择在代表着不同级别人口基数的县城公立高中，典型县域重点挑选了人口较为稠密、城市化进程较快的县镇。表4.12列出了所选择的陕西省典型县域及人口构成。

重点调查的陕西县域构成及调查对象县选定      表 4.12

| 人口数 | 陕西省县域名称 |
|---|---|
| 15万以下 | 佛坪县、留坝县、太白县、黄龙县、吴堡县、麟游县、宜君县、镇平县、宜川县、甘泉县、宁陕县、凤县、吴起县、志丹县、延长县、富县 |
| 15万~20万 | 潼关县、安塞县、延川县、永寿县、洛川县、岚皋县、长武县、石泉县、淳化县 |
| 20万~30万 | 白河县、略阳县、清涧县、平利县、商南县、米脂县、府谷县、陇县、佳县、子长县、镇巴县、镇安县、丹凤县 |
| 30万~50万 | 白水县、眉县、子洲县、彬县、宁强县、紫阳县、横山县、靖边县、汉阴县、定边县、高陵县、绥德县、华县、三原县、蒲城县、西乡县、武功县、神木县、旬阳县、合阳县、礼泉县、城固县、澄城县、山阳县、扶风县、洋县、洛南县、岐山县 |
| 50万以上 | 泾阳县、柞水县、大荔县、富平县、蓝田县、周至县、户县、高陵县、勉县、南郑县、乾县 |

注：下划线标注的县是代表各地级市的具体调查县，陕西省共选择9个县城作为面域考察点进行调研。

### 4.4.2 调研内容目的

调研内容分为校园基本概况及基础数据和重点空间环境使用情况两部分。具体内容见表4.13所示。

主要调研内容及方式列表      表 4.13

| 内容项目 | 校园基本概况及基础数据调研 | | | 重点空间环境使用情况调研 | | | | |
|---|---|---|---|---|---|---|---|---|
| 调研内容 | 与校长及职能部门领导座谈 | 校园总体布局，占地面积，生均面积 | 主要建筑单体布局，空间模式，占地面积，建筑面积 | 校内外文体空间布局、位置、大小、使用率、相互关系 | 校园体育运动用地、教师生活用地占地面积及建筑面积相关指标 | 实验室的课程安排、布局、空间模式、利用率 | 食堂的空间模式，座位占有率，地域生活习惯影响 | 三个年级学生的空间行为和空间使用评价 |

---

① 陕西省教育厅. 中共陕西省委陕西省人民政府关于贯彻《国家中长期教育改革和发展规划纲要（2010-2020年）》的实施意见 [R]. 西安：陕西省教育厅，2010.

| 内容\项目 | 校园基本概况及基础数据调研 | | | 重点空间环境使用情况调研 | | | | |
|---|---|---|---|---|---|---|---|---|
| 调研对象 | 学校相关部门的负责人 | 校园整体空间环境 | 校园各功能组团及建筑单体 | 校内外公共服务设施 | 体育用地和生活用地 | 建成空间（实验楼） | 建成空间（食堂） | 学生 |
| 调研目的 | 学校建设历程、现状问题、远景规划 | 校园空间组织模式及使用情况 | 建立校园空间各主要建筑的指标体系 | 校内外空间环境互用模式 | 建立"有效校园用地面积"指标体系 | 使用需求，空间不足或浪费的原因 | 使用率，地域性对生活空间的影响 | 建成环境使用情况调查 |
| 调研方式 | 访谈 | 现场踏勘、图纸记录 | 现场踏勘、图纸记录、测绘 | 图纸记录、访谈、测量 | 图纸记录、访谈、测量 | 测绘、访谈问卷调查 | 测绘、访谈、问卷调查 | 5W法、POE法、问卷调查 |

### 4.4.3　调研基本方法

#### 1. 基础资料收集整理

（1）了解超大规模高中的基本概况。首先广泛查阅超大规模学校的建设概况；与学校的基建处、教务处、总务处、校领导等相关负责老师交流，掌握学校规模变化及办学管理模式。

（2）测绘超大规模高中的布局、用地面积及各组团之间的关系。利用测绘仪测量校园主要道路、广场、体育用地、庭院、主要建筑的占地面积，并用图纸记录校园空间布局结构，组合模式及各组团建筑之间的关系。

（3）测绘超大规模高中教学楼、实验楼、食堂等主要建筑，建立全面的校园空间环境指标体系。用测绘仪测量教学楼、实验楼、办公楼等校园主要建筑的占地面积、建筑面积，建立相关的指标体系。

#### 2. 访谈法

在调研过程中，向校长、基建处负责人、后勤处负责人等了解超大规模高中的建设历程、使用现状及远景规划。向高中各科任课老师、实验室工作人员了解教学模式、课程进度、实验计划等对建筑空间的影响。此外，选取三个年级的学生进行访谈，建立超大规模高中建成空间环境的使用后状况评价。

#### 3. 问卷调研法

对重点调研空间——教室、理科实验室、图书馆、食堂、广场、体育运动用地、生活用地等进行使用率和使用状况的研究。制定科学合理的调研问卷，收集问卷进行数据统计汇总，绘制相关图表表格，反映成果。

#### 4. 多媒体技术记录法

除了使用拍照方式记录空间环境使用状况及使用者行为外，还加入了记录视频的方法。通过视频记录设备，记录实验室、餐饮空间、体育运动空间等在一定时间内的使用方式。通过记录的视频文件，分析使用者的行为，从而探究生活、空间与使用者行为三者之间的关系。具体方法如下：

（1）设施配置：本次实验中采用适于室外拍摄的高清监控摄像头。为保证设备的灵活性，采用三脚架装备以固定摄像头，将外置电源同摄像头合并放置在固定的铁盒中。

（2）设备布点：对于实验空间，摄像头主要放置在实验室内部以及公共走廊等交流空间。此外，校园主要的集会广场、庭院空间、内部道路、体育运动场等也安排监控布点。

（3）视频分析：通过摄像，分析使用人群及其行为方式和空间环境的关系，推算出闲置率、利用率等数据，研究校园有效用地与各功能组团空间环境和使用者需求的关系。

### 4.4.4 调研基础数据

#### 1. 陕西现有超大规模高中校园生均用地面积基本指标列表

在陕西关中、陕北、陕南三个地区，共有 57 个县存在超大规模高中，学校数量共计 72 所。其中将生均用地面积标准定为 ≤20、20~30、>30 三个级别。可得较为满足规范规定的生均用地面积学校数量为 11 所，仅占所有学校的 15.3%。按照调研现状将所有超大规模高中进行地区和数据大小的分类，如表 4.14 所示。

陕西各地区超大规模高中学校数量及生均用地面积分类列表　　表 4.14

| 地区 | 超大规模高中的数量（个） | 生均用地面积（m²/生） | | |
|---|---|---|---|---|
| | | ≤20 | 20~30 | >30 |
| 西安地区 4 个县 | 5 | 3 | 1 | 1 |
| 宝鸡地区 4 个县 | 5 | 2 | 2 | 1 |
| 咸阳地区 11 个县 | 16 | 7 | 7 | 3 |
| 渭南地区 9 个县 | 12 | 7 | 3 | 2 |
| 延安地区 9 个县 | 9 | 7 | 1 | 1 |
| 榆林地区 7 个县 | 9 | 6 | 1 | 2 |
| 汉中地区 5 个县 | 8 | 5 | 2 | 1 |
| 安康地区 3 个县 | 3 | 3 | — | — |
| 商洛地区 5 个县 | 5 | 4 | 1 | — |

注：各县生均指标为县域内各学校平均值。

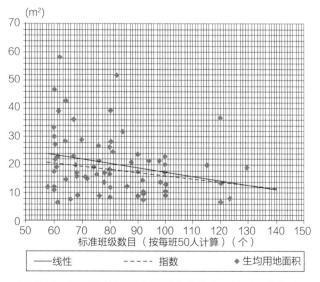

图 4.10　陕西各地区超大规模高中生均用地面积指标表

从图 4.10 中可以得出以下结论：

（1）班级规模为 50~100 班的学校占总数的 88.9%。

（2）超过一半的超大规模学校生均用地面积指标为 10~21，由此形成了指数线和线性趋势线。

（3）根据各省市的已有标准，超过 50 班规模的学校生均用地面积要求在 20 左右（表4.15），而现实中低于此标准的有 47 个，占总学校数的 65.3%。

城镇普通高中校园用地面积指标（单位：m²）                表 4.15

| 学校类别 | 规模 | 生均用地面积指标 | 学校类别 | 规模 | 生均用地面积指标 |
|---|---|---|---|---|---|
| 完全中学 | 18 个班 | 18.29 | 高中 | 18 个班 | 18.56 |
| | 24 个班 | 17.73 | | 24 个班 | 18.35 |
| | 30 个班 | 17.62 | | 30 个班 | 18.24 |

（4）根据表格中调研数据得出了随着班级数的增加，生均用地面积随之变化的指数线和趋势线。在校生人数越多，校园用地越节约，生均用地面积越小。60 班规模的生均用地面积为峰值 22 左右，而人数增加一倍至 140 班左右时，生均用地面积降至 12 左右。而较符合指数趋势线规律的学校数仅为 22 个，高于指数线的视为不够节地，低于指数线的视为用地不足。

**2. 陕西现有超大规模高中校园生均建筑面积基本指标列表**

按照《城市普通中小学校校舍建设标准》中的要求，生均建筑面积的最低值为 6.4，而各省市自定标准为标准最低值，为 8 左右，最高值在 25~30 之间。因此，将调研现状的生均建筑面积标准的范围定为 ≤8、8~14、>14 三个级别。可以得出：生均建筑面积为 8~14 的学校数量为 39 所，占所有学校的 54%。生均建筑面积为 ≤8 的学校数量为 24 所，占所有学校的 33%。较多学校能够满足最基本的生均建筑面积指标的要求。按照调研现状将所有超大规模高中进行地区和数据大小的分类，如表 4.16 所示。

陕西各地区超大规模高中生均建筑面积现状数据表                表 4.16

| 地区 | 超大规模高中的数量（个） | 生均建筑面积（m²/生） | | |
|---|---|---|---|---|
| | | ≤8 | 8~14 | >14 |
| 西安地区 4 个县 | 5 | 2 | 2 | 1 |
| 宝鸡地区 4 个县 | 5 | — | 3 | 2 |
| 咸阳地区 11 个县 | 16 | 5 | 10 | 1 |
| 渭南地区 9 个县 | 12 | 3 | 8 | 1 |
| 延安地区 9 个县 | 9 | 2 | 4 | 3 |
| 榆林地区 7 个县 | 9 | 3 | 6 | — |
| 汉中地区 5 个县 | 8 | 1 | 6 | 1 |
| 安康地区 3 个县 | 3 | 3 | — | — |
| 商洛地区 5 个县 | 5 | 5 | — | — |

注：各县生均指标为县域内各学校平均值。

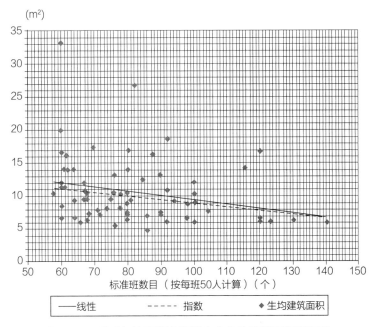

图 4.11　陕西各地区超大规模高中生均建筑面积指标表

从图 4.11 中可以得出：

（1）超过一半的超大规模学校生均用地面积指标为 7~12。根据国家标准，办学规模为 36 班的学校生均建筑面积的基本指标要达到 6.4，规划指标要达到 8.9（表 4.17、表 4.18）。

（2）根据各省市的已有标准，超过 50 班规模的学校生均建筑面积最低要求在 8.1 左右，而现实中低于此标准的有 26 个，占总学校数的 36%。

（3）与生均用地面积相比，生均建筑面积较能满足现有规范和指标的要求。

（4）根据表格中数据得出了随着班级数的增加，生均建筑面积随之变化的指数线和趋势线。可以发现，在校生人数越多，校舍面积越集约，生均建筑面积越小。60 班规模的生均用地面积为峰值 12 左右，而人数增加一倍至 140 班左右时，生均用地面积降至 7 左右。而较符合指数趋势线规律的学校数仅为 25 个，高于指数线视为面积浪费，低于指数线视为空间不足。

**城市普通中小学校校舍建设标准**　　　　　　　　　　表 4.17

| 名称 | 平面利用系数 | 基本指标 | | | | | | | |
|---|---|---|---|---|---|---|---|---|---|
| | | 18 班 900 人 | | 24 班 1200 人 | | 30 班 1500 人 | | 36 班 1800 人 | |
| | | 使用面积 | 建筑面积 | 使用面积 | 建筑面积 | 使用面积 | 建筑面积 | 使用面积 | 建筑面积 |
| 面积合计 | 0.6 | 3962 | 6604 | 7182 | 11970 | 8273 | 9892 | 6923 | 11539 |
| 生均指标 | — | — | 7.4 | — | 6.9 | — | 6.6 | — | 6.4 |

（资料来源：城市普通中小学校校舍建设标准，JB102-2002）

| 名称 | 平面利用系数 | 规划指标 | | | | | | | |
|------|------------|---------|---------|---------|---------|---------|---------|---------|---------|
| | | 18 班 900 人 | | 24 班 1200 人 | | 30 班 1500 人 | | 36 班 1800 人 | |
| | | 使用面积 | 建筑面积 | 使用面积 | 建筑面积 | 使用面积 | 建筑面积 | 使用面积 | 建筑面积 |
| 面积合计 | 0.6 | 5575 | 9292 | 4949 | 8249 | 5935 | 13789 | 9549 | 15915 |
| 生均指标 | — | — | 10.4 | — | 10.0 | — | 9.2 | — | 8.9 |

（资料来源：城市普通中小学校校舍建设标准，JB102-2002）

### 3. 陕西现有超大规模高中校园理科实验室数量基本指标列表

按照《中小学理科实验室装备规范》、《陕西省普通高中标准化学校评估标准》以及各省市制定的普通高中教育技术装备标准中的相关要求，将理科实验室数量的标准定为≤6、6～10、>10 三个级别。可以得出：理科实验室数量≤6 的学校数量为 36 所，占所有学校的 50%。理科实验室数量为 6～10 的学校数量 24 所，占所有学校的 33%。较能满足规范要求的实验室数量的超大规模高中仅为 12 所，占所有学校的 17%（表 4.19）。

陕西各地区超大规模高中理科实验室指标汇总表　　　　表 4.19

| 地区 | 超大规模高中的数量 | 理科试验室数量（个） | | |
|------|------------------|-----|------|-----|
| | | ≤6 | 6～10 | >10 |
| 西安地区 4 个县 | 5 | 1 | 3 | 1 |
| 宝鸡地区 4 个县 | 5 | 4 | 1 | — |
| 咸阳地区 11 个县 | 16 | 5 | 8 | 3 |
| 渭南地区 9 个县 | 12 | 7 | 4 | 1 |
| 延安地区 9 个县 | 9 | 6 | 2 | 1 |
| 榆林地区 7 个县 | 9 | 3 | 3 | 3 |
| 汉中地区 5 个县 | 8 | 3 | 2 | 3 |
| 安康地区 3 个县 | 3 | 3 | — | — |
| 商洛地区 5 个县 | 5 | 4 | 1 | — |

注：各县实验室数量为县域内各学校平均值。

（1）结合表 4.19、图 4.12 可以得出，超过一半的学校实验室个数取值范围介于 6～10 之间。根据已有国家标准规定，"以学校的办学规模和班额人数分别为 12 班～24 班（4 个～8 个平行班）、24 班～36 班（8 个～12 个平行班）、以及 36 班～48 班（12 个～16 个平行班），每班安排 50 人为参考设计的；学校规模大于 48 个班的，以本规范中 48 个班的数据指标为基准，每增加 12 个班（4 个平行班）时，理、化、生实验室及其附属用房各增加 1 套"（表 4.21）。[①]

按照规范的规定，即 48 班规模的学校实验室个数的基本指标要达到 9，60 班规模的学校实验室个数的基本指标要达到 12，72 班规模的学校实验室个数的基本指标要达到 15，84 班规模的学校实验室个数的基本指标要达到 18，96 班规模的学校实验室个数的基本指标要达到

---

① JY/T 0385-2006. 中小学理科实验室装备规范 [S]. 教育部，2006.

21，108 班规模的学校实验室个数的基本指标要达到 24，而现实中超大规模高中能达到此标准的仅有 4 个，占总数的 8%。

（2）根据各省市的已有标准，60 班规模的学校实验室个数最低要求在 10 左右，而现实中只有极少数学校能达到此要求。

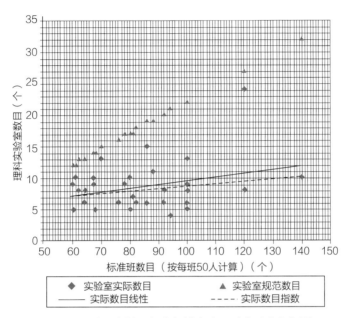

图 4.12　陕西各地区超大规模高中理科实验室指标图

中小学理科实验室装备要求　　　　　　　　　表 4.20

| 室别 | 类别 | 4～8 个平行班 | | 8～12 个平行班 | | 12～16 个平行班 | |
|---|---|---|---|---|---|---|---|
| | | 初中 | 高中 | 初中 | 高中 | 初中 | 高中 |
| 物理实验室 / 探究室 | 基本要求 | 1 | 1～2 | 1～3 | 2～3 | 3～5 | 3～5 |
| | 规划建议 | 2～3 | 2～3 | 3～4 | 3～4 | 4～6 | 4～6 |
| 化学实验室 / 探究室 | 基本要求 | 1 | 1～2 | 1～2 | 2～3 | 2～3 | 3～5 |
| | 规划建议 | 1～2 | 2～3 | 2～3 | 3～4 | 3～4 | 4～6 |
| 生物实验室 / 探究室 | 基本要求 | 1 | 1～2 | 1～3 | 2～3 | 2～3 | 3～5 |
| | 规划建议 | 2～3 | 2～3 | 3～4 | 3～4 | 3～4 | 4～6 |
| 实验员室（理、化、生） | 基本要求 | 各 1 | 各 1 | 各 1 | 各 1 | 各 1 | 各 1 |
| 准备室（理、化、生） | 基本要求 | 各 1 | 各 1 | 各 1 | 各 1 | 各 2 | 各 2 |
| 仪器室（理、化、生） | 基本要求 | 各 1 | 各 1 | 各 1～2 | 各 2～3 | 各 2 | 各 2～3 |
| 药品室（化、生） | 基本要求 | 各 1 | 各 1 | 各 1 | 各 1 | 各 1 | 各 1 |
| 危险药品室（化） | 规划建议 | 1 | 1 | 1 | 1 | 1 | 1 |
| 培养室（生） | 规划建议 | 1 | 1 | 1 | 1 | 1 | 1 |
| 生物园地 | 基本要求 | 1 | 1 | 1 | 1 | 1 | 1 |

注：学校规模小于 12 个班的可参照表中 4～8 个平行班的数据执行。

（资料来源：中小学理科实验室装备规范，JY/T 0385-2006）

（3）根据表格中所有的调研数据得出了随着班级数的增加，理科实验室数量随之变化的指数线和趋势线。可以发现，在校生人数越多，理科实验室数量越多。60 班规模的实验室个数为 7 个，而人数增加一倍至 140 班左右时，实验室个数增加至 12 个。较符合指数趋势线规律的学校数仅为 8 个，高于指数线的视为实验室个数过多，低于指数线的视为实验室个数不足。用三角形图例标示的是按照现行规范，超过 60 班规模的高中应该配备的理科实验室个数。根据调研现状可以得出只有极少数学校能够满足这个规范的标准，而指数趋势线也表明了这个标准不够科学，取值过大，若按照此标准实施，在实际使用中将造成成本增加和空间浪费。因此，应根据现实使用中的要求，科学合理地制定规范标准，从而指导校园规划建设。

## 4.5  现状评价及使用反馈

### 4.5.1  基本概况

表 4.21 列出了研究组按照"点"、"线"、"面"的调研方法，对 17 所典型超大规模高中学校进行调研的基本概况，其中陕西省为重点调研地区，调研对象为 12 所，采用全"面"式调研；广西、内蒙古、四川为一般调研地区，采取穿"线"式调研；江苏、山西采用取"点"式调研。

已调研的超大规模高中基本概况　　　　　　　表 4.21

| 地域 | 县（区） | 学校名称 | 班级数(个) | 在校生人数（人） | 总用地面积（m²） | 总建筑面积（m²） | 生均用地面积（m²/生） | 生均建筑面积（m²/生） | 寄宿方式 | 校区现状 | 实验室个数（个） |
|---|---|---|---|---|---|---|---|---|---|---|---|
| 关中 | 西安 | XF 一中 | 54 | 2700 | 150061 | 88677 | 55.6 | 32.8 | 走读制 | 新校区 | 24 |
| | 宝鸡 | FF 高中 | 44 | 3200 | 67963 | 37573 | 21 | 11.7 | 寄宿制 | 老校区 | 4 |
| | | BJ 中学 | 72 | 4680 | 133340 | 88000 | 29.5 | 18.8 | 寄宿制 | 新校区 | 14 |
| | 咸阳 | QX 一中 | 103 | 7300 | 80004 | 40850 | 11.4 | 5.84 | 半寄宿制 | 老校区 | 10 |
| | | QX 二中 | 68 | 5000 | 65337 | 30000 | 13.1 | 6 | 半寄宿制 | 老校区 | 9 |
| | 渭南 | DL 中学 | 70 | 4400 | 52378 | 47336 | 11.9 | 10.76 | 半寄宿制 | 老校区 | 1 |
| 陕南 | 汉中 | MX 一中 | 58 | 4300 | 156667 | 34150.7 | 36.4 | 11.6 | 寄宿制 | 老校区 | 10 |
| | | MX 二中 | 63 | 4960 | 66972 | 45127 | 13.5 | 9.1 | 半寄宿制 | 老校区 | 10 |
| 陕北 | 榆林 | SD 一中 | 58 | 3100 | 41916 | 41732 | 13.5 | 13.5 | 半寄宿制 | 老校区 | 11 |
| | | SD 二中 | 59 | 3200 | 28223 | 28605 | 8.8 | 8.9 | 半寄宿制 | 老校区 | 6 |
| | | JB 中学 | 66 | 4232 | 133734 | 52965 | 31.6 | 12.5 | 半寄宿制 | 新校区 | 12 |
| | 延安 | YC 中学 | 65 | 4665 | 27397 | 18363 | 5.9 | 3.94 | 半寄宿制 | 老校区 | 5 |
| 山西 | 临汾 | HM 一中 | 54 | 3300 | 200010 | 77538 | 27.18 | 23.50 | 半寄宿制 | 老校区 | 13 |
| 内蒙古 | 乌兰察布 | LC 一中 | 62 | 3200 | 84800 | 35300 | 26.5 | 11 | 半寄宿制 | 老校区 | 7 |
| 江苏 | 邗江 | HJ 中学 | 62 | 3500 | 133340 | 130000 | 38.1 | 37.1 | 半寄宿制 | 老校区 | 16 |
| 四川 | 成都 | PJ 中学 | 52 | 2600 | 109338 | 40000 | 42 | 15.3 | 半寄宿制 | 老校区 | 9 |
| | 重庆 | XN 附中 | 95 | 5300 | 130000 | 45000 | 24.5 | 8.5 | 半寄宿制 | 老校区 | 9 |
| 广西 | 南宁 | NN 二中 | 68 | 5100 | 301400 | 208000 | 59 | 40.8 | 寄宿制 | 新校区 | 14 |
| | 北海 | BH 中学 | 53 | 3710 | 61986 | 56849 | 28.2 | 15.3 | 半寄宿制 | 老校区 | 11 |

## 4.5.2　规模特征

根据调研可以得出，位于新区的多为新建学校或已建老校区的分校，用地富裕，独立性、完整性较强。位于县城中心区的受周围环境的影响多为老校区，用地紧张，和周边共享一定的公共服务设施，但由于交通混乱，管理层级不清，在开放管理上存在一定的安全隐患。

与校方领导人访谈后可得知校园的发展历程及规模扩张特征，现将已调研学校分为新校区和老校区两种。其中新校区分为预留扩张型、整合资源型、校中校类型；老校区分为周边膨胀型、内部扩展型、用地不变型。按照不同的规模类型进行特征描述并绘制简图说明，如表 4.22 所示。

已调研超大规模高中规模分类及特征简表　　　　　　　　　　表 4.22

| 选址 | 建设类型 | 规模类型 | 特征简图 | 扩张途径 | 典型学校 |
|---|---|---|---|---|---|
| 县镇偏远处 / 新区 | 新校区 | 预留扩张型 | | 学校规模的扩张主要依靠建设之初预留建设用地来实现。<br>校区较为独立，用地较富裕 | XF 一中<br>BJ 中学<br>JB 中学 |
| | | 整合资源型 | | 学校规模的扩张主要依靠校园周边具有相近功能的各种教育机构、企事业单位，通过可共享相同需求的公共服务设施来实现 | MX 一中 |
| | | 校中校类型 | | 学校规模的扩张主要通过在校内设置分校（分部）、社区学校、学习资源中心等多种形式的"校中校"来实现 | DL 中学 |

| 选址 | 建设类型 | 规模类型 | 特征简图 | 扩张途径 | 典型学校 |
|------|----------|----------|----------|----------|----------|
| 县镇中心/旧区 | 老校区 | 用地不变型 | 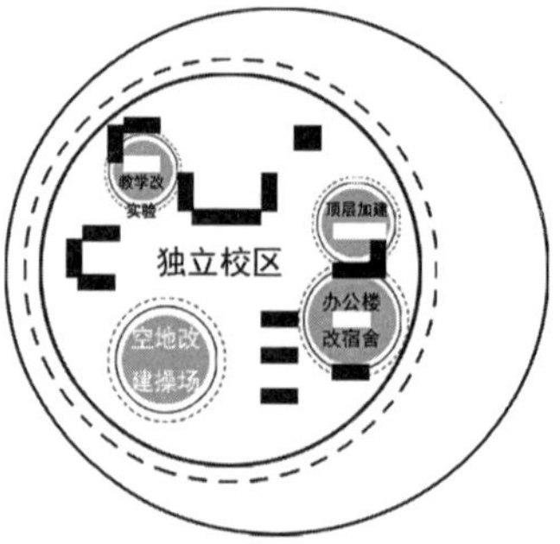 | 虽然学校的规模在不断扩张，但用地及校内现有建筑一直保持不变。扩张的部分主要通过校内现有用地"见缝插针"式的加建来实现 | MX 二中<br>SD 一中 |
| | | 内部扩展型 | 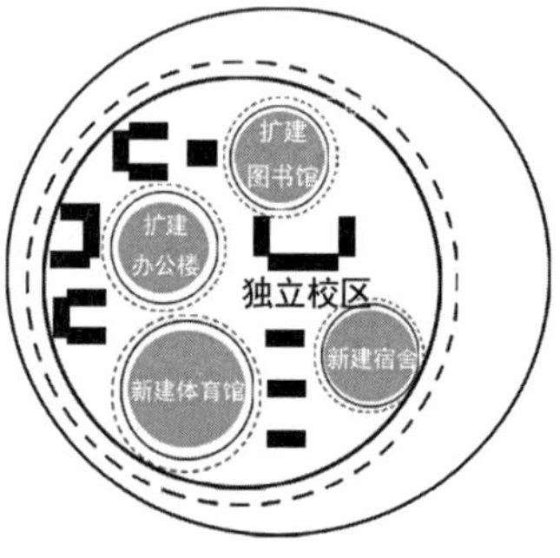 | 校区用地变化不大。扩张的部分主要通过对现有建筑及用地进行改建和扩建来实现 | SD 二中<br>FF 高中 |
| | | 周边膨胀型 | 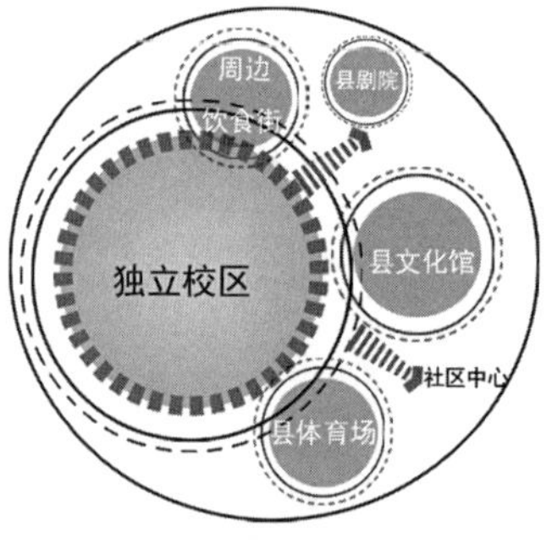 | 随着校园规模的扩张，用地受限，校内无法增容，只得通过向校园周边建筑及环境实施扩展来实现 | QX 一中<br>QX 二中 |

## 4.5.3 使用状况

### 1. 主要问题

（1）校园建设用地严重不足

在城市化的进程中，超大规模学校办学规模急剧扩大，很多学校财政投入不足、用地紧张、校舍空间环境及设施陈旧落后，对在校教学和生活的师生产生了一定的影响。

（2）既有空间环境与校园办学容量之间的矛盾日益突出

在高标准升学目标下，大多数中小学校园办学容量已经超过既有校园空间环境的承载量，在校舍空间严重不足的条件下办学，影响了在校师生的学习生活，因没有相应规模下的"建设标准"作为参考，校舍改扩建受到了影响。

（3）既有空间环境制约了新型教学模式的展开

以20世纪五六十年代建筑为主的农村中小学和以20世纪七八十年代建筑为主的城市中小学校园空间环境已经不能满足现代教育的多样化需求。开放式空间、弹性教学、非正式学习空间、团组学习和个人学习等新型教学模式因受到既有空间环境的约束而无法展开。通过调研得知，新课改实施后很多试点学校也仅仅是在教室的家具布置上做了改变，并未从空间的分隔与灵活划分上体现开放式教学的特点。因此，既有校园空间环境亟待创新型的变革以满足新时代对人才的需求。

（4）学校与社区、城市融合不足

目前学校和社区、城市的公共服务设施互用共享不足，使得资源利用率不高，增加建设成本。为节约公共财政投入，提高资源利用率，增强社会效益，部分文体、实验等公共服务设施可以与城市或周边地区互用共用，节约校园用地，使得有效的财政投入得到最大化的使用。

2. 环境评价

对已建成环境进行使用后的环境评价，对于改造、改善建成环境以及今后拟建环境的计划、设计及建设都会起到重要而积极的作用。目前建筑计划学方面对于环境评价的研究一直是以生活实态调查（使用方式调查）和POE调查的形式交错进行的。POE（"Post Occupancy Evaluation"或"Post-occupancy Evaluation"）是关于环境评价的方法，具体指系统描述和评价建成环境的实证性研究。对于超大规模高中而言，其建成环境中的使用者主要为在校师生。因此，在调研过程中针对校领导、任课教师、各年级学生三种人群，围绕其使用环境的需求、方式、条件、问题等方面进行访谈和问卷调查，从中获取超大规模高中在使用过程中的客观状况，总结分析其对建筑计划与设计的影响，指导未来工程实践。使用状况调研如表4.23所示。

陕西超大规模高中使用状况调研统计　　　　　　　　表4.23

| 地域 | 县／（区） | 学校名称 | 调研时间 | 发出问卷数 | 收回问卷数 | 问卷有效率 |
|------|-----------|----------|----------|-----------|-----------|-----------|
| 关中 | 西安 | XF 一中 | 2014.6 | 50 | 47 | 94% |
| | 宝鸡 | FF 高中 | 2014.12 | 50 | 41 | 82% |
| | | BJ 中学 | 2015.6 | 30 | 27 | 90% |
| | 咸阳 | QX 一中 | 2014.11 | 50 | 50 | 100% |
| | | QX 二中 | 2014.11 | 40 | 37 | 92.5% |
| | 渭南 | DL 中学 | 2015.4 | 50 | 48 | 96% |
| 陕南 | 汉中 | MX 一中 | 2015.1 | 50 | 49 | 98% |
| | | MX 二中 | 2015.1 | 40 | 33 | 82.5% |
| 陕北 | 榆林 | SD 一中 | 2015.3 | 50 | 48 | 96% |
| | | SD 二中 | 2015.3 | 50 | 42 | 84% |
| | | JB 中学 | 2015.5 | 30 | 23 | 76.6% |
| | 延安 | YC 中学 | 2015.6 | 30 | 26 | 86.7% |

问卷主要针对校园的规模扩张、建筑空间环境与使用者需求三方面之间的关系而展开。调研结果如表 4.24 所示。

问卷调研结果分析表 表 4.24

| 对象 | 问题 | 统计结果 | 分析 |
|---|---|---|---|
| 校领导 | 1. 您认为适度的办学规模应该为多少？<br>A 1000~2000<br>B 2000~3000<br>C 3000~4000<br>D >4000 | 比例 A 12% B 30% C 44% D 14% | 校园管理者不支持过大或过小的学校规模。3000~4000人左右是现阶段县域办学条件下较为被认可的适度规模 |
| | 2. 您认为学校规模扩张后，对哪些空间或环境的使用影响最大？<br>A 教室<br>B 辅助用房<br>C 宿舍<br>D 食堂<br>E 运动场 | 比例 A 32% B 8% C 26% D 12% E 22% | 不同办学条件下规模扩张对空间场所的影响程度不同，教室、宿舍和运动场分列前三位 |
| | 3. 您认为作为开放性校园，哪些校舍空间可对外开放？<br>A 食堂<br>B 图书馆<br>C 报告厅<br>D 体育场（馆）<br>E 教学实验楼 | 比例 A 12% B 25% C 28% D 33% E 2% | 多数校园管理者支持通过开放共享缓解校园规模扩张后空间场所不足等使用问题，更倾向于体育场（馆）、报告厅、图书馆这类文化体育设施互用共享 |
| | 4. 规模扩张后，为满足使用需求，校方主要采取的措施是哪些？<br>A 新建校舍<br>B 功能活用/置换<br>C 改建校舍<br>D 利用室外活动场地增加建筑使用空间 | 比例 A 23% B 30% C 16% D 31% | 将校舍进行部分功能活用或置换，以及牺牲室外活动场地满足现有需求成为满足规模扩张的主要途径。所以，室外场地不足成为规模扩张后校园使用的主要问题之一 |

| 对象 | 问题 | 统计结果 | 分析 |
|---|---|---|---|
| 专任教师 | 1. 您认为新课改对教学空间的影响体现在哪些方面？<br>A 室内家具摆放<br>B 增设个性化学习角<br>C 个人辅导空间<br>D 多学科融合区<br>E 公共交流空间 | <br>■比例 A 12% B 28% C 20% D 33% E 7% | 面对新课改，老师们认为多学科融合、个性化学习及辅导空间的环境计划更能体现教学特点及需求 |
| | 2. 规模扩大后对哪些使用方面产生影响？<br>A 班额管理<br>B 课堂教学<br>C 安全因素<br>D 学生成绩<br>E 交往与交流 | <br>■比例 A 30% B 20% C 10% D 10% E 30% | 班额的超大规模是校园规模扩大的直接体现，由此而引发了对课堂教学及管理等方面的一系列影响。其中，公共交往交流空间的缺乏是普遍反映的问题 |
| | 3. 随着规模的扩张，教师生活空间的主要变化有哪些？<br>A 设宿办楼<br>B 只设单身教师宿舍<br>C 少量教师住宅<br>D 生活空间置于校外 | <br>■比例 A 10% B 45% C 35% D 10% | 面对在校生规模的扩张，多数学校采取教师生活区只设单身教师公寓或少量教室住宅的做法来节约校园用地 |
| | 4. 专用实验室主要开展哪些活动？<br>A 演示实验<br>B 分组实验<br>C 探究实验<br>D 兴趣小组或课外考试 | <br>■比例 A 2% B 73% C 20% D 5% | 现有超大规模高中的专用实验室仅用来完成分组实验，而对于探究性、个人兴趣及课外活动的展开关注很少 |

| 对象 | 问题 | 统计结果 | 分析 |
|---|---|---|---|
| 各年级学生 | 1. 规模扩张后校园使用的主要问题是哪些?<br>A 教室、实验室过挤<br>B 广场、庭院尺度大<br>C 室外活动场地不足<br>D 缺少生活服务设施 | 比例: A 51% B 12% C 26% D 11% | 规模扩张后,对于学生使用产生较大影响的是班额增加引发的生均建筑面积减少,室外体育活动场地不足 |
| | 2. 在校生人数增加后,校园最紧缺的是哪些空间场所?<br>A 教学空间<br>B 公共交流空间<br>C 生活服务空间<br>D 体育运动空间 | 比例: A 15% B 35% C 18% D 32% | 公共交流空间的减少、体育运动场地的不足是当前规模扩张后的主要使用问题 |
| | 3. 校园持续扩张后,哪些空间场所更适合向城市或社区开放共享?<br>A 体育运动场(馆)<br>B 图书馆<br>C 报告厅<br>D 教学办公楼<br>E 食堂 | 比例: A 36% B 23% C 25% D 2% E 14% | 校内的文体、娱乐公共服务设施可以与校外共享,从而缓解校内用地不足等问题 |
| | 4. 课后,你会在哪里和同学、老师交流讨论问题?<br>A 走廊<br>B 出入口<br>C 庭院或广场<br>D 教室自习角<br>E 没有合适场所 | 比例: A 35% B 2% C 23% D 30% E 10% | 现有超大规模高中缺少课余时间供师生交流的公共场所,走廊、庭院、广场、自习角成为主要的交往空间 |

通过以上分析，可以得出，随着校园规模的不断扩张，超大规模校园的室外运动场地、公共交流空间、生均使用面积均受到了较大影响。从使用者的行为与空间感受出发，超大规模高中的使用主体是学生和教师，因此可以得出，增加公共服务空间、多样化的个性学习空间、师生课外交往空间，以及校内的文体娱乐设施与校外共享互用均可以有效地缓解用地不足、空间感受不佳等一系列问题。

### 3. 行为特征

为了记录空间使用状况和使用者行为特征，调研中还加入了视频记录的方法。通过视频记录和定时跟踪，调研在一定时间内空间环境和使用者行为方式之间的关系。下面以调研课间学生行为方式为例，将摄像头布点放置在校园主要的集会广场、庭院空间、道路、体育运动场等。通过摄像，分析使用人群及其行为方式和空间环境的关系，推算出利用率等数据，从而研究在规模扩张的影响下，校园有效用地、各功能组团空间环境和使用者之间的供需关系。

（1）校园运动场地与使用需求的关系

通过摄像头记录和有效跟踪学生在课间活动的行为，绘制轨迹平面图，根据轨迹的密度基本可以判断出学生的课外活动行为特征。对比 DL 中学和 SD 中学可以看出，操场软硬质铺装、活动场所的尺度以及和主要教学用房的距离均是影响学生行为选择和密集程度的重要因素（图 4.13）。

图中，A 区为学生室外活动的主要场所——篮球场，B、B' 区为课间活动的密集区——乒乓球场，使用率都很高。而 C 区虽为主要操场，但由于是硬质铺装，而且和主教学楼的距离过远，所以使用率并不高。伴随着学校规模的扩张，建议将体育运动场适当改造，尤其是主要设施、地面材质等方面，以便更好地满足学生的活动需求，提高资源的利用率。

（2）生活服务组团与使用需求的关系

既有超大规模高中的主要教学用房通过教室改造、多功能复合、错时考试等措施基本可以满足教学需求。但由于优质超大规模高中多为寄宿制学校，因此随着学校规模的扩张，生活服务空间显得格外重要。为了记录餐饮综合服务空间环境和学生使用需求之间的关系，在课余进餐时间对学生进行了摄像头和定时跟踪相结合的方式绘制行为轨迹图。

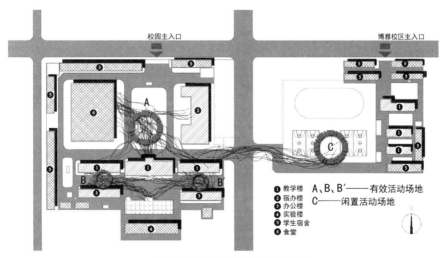

a DL 中学课间室外活动学生行为轨迹

**图 4.13 超大规模高中课间室外活动学生行为轨迹图（1）**

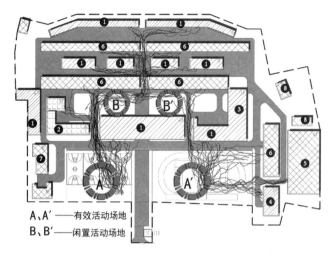

A、A′是距离教学楼最近的运动场，且各项运动设施较为齐备，因此使用率极高。B、B′区虽然距离窑洞教室较近，但由于是土质铺装，且不具备室外活动设施，因此暂时闲置。

随着学校规模的持续扩张，建议将B、B′室外活动区的土质铺装改造，并且增加一定的室外活动器械，提高资源利用率。

A、A′——有效活动场地
B、B′——闲置活动场地

b SD 中学课间室外活动学生行为轨迹

**图 4.13　超大规模高中课间室外活动学生行为轨迹图（2）**

a QX 一中餐饮服务空间学生行为轨迹

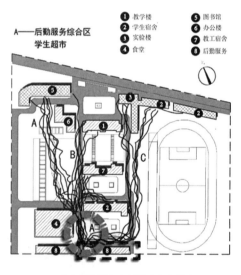

b FF 高中餐饮服务空间学生行为轨迹

QX 一中是所有调研学校中校园用地最为紧缺，也是规模扩张趋势最明显的一所超大规模高中。随着学校规模的剧增，为了满足教学、生活的需求，餐饮空间成为目前急需的空间环境。中午放学后，食堂空间不足，多数学生选择在校外的饮食一条街就餐，还有一部分学生由于宿舍紧张，在饮食街一侧租住民宅生活。因此，从行为轨迹图中我们可以看到中午就餐时间，B 区域成为人口密度最大的集中活动区。

可见，生活服务空间和学校规模扩张的供需关系成为超大规模高中，尤其是寄宿制学校的首要矛盾。

从行为轨迹图中可以看出，位于学校后部的后勤服务综合区（学生超市）成为主要的生活服务空间。由于 FF 高中选址于县城新区，周边没有任何配套服务设施，所以学校采取寄宿制管理。除了食堂外，学生超市成为课余饭后学生的主要活动空间。除了超市外，后勤服务区还配有浴室、开水间、清真餐厅等配套设施，基本满足了学生的生活服务需求。

在规模、面积、数量的配置上还有些过于集中，若能结合校园主要庭院空间或活动广场等设置，则能有效解决人流过于拥挤、流线单一的现状问题。

**图 4.14　超大规模高中餐饮服务空间学生行为轨迹图**

通过研究学生的行为特征与空间环境的关系我们可以得出，超大规模高中普遍存在室外运动场地、餐饮服务生活设施严重不足的问题。因此，除了教学等主要用房空间场所的设置需要协调与规模扩张的关系外，尤其是对于寄宿制的学校而言，体育运动场地、餐饮生活设施成为目前急需的空间。

## 4.6　本章小结

本章主要从西部地区典型的超大规模高中现状出发，分析校园中主要的使用问题。以布局结构调整、教育政策及标准为依据，对典型超大规模高中进行调研，面向校方、教师及学生进行使用情况问卷调查，为后文进行建筑空间计划铺垫了一定的基础。

# 5 规模确立：
## 超大规模高中校园用地计划

本章以现行规范标准为依据，通过对已调研学校指标数据统计，得出校园用地面积、可比用地面积、节地用地面积三个衡量用地的重要指标并对指标进行调整和完善，得出超过 48 班的超大规模高中基本用地指标和规划用地指标。最后，对指标体系进行优化并提出了节地型超大规模高中的设计策略和方法，以指导实践。本章的研究框架如图 5.1 所示。

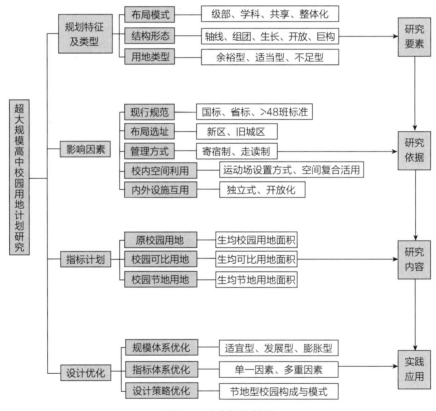

图 5.1 内容框架简图

## 5.1 规划布局模式探讨

### 5.1.1 影响因素

#### 1. 选址与用地

高中校园的布局选址对规划结构有很大影响。县域高中的校园选址主要分为三种：县镇中心区（旧区）、县镇边缘区和县镇偏远区（新区）。位于旧区的高中，建校历史悠久，规划建设非一次性完成。在规模扩张的过程中存在不断加建、扩建的情况，规划结构不够清晰；位于县镇边缘区的学校，用地相对宽松，但仍会受到周边环境和原有校区布局形态的影响；而位于新区的学校多为新建学校，校内规划结构清晰，配备了独立的教学、运动、体育文化设施，基本上采用寄宿制管理。不同选址对校区规划结构布局的影响分析如表5.1所示。

不同选址对校区规划结构布局的影响分析 表5.1

| 区位 | 选址特点 | 对规划布局的影响 |
| --- | --- | --- |
| 县镇中心区（旧区） | 用地紧张，用地规模受限，往往通过扩大班额来实现规模扩张，以满足教学需求 | 用地形态限制较多，规划结构混乱，组团布局不当，但易于与社会共享，体现一定的开放性 |
| 县镇边缘区 | 用地相对中心区宽松，规模扩张后可进行一定程度的加建 | 规模扩张后，加建过程中的规划结构仍会受到原有组团布局的影响 |
| 县镇偏远区（新区） | 多为新建校区或老校区的分校，用地富裕，校园占地面积较大 | 面积较大，可以较好地满足教学需求，但与社会共享较弱，难以体现校园开放性 |

#### 2. 校园规模

随着校园规模的扩张，校内各组团的空间规模也逐渐扩大，由此带来公共交流空间的缺失、广场庭院尺度的不近人化、加建改建后校园形态不完整、功能分区不明确等一系列问题，都对校园整体规划结构产生了影响。此外超大班额也是校园超大规模化的必然产物。班额增加，生均建筑面积及使用面积随之减少，校园指标就要相应调整，也反映在各组团之间的布局关系及特征方面。

#### 3. 教学模式

传统教育模式以课堂教学为主，学习活动都在校内展开。新课改倡导弹性、多样、灵活教育，旨在体现学生的特点，鼓励学生的创新能力。例如第二课堂的开展、兴趣小组的创立、综合能力的培养等。开放型教育模式下的教学活动不仅限于教学空间组团内，校园布局模式也要灵活有弹性，呈现出开放化的特征。应结合学生行为特征和心理需求，将教学组团与其他功能组团相联系，以满足多样化的教学需求。

#### 4. 管理模式

超大规模高中的办学模式、住宿管理方式、校内外空间组合关系都对校园布局模式产生了影响。开放型的布局模式不仅能够完善现有的校园环境，实现土地的高效集约开发和利用，也是实现终身教育、构建学习型社会的有效途径之一。

### 5.1.2 布局模式

我国传统农村学校的布局模式依然延续严格的"功能分区"思想。图 5.2 表达了传统农村学校的布局模式。面对新出现的超大规模高中，单一的功能分区和规划布局模式已经不能满足大规模、多功能、开放化的空间属性要求，下面按照不同的分类特征及原则将校园布局模式分为以下几种。

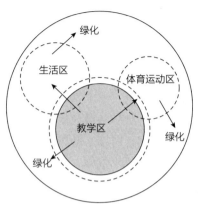

图 5.2 传统农村学校布局模式图

#### 1. 按级部分区布局

这类布局模式是目前超大规模高中应用较多的一种。校内按照不同的年级部分区布局设计。通常情况下为高一部、高二部、高三部，有时增设特色分区——国际部等体现地区和学校特色的区域。还有一些学校因考虑到高三年级所授课程体系与高一、高二各级部有所区别，故将高三部独立设置，高一、高二部共享教学、办公、图书、实验等公共服务设施，高三部与高一、高二各部共享校内公共服务设施。各年级部各自独立，又有机联系，形成"品"字形的布局模式。

#### 2. 按学科类型序列布局

按照课程体系的学科属性，还可以进行相应的校园分区布局。和日本中小学常常采用的特别教室围绕科目教室集中设置、公共交流空间和对社区开放空间独立设置的布局方式类似，校内教学部分分为多功能活动区和科目区。艺术区以活动中心、艺术中心、多功能报告厅为典型建筑；科目区以实验楼、科技楼、图书馆为核心建筑，围绕普通教室设置。从校园整体形态来看，因科目设置的差异，不同的建筑群体体现出鲜明的个性特征。

#### 3. 按资源共享程度层级布局

在校园功能分区中，体育场、体育馆、游泳馆、礼堂等公共服务设施因使用率不高，故可以在不影响正常教学的情况下向社区和城市开放，以提高公共财政投入的资源利用率。因此，这类开放型理念较强的学校在整体布局时往往采用将开放区域独立设置，校内非开放设施另辟一区设置。这种布局模式便于管理、内外有别，分别设置出入口，开放层级合理有序。

#### 4. 按整体式建筑群组团布局

在一些高标准、规范化、规模大、设施全的新建超大规模高中，通常采用的是以整体式建筑群体为核心的组团布置形式。整体式建筑群体多呈围合式或半围合式的庭院布局模式，一般情况下分为若干组团，组团之间呈线性或并列式排布方式，中间点缀以绿化、室外运动设施、广场等景观环境。整体式建筑群能够有效减少交通面积，便于交流、交通，实现多学科的融合，增加公共交往场所，形成开放化、整体式的校园空间环境，以满足新型灵活的教学方式。不同类型布局模式及实例特征分析如图 5.3～图 5.6 所示。

通过以上实例分析可以得出，四种校园布局模式依据不同，类型不同，也呈现出不同的校内建筑组团关系。每种模式也具备各自的优、缺点和空间组合特征（表 5.2）。

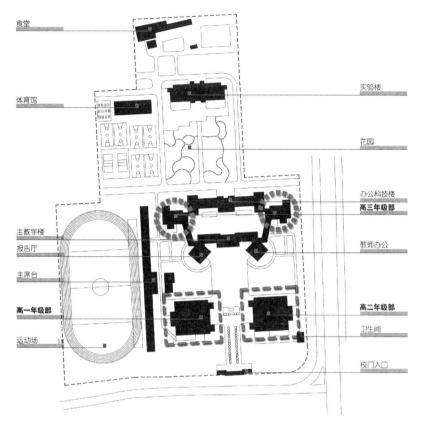

食堂

体育馆

实验楼

花园

办公科技楼

高三年级部

主教学楼

报告厅

主席台

教师办公

高一年级部

运动场

高二年级部

卫生间

校门入口

为方便高三年级与教师的答疑辅导、考试练习，将高三年级部与办公科技楼合并，高二部、高一部分处其两侧，独立成区，呈现出"品"字形的校园布局模式。

图 5.3　按级部分区布局（HN 一中总平面）

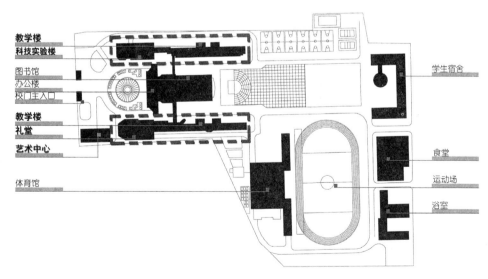

教学楼

科技实验楼

图书馆

办公楼

校门主入口

教学楼

礼堂

艺术中心

学生宿舍

食堂

运动场

浴室

体育馆

以图书、办公为校园入口核心轴线，"科技实验楼—教学楼"和"礼堂—艺术中心—教学楼"建筑组团分列两侧，呈"理科区"—"艺术区"序列布局。

图 5.4　按学科类型序列布局（SY 中学总平面）

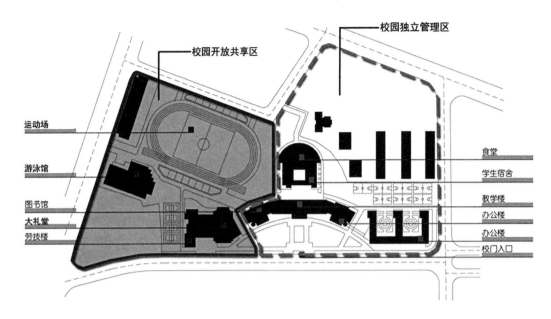

校园独立管理区

校园开放共享区

运动场

游泳馆

图书馆

大礼堂

劳技楼

食堂

学生宿舍

教学楼

办公楼

办公楼

校门入口

运动场、游泳馆、礼堂成为向社会开放的公共服务设施，位于校园共享区，设对外出入口；
教学、办公、食堂、宿舍等不向外开放的设施单独位于校园另一区。

**图 5.5　按资源共享程度层级布局（SSS 中学总平面）**

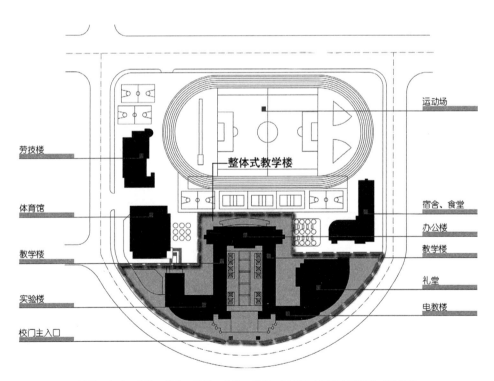

运动场

劳技楼

整体式教学楼

体育馆

宿舍、食堂

办公楼

教学楼

教学楼

礼堂

实验楼

电教楼

校门主入口

教学、办公、实验、报告、科技、电教、信息、图书等功能集中于整体式教学楼，
减少交通流线，成为校园布局中的重要建筑组团。

**图 5.6　按整体式建筑群组团布局（HW 高中总平面）**

不同类型校园布局模式的优缺点比较 表5.2

| 类型 | 优点 | 缺点 | 备注 |
|---|---|---|---|
| 按级部分区布局 | 便于教学管理，同一级部内交通联系方便，课程体系特征鲜明 | 不利于各级部之间的交流与共享，部分功能用房设置不够集约化 | 专用教室可以适当合并，集中设置 |
| 按学科类型序列布局 | 体现学科特色，文理分明，区域性突出 | 共享公共用房不能体现学科特色，不能全面体现"多义空间" | 适当在核心区或交通枢纽区设置多学科融合区域 |
| 按资源共享程度层级布局 | 开放层级合理，安全管理有序，使用对象分明 | 校园独立区与开放区缺少过渡空间，公共绿化及景观设施尚显不足 | 校前区与城市间宜形成公共绿化及开放过渡区 |
| 按整体式建筑群组团布局 | 减少交通流线，土地集约利用，空间与功能高度复合 | 建筑组团空间复合后尺度扩大，带来校园庭院及广场空间的不人性化 | 增加小尺度、宜人化的庭院交流空间 |

### 5.1.3 结构形态

校园规划结构与校园规模的变化直接相关。通过调研得出，很多超大规模高中在使用中出现功能分区混乱、开放层级不鲜明，加建、改建占用体育活动场地，甚至建筑之间不能满足防火、疏散、日照等规范的要求，主要原因就是在建设之初未考虑未来校园的规模变化，预留一定的建设用地，致使建筑组团和空间组合关系不具有生长弹性，校园规划结构陷入混乱盲目状态。

当今高中校园空间环境应创造利于学生个性发展、激发学生创新力的组团空间。传统高中空间单一、死板，已不能满足新型教育模式的需求。校园组团结构应增强校园整体性，改变各自孤立、缺乏联系的缺点。经过分析、总结可得，传统规模学校的结构模式为轴线式和组团式，超大规模高中的结构模式为开放型、生长型和巨构型。下面对不同类型的结构模式进行如下分析。

#### 1. 轴线式

此类结构模式较为常用。通常以校门入口为轴线的起点，以行政办公、教学主楼或图书馆为轴线的核心，其他附属用房在轴线两侧依次排列。校前区设置集中的集散广场或礼仪广场，主要建筑呈现"品"字形格局。轴线末端可布置建筑，也可以以环境设施或景观设计结束这条轴线。轴线的两侧通常布置体育运动场和学生宿舍、食堂等生活区建筑组团。这种结构特征层次较为清晰，布局相对紧凑，通过轴线的贯穿性、引导性和连续性，加强各建筑之间的联系，从而保证校园形态的完整（图5.7）。

#### 2. 组团式

这类结构形态是由若干个尺寸相近、形态相似的基本建筑形体作为基本构成单元，通过串联、复合、叠加等多种组合方式形成有规律性和秩序感的建筑群体。因此较为适合于中等规模或偏大规模的校园规划设计。组团的基本单元通常是围合式建筑，各组团单元既各自独立又相互关联。组团可以是教学楼、办公楼、实验楼等，通过连廊或平台等组合关联，形成易于沟通、学科共享的空间形态（图5.8）。

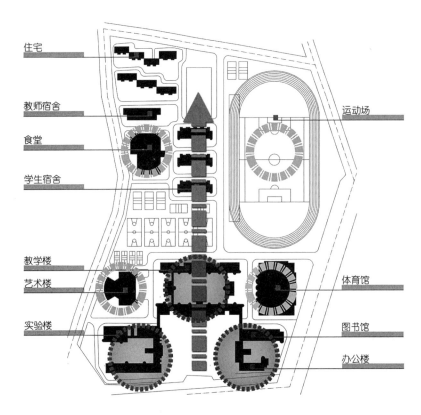

以校园入口为起点，教学主楼为核心，实验、办公、艺术、体育分列其两侧，
校前区形成"品"字形空间形态，学生生活与体育运动位于中轴线的末端。

**图 5.7　轴线式（HJ 中学总平面）**

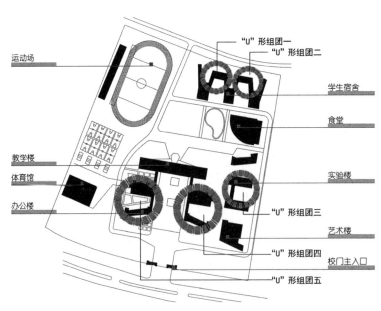

以"U"形空间组团为单元，教学、办公、实验、宿舍呈相似的布局形态，
通过复合、叠加、扭转等构图手法，组成整个校园网络结构，构成单元高度相似。

**图 5.8　组团式（SY 二中总平面）**

### 3. 开放型

这类构成模式在一些新建学校或设计理念较为超前的高标准示范性学校较为多见。主要特征为学校的主要功能组团没有固定的出入口，学校也没有明显的中轴线关系，建筑组团间也没有相似或相近特征。建筑底层多为架空层或开放平台、连廊，校园呈现多入口、多极化的开放形态，为师生提供了多样化公共交往空间（图5.9）。

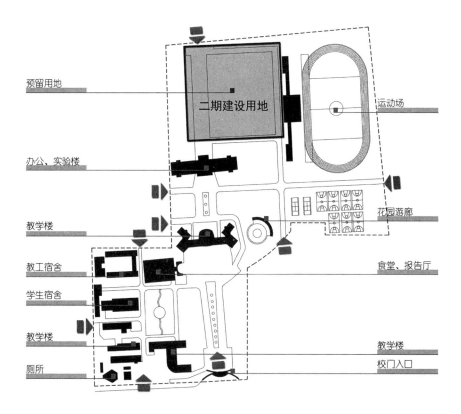

校园设多个出入口，公共设施对外开放，没有明确的主轴线和主入口，校园完全契合周围环境。二期建设用地为周围设施营造公园绿化景观。

**图5.9 开放型（JZ中学总平面）**

### 4. 生长型

生长型的结构模式在规划之初就考虑到校园规模的远期扩张而预留了建设用地，校园建筑肌理多呈现出网格式或某种细胞母题式的重复与叠加。通过预留为"母题"的生长提供了增长的空间和建设用地，因而适应建筑模数化或城市高密度下的单元生长与规模弹性扩张（图5.10）。

### 5. 巨构型

巨构型布局形态中建筑单体没有特别明显的特征，建筑形体单元或整体式建筑组群的规模已经超出了一般高中校园教育建筑的尺度感与围合性，呈现出巨型建筑结构的形态特征。这种形态使得建筑高度集约化、复合化，土地资源有效利用，但也会产生心理感受不佳、空间尺度过大、环境设施舒适度不够宜人等一系列问题（图5.11）。

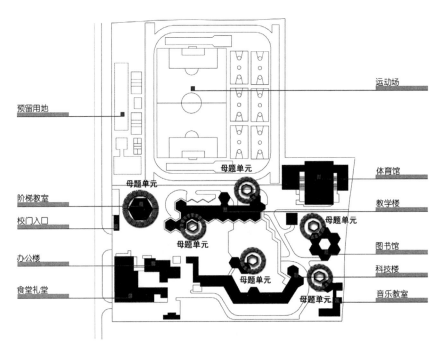

运动场

预留用地

母题单元

体育馆

阶梯教室

母题单元

教学楼

校门入口

母题单元

母题单元

图书馆

办公楼

科技楼

母题单元

食堂礼堂

母题单元

音乐教室

以六边形蜂窝为单元母题叠加重复，形成带有一定肌理和韵律的图底关系。图书、教学、科技、
办公等校园主要功能用房以母题为中心，呈放射状发散生长形态，有利于适应校园规模的变化。

**图 5.10　生长型（HW 高中总平面）**

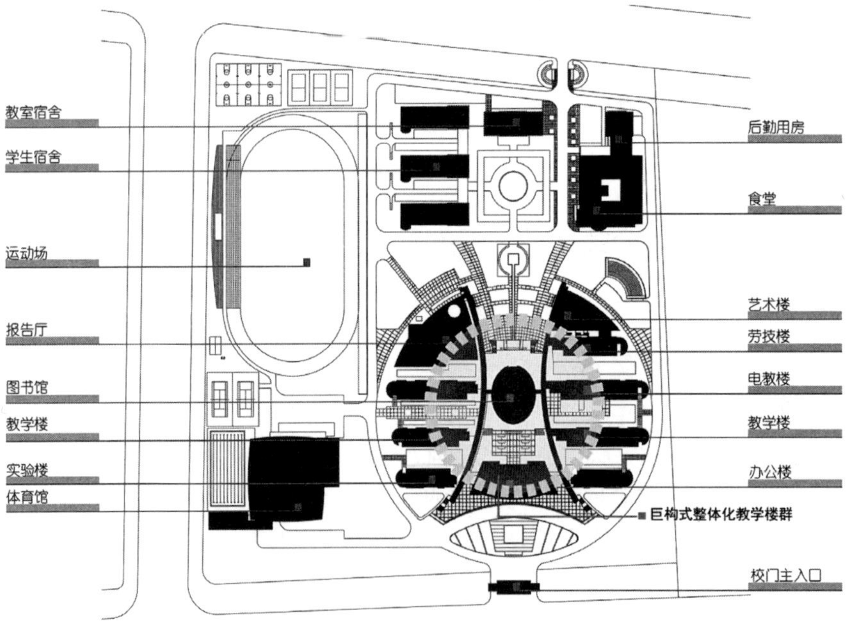

教室宿舍

后勤用房

学生宿舍

食堂

运动场

艺术楼

报告厅

劳技楼

图书馆

电教楼

教学楼

教学楼

实验楼

办公楼

体育馆

巨构式整体化教学楼群

校门主入口

高标准、示范化学校集中了优质教育资源，传统规模高中扩展成为集教学、办公、体育活动、生活服务为一体的综合型校园。
生活服务区设施完善，具备教师及学生公寓、餐饮中心、医疗中心、校园超市等附属功能，形成较为完整的生活社区。
为了土地的高效集约利用，校园结构模式为巨型整体化教学楼群，构成以图书馆为核心，教学及辅助用房分列两侧，
共八栋完整的建筑单体，并以连廊相连。校园形态突出核心，节约了交通联系空间。

**图 5.11　巨构型（SH 附中）**

### 5.1.4 用地组成

**1. 超大规模高中的用地组成及其特点**

《中小学校设计规范》GB J99-86 标准中提出"根据学校的使用功能,中小学校用地由建筑用地、体育活动用地、绿化用地、勤工俭学用地组成。其中勤工俭学用地是指为学校开展劳动和劳动技术教育、勤工俭学活动的场地(包括勤工俭学的生产加工用房及室外工作或堆放场地)"。[①]2012 年起实施的《中小学校设计规范》GB 50099-2011 对 2002 版的规范进行了修编。其中明确指出,"中小学校建筑用地应包括以下内容:①教学及教学辅助用房、行政办公和生活服务用房等全部建筑的用地;有住宿生学校的建筑用地应包括宿舍的建筑用地;②自行车库及机动车停车库用地;③设备与设施用房的用地"。[②]但在不同办学与管理模式下,校园的有效用地含义应当有所区分(表 5.3)。

不同办学类型下校园的用地组成 表 5.3

| 项目\\内容 | 建筑用地 | | | | 设备用地 | 停车用地 |
|---|---|---|---|---|---|---|
| | 教学 | 行政办公 | 生活服务 | 宿舍 | | |
| 寄宿制 | √ | √ | √ | √ | √ | √ |
| 走读制 | √ | √ | √ | | √ | √ |

**2. 超大规模高中用地与规模扩张的关系**

在以上的校园用地中,随着办学规模的扩张,不同类型的用地规模也在相应增加。但有些用地扩张明显,有些则变化不大,甚至维持现状。例如,以寄宿制为主的学校,随着在校生人数的增加,学生宿舍明显需要更多的建设用地来解决学生的生活问题,而食堂由于标准层面积较大,一定时间段内扩张不是很明显;以走读制为主的高中,规模扩张后教室数量随之成比例增加,而教师的生活用房由于有些不设在校内,则变化不大。还有一些体育运动场和校外单位共享,建设用地也不会成比例扩张。一些学校在建设之初,预留了地下空间用来设置停车、后勤、设备等用房的功能,所以随着规模的扩张,由于地下空间有很大的富余量,停车、储藏、设备、后勤等服务用房不会扩张得很明显。

综上可知,学校的每一部分用地与校园规模扩张的关系不同。在不同建设类型、办学模式、土地利用等方面各个学校的建设用地不是单一地随着办学规模的扩张而成比例地增加。因此,在分析用地规模时还应视学校类型而定,具体情况具体分析。也可以说,"用地规模"是超大规模高中空间环境计划的重要影响因子。

## 5.2 用地现状问题揭示

### 5.2.1 规划布局模式

通过调研对典型超大规模高中用地规划布局进行分析,如图 5.12～图 5.23 所示。

---

① GB J99-86. 中小学校建筑设计规范 [S]. 北京:中国计划出版社,1986.

② GB 50099-2011. 中小学校设计规范 [S]. 北京:中国建筑工业出版社,2010.

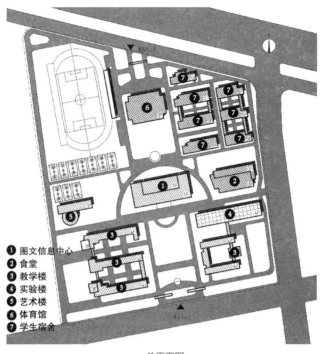

a 总平面图

❶ 图文信息中心
❷ 食堂
❸ 教学楼
❹ 实验楼
❺ 艺术楼
❻ 体育馆
❼ 学生宿舍

规划结构清晰，功能分区合理，空间层次丰富，校园广场尺度过大，人性化不强，校内开放空间级别不足。

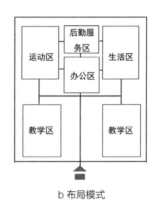

b 布局模式

构成"教学—办公—教学"的"品"字形结构形态，以校园入口为起点的中轴线式布局模式。

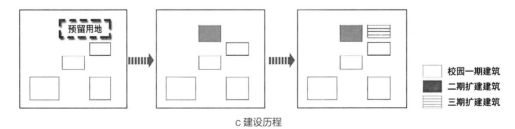

c 建设历程

通过预留建设用地实现规模扩张，主要扩建学生宿舍、体育馆。

图 5.12　XF 一中规划布局模式及现状分析

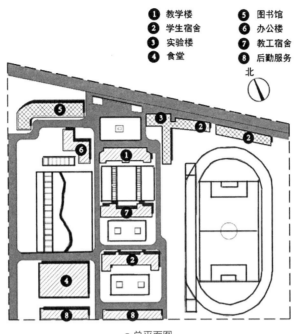

图例：
① 教学楼　⑤ 图书馆
② 学生宿舍　⑥ 办公楼
③ 实验楼　⑦ 教工宿舍
④ 食堂　⑧ 后勤服务

北

a 总平面图

教学区、生活区规划结构单一，功能分区较合理，校园广场功能单调，开放空间不足。

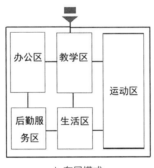

b 布局模式

教学、办公、生活、后勤服务各占据校园的一角，形成网格式布局形态。

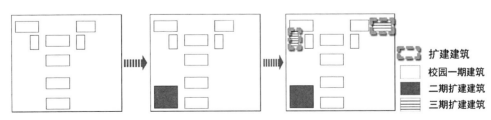

扩建建筑
校园一期建筑
二期扩建建筑
三期扩建建筑

c 建设历程

校园用地保持不变，通过在空地加建办公楼、宿舍楼和食堂实现规模的扩张。

图 5.13　FF 高中规划布局模式及现状分析

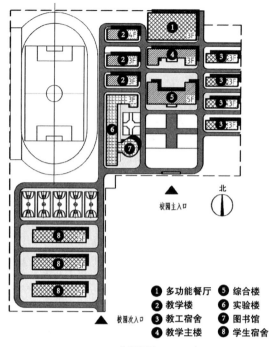

a 总平面图

功能分区较合理，空间层次不够丰富，校园集散广场及绿化庭院不足，缺少公共交流空间。

**图例：**
① 多功能餐厅　⑤ 综合楼
② 教学楼　　　⑥ 实验楼
③ 教工宿舍　　⑦ 图书馆
④ 教学主楼　　⑧ 学生宿舍

b 布局模式

以校园入口为起点，形成以"教学—生活—后勤服务"为中轴线，运动区和生活区分列两侧的布局模式。

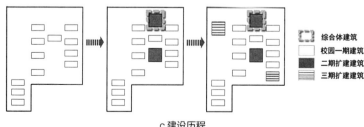

c 建设历程

校园用地不变，通过在原有平地上加建教学楼和集会议、兴趣社团、专用教室、食堂等多功能于一体的综合楼实现规模扩张。

**图 5.14　QX 一中规划布局模式及现状分析**

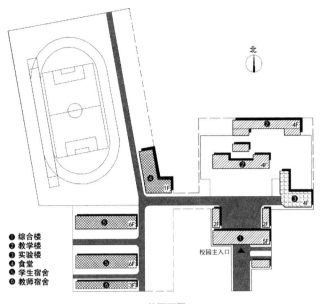

a 总平面图

① 综合楼
② 教学楼
③ 实验楼
④ 食堂
⑤ 学生宿舍
⑥ 教师宿舍

校园被一条道路划分为两部分，功能使用和交通较为不便，校园广场及庭院空间不足，绿化景观较差。

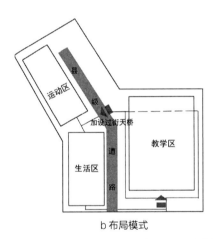

b 布局模式

校园被一条县级道路划分为两个校区的布局模式——教学区和生活区，马路中间加设过街天桥便于两个校区的联系。

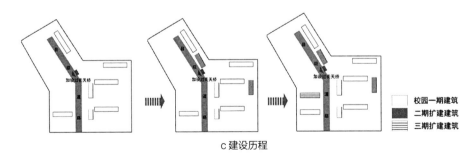

c 建设历程

□ 校园一期建筑
■ 二期扩建建筑
▤ 三期扩建建筑

因校园被马路分隔为两部分，因此随着规模的扩张，两个校区同时扩建和加建了学生宿舍、食堂、教学办公楼。

**图 5.15　QX 二中规划布局模式及现状分析**

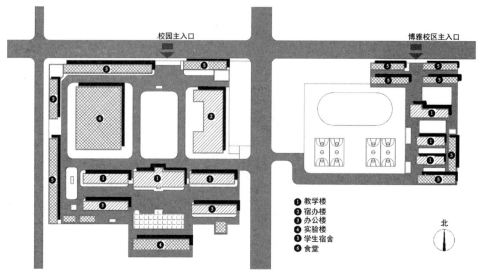

a 总平面图

校园被县级道路分隔为两个校区，将高三部独立于 BY 校区，两个校区共享中部的体育运动场，
且运动设施、面积、铺装等设计不符合规范。

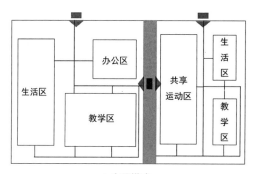

b 布局模式

校园被一条县级道路划分为两个校区的布局模式——原校区和 BY 校区，两个校区共享体育运动场地。

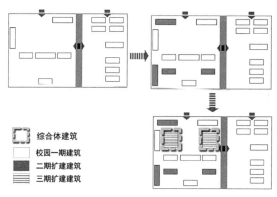

c 建设历程

随着规模的扩张，BY 校区基本保持不变。原有校区加建、扩建了教学楼、学生宿舍、食堂和宿办楼。

**图 5.16　DL 中学规划布局模式及现状分析**

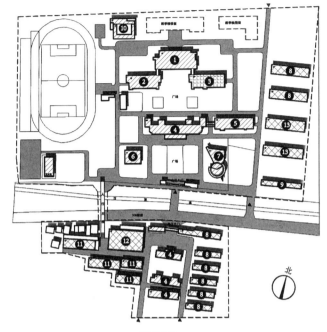

① 图书馆　⑤ 办公楼　⑨ 教工餐厅　⑬ 家属楼
② 科技楼　⑥ 报告厅　⑩ 风雨操场
③ 实验楼　⑦ 艺术楼　⑪ 学生宿舍
④ 教学主楼　⑧ 教工宿舍　⑫ 学生食堂

a 总平面图

校区被县级道路分为两部分，两个校区通过人行天桥联系，在上下课高峰期有些拥挤，存在安全隐患。
校园规划结构较为清晰，校园广场尺度适宜，庭院空间尚不足。

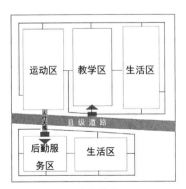

b 布局模式

校区被县级道路分成两部分，两个校区
功能较为独立完整，共享生活、体育、
餐饮等公共服务设施。

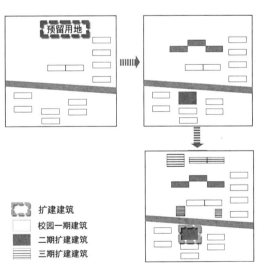

c 建设历程

随着校园规模的扩张，学校主要加建了教学、图书、实验楼，
并通过预留用地为在校生宿舍的加建提供了可能。现阶段，
餐饮空间仍持续扩张。

图 5.17　MX 一中规划布局模式及现状分析

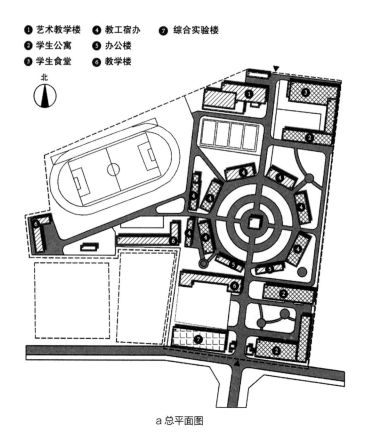

① 艺术教学楼　④ 教工宿办　⑦ 综合实验楼
② 学生公寓　⑤ 办公楼
③ 学生食堂　⑥ 教学楼

北

a 总平面图

教学区与生活区分区不够明确，建筑之间的防火间距不足，校园广场及庭院空间严重不足，
仅一个出入口不能很好地满足疏散。

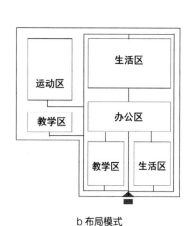

b 布局模式

校园建设用地紧张，处于不断改扩建的过程中，
轴线关系不明显，布局结构不够合理。组团之间
独立、零散，没有整合为一体。

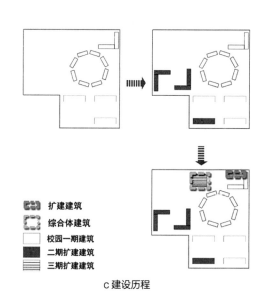

扩建建筑
综合体建筑
校园一期建筑
二期扩建建筑
三期扩建建筑

c 建设历程

校园用地紧张，随着规模的扩张，原有校园的规划格局
维持不变，在空地"见缝插针"式地加建、改建教学楼、
宿舍楼、体育馆、食堂等设施。

**图 5.18　MX 二中规划布局模式及现状分析**

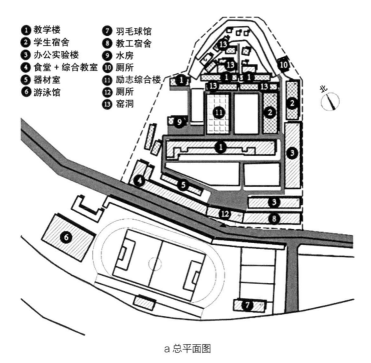

① 教学楼　　　⑦ 羽毛球馆
② 学生宿舍　　⑧ 教工宿舍
③ 办公实验楼　⑨ 水房
④ 食堂＋综合教室　⑩ 厕所
⑤ 器材室　　　⑪ 励志综合楼
⑥ 游泳馆　　　⑫ 厕所
　　　　　　　⑬ 窑洞

a 总平面图

校园与体育局共用田径场，校区被道路分为两部分，没有人行天桥，交通较为不便，
校园室外活动空间不足，绿化景观还需完善。

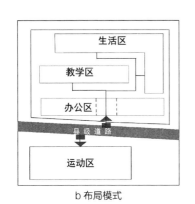

b 布局模式

校园布局结构单一，因背靠山体，建筑呈行列
式展开，顺应地形。与马路另一侧的单位共享
体育场和运动设施。

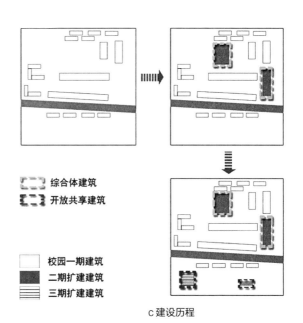

综合体建筑

开放共享建筑

校园一期建筑

二期扩建建筑

三期扩建建筑

c 建设历程

因选址于山边，随着规模的扩张，校园选址和范围没有大的改
变，加建了办公楼和实验楼。因缺少平地，现在校门入口广场
改造为操场。

**图 5.19　SD 一中规划布局模式及现状分析**

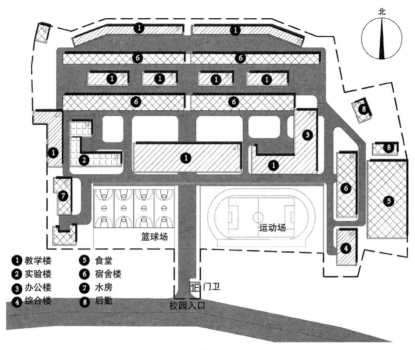

a 总平面图

教学区与运动区距离太近，干扰很大，并且被广场和生活区打断，交通不便。
运动场不符合标准，跑道数量不够，窑洞建筑屋顶绿化还要加强。

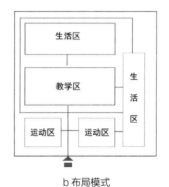

b 布局模式

校园沿山体呈行列式摆开，没有明确的轴线，功能分区较为合理，校园尺度宜人。

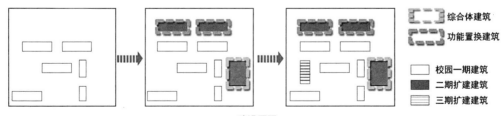

c 建设历程

随着校园规模的扩张，用地受到地形限制，为了满足教学的需求，将窑洞住宅改为窑洞教室，加建了食堂和实验教学楼。

图 5.20  SD 二中规划布局模式及现状分析

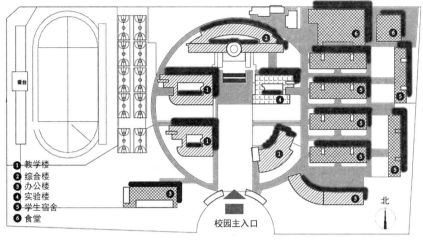

a 总平面图

校园为新建校区，用地较为富裕，广场与庭院尺度过大，不够人性化。校内外空间没有联系，开放性不强。

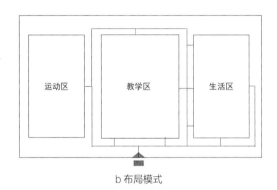

b 布局模式

校园布局结构清晰，"教学—生活—运动"呈行列式依次展开，并形成串联的关系。校园设施齐备，独立完整。

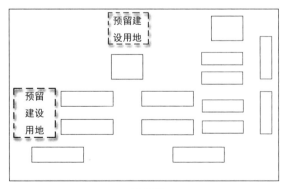

c 建设历程

校园建设较新，规模扩张不够明显，现有校舍空间环境较能满足规模扩张的需求。
建设之初，校园通过一定的预留建设用地以适应弹性办学的需求。

图 5.21 BJ 中学规划布局模式及现状分析

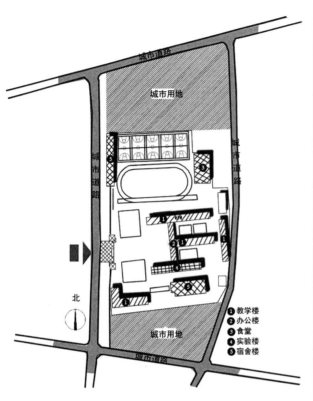

a 总平面图

b 现状照片

建设用地极为有限，室外活动场地紧缺，学生宿舍不能满足使用要求，与邻近单位共用。

c 布局模式

校园建设历史悠久，布局结构不够明确，功能分区稍显混乱，没有明确的模式和轴线关系。

d 建设历程

校园一期建筑
二期扩建建筑
三期扩建建筑

随着规模的扩张，用地紧张，尤其是室外活动场地不足，课间操和体育活动无法展开。先后加建了学生宿舍和教学楼。宿舍楼与邻近单位共用。

图 5.22　YC 中学规划布局模式及现状分析

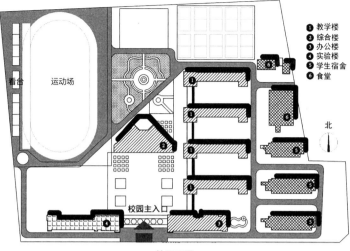

a 总平面图

校园为新校区，规划结构层次清晰，主入口前广场尺度较大，过于空旷。
体育运动用地和风雨操场预留了建设用地从而满足教学规模的扩张。

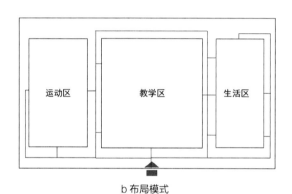

b 布局模式

校园布局结构清晰，"教学—运动—生活区"呈线性串联关系，并预留了一定的建设用地以满足规模的扩张。

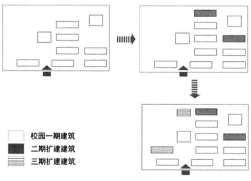

c 建设历程

随着规模的扩张，校园新建了一栋教学楼和宿舍楼以满足教学、生活的要求。
体育运动场地预留了建设空间，用以建设风雨操场。

**图5.23　JB中学规划布局模式及现状分析**

### 5.2.2 空间现状指标

在进行校舍空间环境计划时，分析各个超大规模高中在校园规模扩张前后的空间使用现状及其问题十分重要。我们可以从学校现有空间使用中的问题分析校舍空间变化与规模扩张的关系，从中抽取不同的影响因素，制定建筑空间环境计划的指标参考。具体如表5.4～表5.15所示。

XF 一中校园规模与空间使用现状概况                                    表 5.4

| 项目 | 指标 | 备注 | 校园规模与空间使用现状及其关系 |
|---|---|---|---|
| 班级数 | 46 | 班额 50 人／班 | 规模扩张后校舍空间使用满足要求 |
| 在校生人数 | 2400 | 计划招生 5000 人 | |
| 总占地面积 | 150061m² | 50.02m²／生 | 一期建设包括教学、实验、办公用房，教学楼顶层目前闲置，实验用房一半空闲，办公室部分闲置。食堂利用率不高 |
| 体育运动占地面积 | 13000m² | 5.4m²／生 | 原有体育场、新建体育馆供全区共享，广场及室外球场满足师生使用 |
| 容积率 | 0.59 | 符合标准 | 建筑间距大，广场尺度不宜人 |
| 校园组团空间使用模式及规模扩张示意图 | 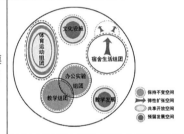 | | 随着校园规模的扩大，教学、办公、实验组团相对保持不变，生活、运动、文化设施预留了一定的发展用地，体育场和体育馆开放，供全区共享使用 |

FF 高中校园规模与空间使用现状概况                                    表 5.5

| 项目 | 指标 | 备注 | 校园规模与空间使用现状及其关系 |
|---|---|---|---|
| 班级数 | 44 | 班额 64 人／班 | 规模扩张后食宿空间紧缺 |
| 在校生人数 | 3200 | 缓慢增加 | |
| 总占地面积 | 107392m² | 33.6m²／生 | 校园新建学生宿舍，拟建食堂和体育馆，图书馆加建了报告厅，可以满足会议和学生的晚自习使用要求 |
| 体育运动占地面积 | 27900m² | 8.8m²／生 | 将原属于体育局的用地划拨给学校，建设了教工住宅和体育场，满足体育活动和教师生活 |
| 容积率 | 0.35 | 符合标准 | 校园有假山和绿化庭院，布置了健身器材、凉亭长廊，满足了学生的室外交流和休闲活动 |
| 校园组团空间使用模式及规模扩张示意图 | 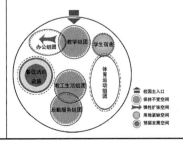 | | 随着校园规模的扩张，校园庭院绿化用地用来扩建餐饮生活空间，县体育局体育场划拨学校使用，教学办公组团扩建图书自习空间，但学生宿舍因用地不足而使空间紧张 |

## MX 一中校园规模与空间使用现状概况　　　　表 5.6

| 项目 | 指标 | 备注 | 校园规模与空间使用现状及其关系 |
|---|---|---|---|
| 班级数 | 58 | 班额 83 人 / 班 | 规模扩张后食宿空间不足 |
| 在校生人数 | 4300 | 持续扩张 | |
| 总占地面积 | 150061m² | 36.43m² / 生 | 和初中部共享餐饮综合楼，生活区和教学区之间被马路隔开，预留用地建设教学楼、宿舍楼 |
| 体育运动占地面积 | 29359m² | 6.8m² / 生 | 和初中部共享体育场，预留用地建设体育馆 |
| 容积率 | 0.22 | 符合标准 | 建筑间距符合要求，广场尺度满足课间操活动空间 |
| 校园组团空间使用模式及规模扩张示意图 | 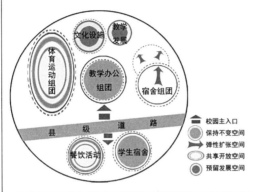 | | 随着规模的扩张，预留用地用来建设体育馆和部分宿舍，体育场和餐饮综合楼供两个校区共享使用。联系马路两边的人行天桥在上下课高峰期存在一定的安全隐患 |

## MX 二中校园规模与空间使用现状概况　　　　表 5.7

| 项目 | 指标 | 备注 | 校园规模与空间使用现状及其关系 |
|---|---|---|---|
| 班级数 | 63 | 班额 79 人 / 班 | 规模扩张后食宿空间紧缺 |
| 在校生人数 | 4960 | 持续扩张 | |
| 总占地面积 | 66972m² | 13.5m² / 生 | 校园总用地基本保持不变，教师生活空间置换为学生生活空间，室外运动场地扩建文体综合楼和餐饮楼，学生宿舍仍然紧缺 |
| 体育运动占地面积 | 16546m² | 3.3m² / 生 | 利用室外活动场地新建体育馆 |
| 容积率 | 0.7 | 符合标准 | 老建筑较多，建筑间距过近，采光、通风欠佳 |
| 校园组团空间使用模式及规模扩张示意图 | 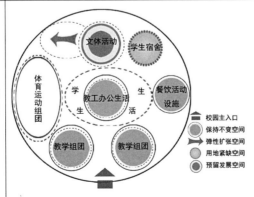 | | 随着校园规模的扩张，学生生活空间日益短缺。通过功能置换，部分教师办公和公寓改为学生宿舍，但采光、通风等问题还有待进一步改善 |

| 项目 | 指标 | 备注 | 校园规模与空间使用现状及其关系 |
|---|---|---|---|
| 班级数 | 103 | 班额 71 人／班 | 规模扩张后校园用地严重不足 |
| 在校生人数 | 7300 | 急剧膨胀 | |
| 总占地面积 | 80004m² | 11.4m²/生 | 校园规模急剧膨胀，因地处县城中心，用地有限，生活餐饮空间严重不足，和县城周边设施共用 |
| 体育运动占地面积 | 5060m² | 0.7m²/生 | 课间操及室外运动场地严重不足，计划扩建体育场和体育馆 |
| 容积率 | 0.59 | 符合标准 | 建筑层数不高，日照、防火间距满足规范要求，广场较小 |
| 校园组团空间使用模式及规模扩张示意图 | 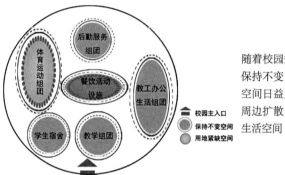 | | 随着校园规模的扩张，校园用地规模保持不变，体育运动空间和生活服务空间日益紧缺，受用地限制，逐渐向周边扩散，和县城共享餐饮、住宿等生活空间 |

| 项目 | 指标 | 备注 | 校园规模与空间使用现状及其关系 |
|---|---|---|---|
| 班级数 | 68 | 班额 86 人／班 | 规模扩张后教学、生活用地不足 |
| 在校生人数 | 5000 | 持续扩张 | |
| 总占地面积 | 65337m² | 13.1m²/生 | 因校区被分隔为两个部分，交通使用较为不便 |
| 体育运动占地面积 | 28160m² | 5.6m²/生 | 运动场为校区独立使用，运动设施基本能够满足使用需求 |
| 容积率 | 0.59 | 符合标准 | 入口空间局促，缺少大面积的集散广场和绿化庭院 |
| 校园组团空间使用模式及规模扩张示意图 | 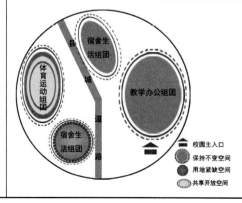 | | 随着规模的扩张，用地不变。教学、生活空间不足，缺少单身教师宿舍，受到马路分隔的影响，使用不便，灵活性较差 |

## DL 中学校园规模与空间使用现状概况 表 5.10

| 项目 | 指标 | 备注 | 校园规模与空间使用现状及其关系 |
|---|---|---|---|
| 班级数 | 70 | 班额 63 人 / 班 | 规模扩张后体育运动场地不足 |
| 在校生人数 | 4400 | 缓慢增加 | |
| 总占地面积 | 44760m² | 10.17m² / 生 | 校园用地因规模的扩大而有所扩张，逐渐被分为两个校区，存车空间置于地下，有效节约用地 |
| 体育运动占地面积 | 18209m² | 4.1m² / 生 | 两个校区之间隔着县城支路，共享体育运动设施 |
| 容积率 | 1.1 | 不符标准 | 校园广场空间不足，绿化庭院少 |
| 校园组团空间使用模式及规模扩张示意图 | 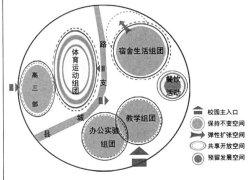 | | 校区被分为两个部分，共享体育运动设施。预留用地来建设学生餐饮和住宿空间，两校区之间隔着马路，使用运动场时有些不方便。 |

## SD 一中校园规模与空间使用现状概况 表 5.11

| 项目 | 指标 | 备注 | 校园规模与空间使用现状及其关系 |
|---|---|---|---|
| 班级数 | 58 | 班额 53 人 / 班 | 规模扩张后体育运动场地不足 |
| 在校生人数 | 3100 | 持续扩张 | |
| 总占地面积 | 41916m² | 13.5m² / 生 | 校园用地不变，室外空间不足，教师生活用房改为学生教室和宿舍使用。采光、通风欠佳 |
| 体育运动占地面积 | 4221m² | 1.36m² / 生 | 和体育局共享体育馆和体育场，因地形局限，校内活动场地不足 |
| 容积率 | 1 | 不符合标准 | 建筑间距过近，日照不满足要求 |
| 校园组团空间使用模式及规模扩张示意图 | 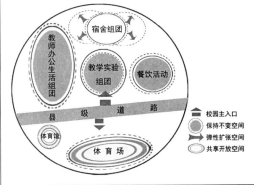 | | 规模扩张后，原有校区和初中部共享马路另一侧体育局的体育场和体育馆，中间隔着马路，使用较为不便。部分教师住宅和办公改为学生宿舍，住宿空间仍显不足 |

表 5.12

| 项目 | 指标 | 备注 | 校园规模与空间使用现状及其关系 |
|---|---|---|---|
| 班级数 | 59 | 班额 54 人 / 班 | 规模扩张后食宿空间紧缺 |
| 在校生人数 | 3200 | 逐渐扩张 | |
| 总占地面积 | 28223m² | 8.8m²/ 生 | 总用地保持不变，室外庭院几乎被建筑所占，校园环境亟待改善。改扩建建筑与原有建筑之间的日照、防火间距不符合要求 |
| 体育运动占地面积 | 4695m² | 1.5m²/ 生 | 室外田径场不符合规范，体育运动场距教室过近，有噪声干扰。室外活动场及课间操用地紧缺 |
| 容积率 | 1 | 不符标准 | 建筑之间距离过近，日照与防火间距不足 |
| 校园组团空间使用模式及规模扩张示意图 | 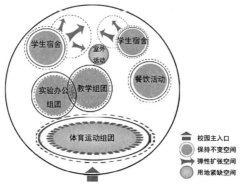 | | 随着校园规模的扩张，校园用地规模一直没有改变，室外运动场的用地日益短缺，学生宿舍组团成为规模扩张的主要空间 |

表 5.13

| 项目 | 指标 | 备注 | 校园规模与空间使用现状及其关系 |
|---|---|---|---|
| 班级数 | 66 | 班额 64 人 / 班 | 规模扩张后新建了教学楼和宿舍楼 |
| 在校生人数 | 4232 | 持续扩张 | |
| 总占地面积 | 133734m² | 36.43m²/ 生 | 新校区地处新区，用地较为富裕 |
| 体育运动占地面积 | 25951m² | 6.1m²/ 生 | 预留用地建设风雨操场和体育运动设施 |
| 容积率 | 0.40 | 符合标准 | 建筑间距符合要求，广场尺度稍大，缺少人性化尺度的绿化庭院 |
| 校园组团空间使用模式及规模扩张示意图 | 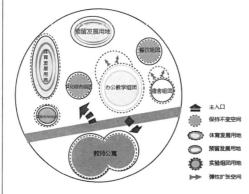 | | 随着校园规模的扩张，预留用地用来建设体育馆、部分宿舍及教学楼，体育场在学期内只供学生使用，在假期对外开放 |

| 项目 | 指标 | 备注 | 校园规模与空间使用现状及其关系 |
|---|---|---|---|
| 班级数 | 72 | 班额 65 人 / 班 | 校舍空间较能满足规模扩张后的教学、生活需求 |
| 在校生人数 | 4680 | — | |
| 总占地面积 | 133340m² | 28.5m²/ 生 | 校舍用地较为富裕 |
| 体育运动占地面积 | 30798m² | 6.9m²/ 生 | 部分预留用地建设室外体育设施、部分预留用地用来建设教学楼 |
| 容积率 | 0.69 | 符合标准 | 建筑间距符合规范要求，广场尺度较为宜人，绿化率较高 |
| 校园组团空间使用模式及规模扩张示意图 | 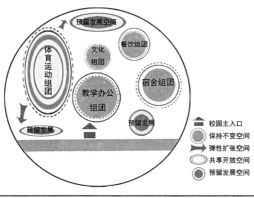 | | 随着校园规模的扩张，预留用地用来建设体育馆或体育设施。现有校舍能够满足规模扩张的需求 |

| 项目 | 指标 | 备注 | 校园规模与空间使用现状及其关系 |
|---|---|---|---|
| 班级数 | 65 | 班额 72 人 / 班 | 规模扩张后食宿空间、活动空间不足 |
| 在校生人数 | 4665 | 持续扩张 | |
| 总占地面积 | 8333m² | 1.94m²/ 生 | 图书与餐饮共用一栋楼 |
| 体育运动占地面积 | 2504m² | 0.54m²/ 生 | 和初中部共享体育场，原操场水泥地面正在修建塑胶跑道 |
| 容积率 | 2.2 | 不符合标准 | 建筑间距不符合要求，广场尺度不满足课间操活动空间 |
| 校园组团空间使用模式及规模扩张示意图 | 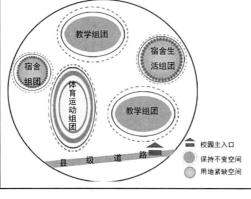 | | 随着校园规模的扩张，校内用地趋于紧张，学校兴建新校区并将高三部迁往新校区 |

### 5.2.3　用地布局问题

**1. 新建超大规模高中的规划设计及布局结构缺点**

新建的超大规模高中在建设过程中一味追求空间的数量和面积，虽然预留了一定的发展用地，但忽视了校园各主要功能单元体之间的联系，校园广场尺度过大，地下空间利用不足，建筑组团布局松散，交通联系不够便捷。此外，校园与社区的融合也没有体现，不能形成高效、可持续的集约化校园。

**2. 老校区改扩建过程中的规划设计及布局结构的缺点**

因老校区在建设之初没有经过统一的规划设计，因此在规模扩张的过程中，易一味追求面积和指标的扩张，而在校园空间环境方面则受限于原有的校园规划结构和保留建筑，在改扩建过程中出现开放层级混乱、建筑类型不明晰、空间组合不流畅等问题。改建过程中的问题体现在以下几个方面：

（1）建筑类型不明晰、功能混乱

例如 FF 高中改建过程中，因学生宿舍空间严重不足，故将教师办公楼改为混合功能的宿办楼，即较低楼层为教学办公，较高楼层为学生住宿，并且中间楼层未设任何管理空间，在空间使用上产生动静干扰，分区不明晰，存在功能混乱的问题（图 5.24）。在 QX 一中的改扩建过程中，因教学楼数量不足，所以将食堂二楼的多功能活动室用作专用教室、兴趣活动室、会议室等，但食堂的气味和噪声仍然影响了教学过程，干扰较大。

（2）使用空间采光、通风、隔声效果不理想

在 SD 一中校园规模扩张的过程中，因地形局限，教室数量紧缺，校园后山上有几排遗留下的用作教师宿舍的窑洞建筑目前闲置，所以将其中一排改为了教室，但对立面、屋顶、室内均没有做任何改造，教室内的采光、通风、保温等环境舒适度较差（图 5.25）。

在 SD 二中校园规模扩张的过程中，新建的体育馆三层设计了高三教室、音乐教室、书法教室、美术教室。在使用过程中，球类运动课、音乐舞蹈课等环境声音对复习上课的高三学生产生了一定的噪声干扰。当各功能同时使用时，隔声问题仍然是改扩建功能上需首要注意的问题。

（3）建筑间距过近，日照防火不满足规范，安全隐患多

在老校区的改扩建过程中，受用地的局限，一些老建筑存在加建现象，还有一些学校为满足建筑面积的扩张，在校园空地上"见缝插针"式地安插新建筑，使得原本就不够富裕的用地日益紧张，一些建筑之间最小的防火和日照间距也是严重缩水，安全状况堪忧。

**图 5.24　上层住宿、下层教学的综合楼**　　**图 5.25　窑洞改成复习班教室**

图 5.26 操场与教学楼间距过近　　　　　图 5.27 宿舍楼防火间距不足

如 SD 二中操场与教学楼间距过近，不能满足隔声规范的要求（图 5.26）；新建的办公、实验综合楼，紧挨着原有的教学楼和宿舍楼，建筑间距只有 3m 多，消防车无法通过，教室内的采光也受到了一定的影响。在校园规模与日俱增的同时，应急及自然灾害应该是改扩建过程中需要特别重视的问题之一（图 5.27）。

### 5.2.4 影响因子研究

#### 1. 用地类型

在已经调研的陕西省超大规模高中的扩张过程中，为保证正常的教学工作，每个学校纷纷采取了不同的改扩建措施和功能置换的空间活用方式，使得闲置空间得以发挥新的作用。超大规模高中用地主要分为余裕型、适当型、不足型三种，表 5.16 对不同用地类型的校园改、扩建及空间活用情况做以下汇总。

#### 2. 教学管理方式

经过调研可以得出，不同教学管理方式对规模扩张下高中校园的校舍空间影响不同。为应对规模扩张，可以在不影响基本教学的前提下，部分空间活用为以下功能：例如图书室改为办公、自习、会议；教师宿舍改为教师办公；教师宿舍改为学生宿舍；社团活动改为专用教室；食堂改为多功能厅等（表 5.17）。

不同用地类型的超大规模高中改扩建措施及空间活用情况　　　　表 5.16

| 用地类型 | 学校 | 管理模式 | 紧缺空间 | 改扩建措施 | 空间活用／闲置情况 |
| --- | --- | --- | --- | --- | --- |
| 用地余裕型 | XF 一中 | 走读制 | 宿舍 | 加建体育馆，供社会共享 | 闲置办公室作会议及社团活动；闲置教学楼设初中部 |
| | MX 一中 | 寄宿制 | 宿舍、食堂、办公 | 新建报告厅、艺术中心、图书馆；扩建球类运动场；扩建餐饮综合楼 | 图书馆、报告厅、艺术中心闲置 |
| | JB 中学 | 半寄宿制 | 宿舍、教室 | 新建教学楼、宿舍 | 实验室作为考试教室；走廊末端作为图书角 |
| | BJ 中学 | 寄宿制 | 体育馆、教师宿舍 | 新建室外体育设施 | 综合楼中庭改为多功能活动空间；部分音乐教室改为医务室 |

| 用地类型 | 学校 | 管理模式 | 紧缺空间 | 改扩建措施 | 空间活用 / 闲置情况 |
|---|---|---|---|---|---|
| 用地适当型 | DL 中学 | 走读制 | 教学、办公 | 新建食堂、教师宿办楼 | 图书室改会议室；宿舍改教室 |
| | SD 一中 | 走读制 | 教学办公、体育场 | 屋顶加建实验室；共享体育场、体育馆、礼堂 | 宿舍改为教室；灶房改为教工宿舍；教工宿舍改为学生宿舍 |
| | FF 高中 | 寄宿制 | 食堂、宿舍 | 加建食堂、宿舍、礼堂、体育馆 | 教工宿舍作学生宿舍；图书馆部分用房改为办公 |
| | QX 二中 | 走读制 | 体育馆、礼堂 | 扩建食堂 | 保留的古建筑改作会议室 |
| 用地不足型 | QX 一中 | 寄宿制 | 体育馆、食堂 | 新建体育馆、教工宿舍 | 教工宿舍兼办公；图书室改作会议室和报告厅；食堂二层改为社团和兴趣活动 |
| | MX 二中 | 走读制 | 宿舍、体育馆 | 新建体育馆、宿舍楼 | 教师办公改学生宿舍；教工宿舍改学生宿舍 |
| | SD 二中 | 走读制 | 教学办公、实验 | 加建实验楼；外乒乓球场改建为庭院绿化；新建办公楼 | 宿舍改为教室；教工宿舍改为学生宿舍 |
| | YC 中学 | 半寄宿制 | 教学楼、宿舍楼、体育场 | 规划建设新校区 | 图书室部分改为食堂用餐空间；教工与学生共用宿舍楼 |

**空间置换活用关系示意表**　　　　　表 5.17

| 原有空间＼活用空间 | 教室 | 实验室 | 图书馆 / 室 | 办公室 | 宿舍 | 食堂 | 多功能厅 / 室 |
|---|---|---|---|---|---|---|---|
| 教室 | ▲ | △ | ▲ | ▲ | △ | △ | ▲ |
| 实验室 | △ | ▲ | △ | ▲ | △ | △ | △ |
| 图书馆 / 室 | ▲ | △ | ▲ | ▲ | △ | △ | ▲ |
| 办公室 | ▲ | △ | ▲ | ▲ | ▲ | △ | ▲ |
| 宿舍 | ▲ | △ | △ | ▲ | ▲ | △ | △ |
| 食堂 | △ | △ | △ | △ | △ | ▲ | ▲ |
| 多功能厅 / 室 | ▲ | △ | ▲ | ▲ | △ | ▲ | ▲ |

注：▲可以置换；△不能置换。

### 3. 布局选址

选址的不同影响了规模扩张后校舍空间的变化。超大规模高中的选址主要有两种。一种位于县城中心即旧区，这类学校因为地处老县城，距离县城及周边居住地较近，交通便利，多采用半寄宿制或走读制。中午学生可以选择外出就餐和休息，晚上统一在食堂用餐，接着上晚自习。所以规模扩张对食堂和宿舍的影响不大。

另一种超大规模高中选址在县城远郊即新区，这类学校多为县城中心新校区或是老校区迁址而来，因离县城居住地较远，交通不便，因此多为寄宿制，实行封闭式管理。所以伴随着规模的扩张，教职工、学生的住宿和生活空间成为扩张最明显也是最紧缺的空间环境。如表 5.18，表示了不同选址和管理模式下校园空间与规模扩张的关系。

<table>
<tr><td colspan="7" align="center">布局选址类型与空间规模扩张的关系　　　　　　　　　表 5.18</td></tr>
</table>

| 项目<br>选址类型 | 管理模式 | 教学、办公 | 图书、会议 | 体育运动<br>室外课间操 | 宿舍 | 食堂 |
|---|---|---|---|---|---|---|
| 县城中心／旧区 | 半寄宿制或走读制 | ★ | ☆ | ★ | ☆ | ☆ |
| 县城远郊／新区 | 寄宿制封闭式 | ☆ | ☆ | ☆ | ★ | ★ |

注：★随规模扩张严重不足的校园空间；☆随规模扩张变化不大的校园空间。

### 4. 公共服务设施共享互用

一些超大规模高中因选址、地形等方面的局限，在规模扩张过程中，采取和其他学校、社区、县城共用文体服务设施的方式，既节约了校园的用地和建设成本，又满足了正常的教学和使用要求。只是个别学校在共用的过程中，需要横穿马路或穿过县城道路等，在交通拥堵及上下课高峰期存在一定的安全隐患，需要格外注意。表 5.19 是学校在共用过程中公共服务设施的共享互用情况。

<table>
<tr><td colspan="6" align="center">超大规模高中公共服务设施共享互用情况　　　　　　　表 5.19</td></tr>
</table>

| 项目<br>学校 | 体育场 | 体育馆 | 报告厅／礼堂 | 艺术中心 | 图书馆 |
|---|---|---|---|---|---|
| XF 一中 | ● | ● | ◎ | ◎ | ◎ |
| FF 高中 | ◎ | ○ | ◎ | ○ | ◎ |
| BJ 中学 | ◎ | ○ | ◎ | ○ | ○ |
| QX 一中 | ◎ | ○ | ◎ | ○ | ◎ |
| QX 二中 | ◎ | ○ | ○ | ○ | ◎ |
| DL 中学 | ● | ○ | ● | ○ | ● |
| MX 一中 | ● | ○ | ● | ● | ● |
| MX 二中 | ◎ | ○ | ◎ | ◎ | ◎ |
| SD 一中 | ● | ● | ● | ○ | ● |
| SD 二中 | ◎ | ○ | ◎ | ○ | ○ |
| JB 中学 | ● | ○ | ○ | ○ | ○ |
| YC 中学 | ◎ | ○ | ◎ | ○ | ◎ |

注：●校内外共享；◎校园独用；○校园未设。

## 5.3 已有规模指标参考

### 5.3.1 国家标准

#### 1. 校园占地面积和生均占地面积

在现有的国家标准中，对校园用地面积的规定主要如表 5.20 所示，其中"高级中学的规模最大支撑到 36 班，生均用地面积为 29.9m²／生"。[①]

―――――――

① 教发 [2008] 26 号．汶川地震灾后重建学校规划建筑设计导则 [S]．北京：清华大学出版社，2008.

表5.20

| 用地名称 | | 高级中学 | | | |
|---|---|---|---|---|---|
| | | 18班 | 24班 | 30班 | 36班 |
| 校舍建筑面积（m²） | | 26607 | 34543 | 39772 | 53865 |
| 校园用地 | 建筑用地（m²） | 10324 | 13300 | 15321 | 17683 |
| | 体育用地（m²） | 8633 | 11043 | 11701 | 17683 |
| | 绿化用地（m²） | 5400 | 7200 | 9000 | 10800 |
| | 勤工俭学用地（m²） | 900 | 1200 | 1500 | 1800 |
| | 停车用地（m²） | 1350 | 1800 | 2250 | 2700 |
| 合计用地（m²） | | 26607 | 34543 | 39772 | 53865 |
| 折合亩数（亩） | | 40 | 51.8 | 60 | 80.8 |
| 生均用地（m²/生） | | 29.6 | 28.8 | 26.5 | 29.9 |

（资料来源：汶川地震灾后重建学校规划建筑设计导则，教发[2008]26号）

## 2. 容积率

规范中明确给出，高中校园的建筑容积率为0.9（表5.21）。

中小学建筑容积率 表5.21

| 标准名称 | 学校类别 | | | | |
|---|---|---|---|---|---|
| | 初小 | 完小 | 初中 | 高中 | 中师 |
| 《中小学校建筑设计规范》 | — | 0.8 | 0.9 | 0.9 | 0.7 |
| 《农村普通中小学校建设标准》 | 0.3 | 0.7 | 0.8 | — | — |
| 《城市普通中小学校建设标准》 | — | — | 0.9 | 0.9 | — |
| 《汶川地震灾后重建学校规划建筑设计导则》 | 0.84 | 0.8 | 0.9 | 0.9 | — |

## 3. 体育运动场地面积

中小学课间操是室外体育运动场地中很大的一部分。按照《中小学校设计规范》GB 50099-2011的要求，中学生的课间操最小用地为3.88m²/生。400m跑道的最小用地为16033.6m²。[①] 表5.22中列出了足球、篮球、排球等各项球类运动的最小用地。

中小学校主要体育项目的用地指标 表5.22

| 项目 | 最小场地（m） | 最小用地 | 备注 |
|---|---|---|---|
| 广播体操 | — | 中学3.88m²/生 | 按全校人数计算，可与球场共用 |
| 60m直跑道 | 92×6.88 | 632.96m² | 4道 |
| 100m直跑道 | 132×6.88 | 908.16m² | 4道 |
| | 132×9.32 | 1230.24m² | 6道 |

① GB 50099-2011. 中小学校设计规范[S]. 北京：中国建筑工业出版社，2010.

| 项目 | 最小场地（m） | 最小用地 | 备注 |
|---|---|---|---|
| 200m 环道 | 99×44.2（60m 直道） | 4375.80m² | 4 道环形跑道；含 6 道直跑道 |
| | 132×44.2（100m 直道） | 5834.40m² | |
| 300m 环道 | 143.32×67.10 | 9616.77m² | 6 道环形跑道；含 8 道 100m 直跑道 |
| 400m 环道 | 176×91.10 | 16033.60m² | 6 道环形跑道；含 8 道、6 道 100m 直跑道 |
| 足球 | 94×48 | 4512.00m² | — |
| 篮球 | 32×19 | 608.00m² | — |
| 排球 | 24×15 | 360.00m² | — |
| 体操、武术 | 14.00（宽） | 320.00m² | 包括器械等用地 |

（资料来源：中小学校设计规范，GB 5009-2011）

#### 4. 校园道路

《中小学校设计规范》规定，"校园道路每通行 100 人道路净宽为 0.70m，每一路段的宽度应按该段道路通达的建筑物容纳人数之和计算，每一路段的宽度不宜小于 3.00m"。[①] 其中道路的具体宽度见表 5.23 所示。

学校内部道路　　　　　　　　　　　　　　　　　　　表 5.23

| 道路用途 | 宽度（m） |
|---|---|
| 双车道 | ≥6.0 |
| 消防车道 | ≥3.5 |
| 机动车及自行车共用路 | ≥4.0 |
| 人行路 | ≥1.5 |

（资料来源：民用建筑设计通则，GB 50352-2005）

#### 5. 建筑日照及防噪间距

根据《中小学校设计规范》GB J99-86 规定，"两排教室的长边相对时，其间距不小于 25m，教室长边与运动场地的间距不应小于 25m"。[②]

根据中小学校建筑间距卫生标准的建议，"教学楼与教学楼、办公楼、图书馆、实验楼等建筑长边平行布置时，其建筑防噪间距不应小于 25m；图书馆、办公楼、实验楼、专用教室（不包括音乐教室）等建筑长边平行布置时，其建筑防噪间距不应小于 15m。如教室顶棚用吸声材料装修时，教学楼与教学楼、实验楼、图书馆、办公楼等之间的防噪间距不应小于 18m"。[③]

日照间距则随着纬度的变化及前栋建筑物高度的变化而变化。确定建筑间距，南方地区主要以防噪间距为主，北方地区以日照间距为主，二者之间取高值。

---

① GB 50099-2011. 中小学校设计规范 [S]. 北京：中国建筑工业出版社，2010.

② GB J99-86. 中小学校建筑设计规范 [S]. 北京：中国计划出版社，1986.

③ JB 102-2002. 城市普通中小学校校舍建设标准 [S]. 高等教育出版社，2002.

### 5.3.2 省市自定标准

从全国各省市制定的普通高中、示范高中、现代化校舍等各项标准中可以得出，大多数省份尤其是西部地区的县城高中和寄宿制高中的生均占地面积在 25～30m²/生左右。如广西 30m²，陕西 30m²，贵州 25m²，湖北 30m²，广东 24m²，黑龙江省 25m²，江西省 22m²，只有中东部少数经济较发达地区的取值稍高一些，在 30m² 以上。如浙江省 37.1m²，江西省 39m²。可见，生均用地面积根据地区的不同，取值差异较大（表 5.24）。

不同省（市）标准下的生均用地面积指标汇总　　　　　　表 5.24

| 标准 | 生均用地面积指标（m²） | | | | | 备注 |
|---|---|---|---|---|---|---|
| | 城镇 | | 农村 | | | |
| 《湖北中小学设施设备标准》 | 28 | | 30 | | | |
| 《合肥市示范普通高级中学评估细则》 | 20 | | 25 | | | |
| 《广东省示范性高中评估细则》 | 22 | | 18 | | | 城区学校占地 100 亩，其他学校 120 亩 |
| 《广西壮族自治区示范性普通高中评估标准》 | 25 | | 30 | | | |
| 《黑龙江省普通高中达标学校标准》 | 16 | | 25 | | | |
| 《江西省普通高级中学基本办学条件标准》 | 普通高中 | | | 寄宿制高中 | | |
| | <30 班 | 30～42 班 | ≥42 班 | <30 班 | 30～42 班 | ≥42 班 |
| | 25 | 29 | 30 | 34 | 39 | 39 |
| 《江苏省普通高中基本实现现代化校舍建设标准》 | 24.3 | | | | | 最大规模 36 班 |

### 5.3.3 超过 48 班标准

在已有的规范和标准中，对超过 48 班的高中建设标准主要有贵州省、浙江省、山东省、山西省四个教育大省，各省对大规模学校的办学规模标准及生均用地面积指标也不尽相同。但其中，共同的特点是标准中的校园占地面积均不含寄宿生的餐厅、食堂、宿舍、自行车存放、浴室、锅炉房、配电室等建筑占地面积。可见，生活用地面积可以不列入校园必须具备的占地面积中去。具体指标对比如表 5.25 所示：

超过 48 班的高中建设标准用地面积指标汇总（单位：m²）　　　表 5.25

| 标准 | 内容 | 办学规模 | | | | | 备注 |
|---|---|---|---|---|---|---|---|
| | | 24 班 | 30 班 | 36 班 | 48 班 | 60 班 | |
| 《贵州省普通高中建设规范》 | 用地面积 | 31505 | 35011 | 45727 | 53890 | 62599 | 不含学生宿舍等生活用房的占地面积 |
| | 生均用地面积 | 26.25 | 23.34 | 25.40 | 22.45 | 20.86 | |

| 标准 | 内容 | 办学规模 | | | | | 备注 |
|---|---|---|---|---|---|---|---|
| | | 24班 | 30班 | 36班 | 48班 | 60班 | |
| 《浙江省寄宿制普通高级中学建设标准》DB331025-2006 | 生均用地面积 | 41.28 | 39.85 | 38.65 | 39.00 | 37.13 | — |
| 《山东省普通高级中学基本办学条件标准》 | 用地面积 | 30689 | 35636 | 47126 | 56158 | 65255 | 不含寄宿生生活用房的占地面积 |
| | 生均用地面积 | 25.57 | 23.76 | 26.18 | 23.40 | 21.75 | |
| 《山西省普通高级中学基本办学条件标准》 | 用地面积 | 31076 | 45846 | 55437 | 65139 | 31076 | 不含寄宿生生活用房的占地面积，容积率不大于0.8 |
| | 生均用地面积 | 25.9 | 25.5 | 23.1 | 21.7 | 25.9 | |

### 5.3.4 总结

从国家现行高中校园设计规范和各省市制定的建设标准分析总结，可以得出以下结论：

（1）在现行国家高中校园设计规范中，已经列出的仅有校园生均占地面积和体育运动生均面积两项，且体育运动占地面积是校园占地面积的40%左右。说明规范对体育运动场地的要求较高。

（2）在各省市制定的普通高级中学基本办学条件标准中，全国仅有贵州、浙江、山东、山西四个省份的标准涉及60班规模以上高中，且东西部的差异较大。

（3）对于寄宿制和走读制的高中来说，有效校园占地面积的内容有所不同。在各省市制定的建设标准中，以走读为主的高中，校园占地面积将学生宿舍、食堂、浴室、锅炉房、存车、配电等功能用房的占地面积扣除；而对于以寄宿为主的高中来说，这些生活空间是非常重要的，必须得以保留。

（4）为满足正常的教学活动要求，必须具备的校园占地面积应该包括以下几个方面的内容：

① 课间操场地占地面积 =3.88m²/人 × 在校生人数（根据《中小学校设计规范》得出，其中课间操场地的布局模式有以下三种：和体育场共用、校园道路和广场结合利用、利用建筑的架空层和平台）。

② 篮球、排球、器械活动场地占地面积的最小值 =320+608×3=2144m²。

③ 绿化面积 =1.0m²/人 × 在校生人数。

④ 校园主要功能单元体的建筑占地面积（如教学楼、办公楼、实验楼、食堂、宿舍、图书馆等。其中，建筑用地面积一般约占学校用地面积的40%~50%）。

## 5.4 不同"用地规模"的内涵及启示

### 5.4.1 影响因子分析

**1. 办学模式**

（1）办学模式影响下的用地组成及特点

走读制为主。在以走读制为主的超大规模高中，随着校园规模的扩张，对于教学用地和体育活动用地的要求越来越迫切。而对于校园用地较为局限的超大规模高中，为了满足正常的教学、运动需求，可通过和校外共享体育运动设施、将小型活动场地置于地下、利用建筑架空层和建筑屋顶等模式来实现规模扩张下的土地复合化、集约化利用。如表5.26所示，列出了各用地类型寄宿制超大规模高中的用地组成及现状特点。

**走读制超大规模高中的用地组成及现状使用特点**           表5.26

| 用地规模特点 | 用地建设模式 | 占地面积内容 | | 现状使用特点 |
| --- | --- | --- | --- | --- |
| | | 建筑占地 | 环境占地 | |
| 用地余裕 | 预留型 | ①教学及教学辅助用房、行政办公用房；②自行车库及机动车停车库用地；③设备与设施用房的用地；④预留建筑用地 | ①体育运动；②道路；③绿化；④课间操场地；⑤预留用地 | ①大型体育运动、文化娱乐场馆完善；②课间操、绿化场地良好；③预留一定的规模扩张用地 |
| 用地适当 | 标准型 | ①教学及教学辅助用房、行政办公用房；②自行车库及机动车停车库用地；③设备与设施用房的用地 | ①体育运动；②道路；③绿化；④课间操场地 | ①体育运动文化设施较完善；②具备规范要求的课间操场地和绿化用地 |
| 用地不足 | 节地型 | ①教学及教学辅助用房；②行政办公用房 | ①道路；②绿化；③小型体育运动 | ①体育场馆、文化场馆和周边共享；②课间操场地和道路、建筑底层、建筑顶层结合；③绿化用地和道路、建筑底层、建筑顶层结合；④停车、设备用房置于建筑地下 |

寄宿制为主。在以寄宿制为主的超大规模高中，随着校园规模的扩张，住校生人数逐渐增加，宿舍和食堂用地的需求量更高。对于校园用地严重不足或较难扩张的超大规模高中，为了满足办学需要，只得将教师宿舍、教工食堂的部分改用为学生宿舍和学生食堂；还有一些借用校园周边的餐饮、居住等生活服务设施，但是在方便学生使用的同时，给学校的安全、卫生管理造成了一定的隐患。表5.27列出了各用地类型下寄宿制超大规模高中用地组成及现状特点。

**寄宿制超大规模高中用地组成及现状特点**           表5.27

| 用地规模特点 | 用地建设模式 | 占地面积内容 | | 现状使用特点 |
| --- | --- | --- | --- | --- |
| | | 建筑占地 | 环境占地 | |
| 用地余裕 | 预留型 | ①教学及教学辅助用房、行政办公、生活用房；②自行车库及机动车停车库用地；③设备与设施用房的用地；④预留建筑用地 | ①体育运动；②道路；③绿化；④课间操场地；⑤预留用地 | ①大型体育运动、文化娱乐场馆完善；②课间操、绿化场地良好；③预留一定的规模扩张用地；④含教工、学生的食宿空间 |
| 用地适当 | 标准型 | ①教学及教学辅助用房、行政办公、生活用房；②自行车库及机动车停车库用地；③设备与设施用房的用地 | ①体育运动；②道路；③绿化；④课间操场地 | ①体育运动文化设施较完善；②具备规范要求的课间操场地和绿化用地；③含学生食宿空间和单身教师生活空间 |

| 用地规模特点 | 用地建设模式 | 占地面积内容 | | 现状使用特点 |
|---|---|---|---|---|
| | | 建筑占地 | 环境占地 | |
| 用地不足 | 节地型 | ①教学及教学辅助用房、行政办公、学生生活用房；②自行车库及机动车停车库用地；③设备与设施用房的用地；④预留建筑用地 | ①道路；②绿化；③小型体育运动 | ①体育文化场馆和周边共享；②课间操场地和道路、建筑底层、建筑顶层结合；③绿化用地和道路、建筑底层、建筑顶层结合；④教师生活用房设于校外 |

综上可见，可以将校园用地面积分为建筑用地面积和环境用地面积两部分。其中，环境用地面积的最小值包括体育运动用地面积、道路用地面积、绿化用地面积（课间操用地面积可以和体育运动用地及道路用地结合）。

（2）办学模式影响下的用地规模扩张特点

经过调研分析可得，在不同的办学模式影响下，伴随着校园规模的扩张，校园用地面积的扩张和需求呈现出不同的特征。例如，以走读制办学模式为主的超大规模高中，对食宿空间的诉求没有教学空间和运动场所明显。这类学校需要增加的校园用地面积主要表现为教室的数量和体育运动场地。而另一类以寄宿制为主的超大规模高中，伴随着在校生人数的增加，宿舍和食堂成为需求量最大的空间。这类学校急需增加的校园用地面积主要表现为食堂和宿舍（表5.28）。

**校园管理模式与规模扩张关系示意图表**　　　　　　　　表5.28

| 管理模式 | 走读制为主 | 寄宿制为主 |
|---|---|---|
| 用地与扩张的关系 | 扩张后急需教学办公和室外活动用地 | 扩张后急需宿舍和食堂用地 |
| 校园用地变化示意图 | | |
| 用地类型 | ▦ 扩张室外用地　　▨ 扩张教学用地 | ▨ 扩张宿舍用地　　▦ 扩张食堂用地 |
| 主要措施 | 将图书、实验等利用率不高的空间改作教室，或牺牲原有的绿化庭院 | 借用周边餐饮街和居民住房，满足在校生学习和生活 |

## 2. 校内外设施共享模式

在调研中发现,很多用地受到限制的超大规模高中老校区,为保证正常教学需要,和县城内的一些一次性投入较大、维护保养费用多,而综合利用率不高的公共服务设施互用共享,如体育馆、游泳馆、田径场、图书馆、文化馆、剧院等。这样既提高了公共财政投入的利用率,又节约了校园用地,达到互利互惠、学社融合的大目标,从而促进地区教育的发展。表5.29表示了和校外共享公共服务设施的要求及校内空间变化。

共享设施利用和校园用地关系示意                                          表5.29

| 共享场(馆) | 设施特点 | 共享要求 | 校内空间变化 | 校园有效用地 |
|---|---|---|---|---|
| 体育场<br>体育馆<br>游泳馆 | ①占地面积较大;②一次性投入成本较高;③要求维护保养 | ①和邻近的单位或社区共用田径运动场和体育馆;②使用和交通便利,减少安全隐患 | 体育运动空间仅设小型球类运动场(可设于地下或建筑底层、顶层) | 校园有效用地面积=校园占地面积-体育场(体育馆、游泳馆)的用地面积 |
| 剧院<br>(报告厅) | ①开放性较强;②使用频率不高;③通常和商业结合 | ①和邻近的单位或社区共用剧院(报告厅);②因具开放性,使用和管理要规范 | 大型集会空间仅设大会议室或多功能活动厅 | 校园有效用地面积=校园占地面积-剧院(报告厅)的用地面积 |
| 文(博)物馆、图书馆 | ①文化教育意义较强;②和社区、县城结合紧密 | ①和邻近的单位或社区共用;②可结合学校或社区的教育活动展开 | 校内仅设教室图书角、教师阅览和书库 | 校园有效用地面积=校园用地面积-文(博)物馆、图书馆用地面积 |

## 3. 校园空间利用模式

在校园空间综合利用方面,不但可以借助于共享公共服务设施来节约校园用地面积,还可以通过营造立体校园,充分利用建筑入口、架空空间、地下空间、建筑屋顶或平台、建筑连廊等空间,增加多处校园存储、后勤、运动、交流、展示等功能区,既丰富了校园空间层次,增进了师生间的交往,还节约了校园用地。

图5.28~图5.33是研究组调研超大规模高中过程中发现的已有学校对于立体空间的多种利用方式,有效地节约了校园用地,实现了空间的复合化、集约化和立体化。表5.30表示了立体空间利用和校园有效用地之间的关系。

图5.28 地下停车空间

图5.29 半地下体育运动空间

图5.30 半地下文艺活动空间

图5.31 地下存储空间

图5.32 屋顶运动场

图5.33 半地下餐饮空间

立体空间利用和校园用地关系示意表 表5.30

| 立体空间 | 利用模式 | 校内空间变化 | 校园有效用地 |
|---|---|---|---|
| 地下空间 | 存储、后勤、体育运动置于地下 | 立体学生活动空间——餐饮娱乐综合体 | 校园有效用地面积 = 校园占地面积 − 后勤存储空用地面积 − 小型体育运动占地面积 |
| 屋顶平台 | 放置小型活动场 | 综合利用小型集会、体育活动场所 | 校园有效用地面积 = 校园占地面积 − 体育运动占地面积 |
| 建筑架空层 | 放置小型活动场、存储、展示交流空间 | 增加了入口存储、展示、交流空间 | 校园有效用地面积 = 校园占地面积 − 体育运动占地面积 − 存储空用地面积 |

### 4. 部分功能独立于校外

在所调研的大多数学校中，因为规模扩张导致学生住宿空间紧缺，将教师宿舍改为学生宿舍的超大规模高中不在少数。研究组认为，在有效校园用地的范围内，可以将教师（家属）生活区移至校外，校内仅设部分单身教师宿舍，或者和行政办公用房结合设计，建设教师的宿办楼，可以在不影响办公的同时，方便教师休息。这样大大节约了校园用地，实现了集约化设计（表5.31）。

| 用地建设模式 | 校内空间变化 | 校园有效用地 |
| --- | --- | --- |
| 将教师住宅（家属楼）独立于校外 | 建宿办楼 | 校园有效用地面积 = 校园占地面积 - 教师住宅楼占地面积 |
| | 建单身教师宿舍 | |

### 5.4.2 相关指标概念

#### 1."有效用地"含义

为更有效地制定校园用地面积指标，在判断学校建设的土地利用率时，应将用地分为随办学规模成比例增减的用地及与办学规模无比例关系的用地两部分进行比较：第一部分，随学生人数成比例增减的用地包括建筑用地、绿化用地及部分体育用地，如篮球、排球、体操、体育游戏等场地；第二部分：不成比例的用地包括环形跑道用地。如 18 班和 36 班的初级中学的学生数相差一倍，但依教学需要，都应配置一个 200m 的环形跑道，占地同为 0.58hm²，在学校用地中占很大一部分。将此部分按人均用地对土地利用率进行比较，对规模小的学校不公平。所以，这部分用地是不可比的。[①] 校园室外活动空间需要的占地面积主要包括课间操场地、存车场、球类运动场、绿化庭院面积等。

除此之外，在衡量"校园有效用地"概念的内涵时应区别学校类型。走读制学校和寄宿制学校在生活管理方式上有一定区别。寄宿制学校的用地范围应包括宿舍等生活用房，走读制学校的用地可以不包括此类用地。

#### 2. 重要指标概念

（1）"可比总用地"

综合以上分析，我们提出学校"可比总用地"的概念。所谓"可比总用地"，即有效衡量校园用地随校园规模变化成比例增减的净用地。用原有校园用地扣除环形跑道用地即可。为科学计算校园的土地利用率，我们用学校"可比容积率"来衡量。其计算方法为：学校可比容积率 = 建筑面积总和 / 可比总用地面积。具体指标及计算方法如表 5.32 所示。

"可比总用地"相关指标概念　　　　表 5.32

| 指标 | 计算方法 |
| --- | --- |
| 可比总用地面积 | 总用地面积 - 环形跑道的用地面积 |
| 生均可比用地面积 | 可比总用地面积 / 在校生人数 |
| 可比容积率 | 地上建筑面积总和 / 学校可比总用地面积 |

（2）"节地可比总用地"

根据以上分析，通过衡量和比对影响超大规模高中校园用地面积在规模扩张下的变化诸因素及应对措施可以发现，节地目标下，可以扣除环形跑道用地、教师生活用地、共享公共服务设施用地、立体化空间用地等几个方面，实现校园的集约化用地，最终达到节地指标。所以，我们提出"节地可比总用地"的相关概念，进而为节地目标下用地规模指标的制定提

① GB 50099-2011. 中小学校设计规范 [S]. 北京：中国建筑工业出版社，2010.

供依据和参考。相关指标概念如表 5.33 所示。

"节地可比总用地"相关指标概念　　　　　　　表 5.33

| 指标 | 计算方法 |
|---|---|
| 有效用地面积 | 总用地面积 – 环形跑道的用地面积 – 教师生活用地面积 |
| 节地可比用地面积 | 总用地面积 – 环形跑道的用地面积 – 教师生活用地面积 – 共享公共设施用地面积 – 地下运动存储用地面积 |
| 生均节地可比用地面积 | （总用地面积 – 环形跑道的用地面积 – 教师生活用地面积 – 共享公共设施用地面积 – 地下运动存储用地面积）/ 在校生人数 |

### 5.4.3　指标与空间环境的关系

相比传统意义上的"校园用地面积"来说，"校园可比用地"概念的提出能够更加科学地衡量校园用地的合理性，从而制定设计指标。而且，可以根据各个超大规模高中的选址布局、规模类型和使用状况重新审视校园在规模扩张时用地的有效性和合理性，为超过 48 班的超大规模办学的高中校园建设提供一定的参考和依据。而校园"节地可比用地面积"则是面对广大西部地区在用地局限、财政投入不足、办学基础薄弱等客观条件时，为实现集约化校园的可持续建设而提出的节地规划设计指标，它可以最大限度地节约校园占地面积，实现空间立体化利用，同时实现开放、共享、学社融合的大目标，为超大规模高中校园建设设计任务书的制订提供依据。表 5.34 表达了不同用地含义和校园建设、使用状况的关系。

不同用地含义与校园建设、使用状况的关系　　　　　　表 5.34

| 内容项目 | 建设模式 | 土地利用 | 和规范的关系 | 和任务书的关系 | 和资源利用的关系 | 和使用需求的关系 | 开放程度 |
|---|---|---|---|---|---|---|---|
| 校园用地面积 | 独立建设，不考虑改扩建 | 不设预留用地 | 依据规范 | 依据任务书 | 浪费资源 | 不满足需求 | 独立 |
| 校园可比用地面积 | 校内外有一定联系 | 独立与共享土地结合 | 规范和使用结合 | 参考任务书 | 共享资源 | 满足校内外使用需求 | 开放与独立结合 |
| 校园节地可比用地面积 | 立体化、集约化建设模式 | 最大化利用土地 | 指导规范 | 制定任务书 | 节约资源 | 同时满足不同校园组团的功能要求 | 集约、开放 |

## 5.5　用地规模体系优化

### 5.5.1　计划依据

#### 1. 运动场规范及使用模式

在校园用地中，室外体育运动场地是很重要的组成部分。现行国家标准主要有《城市普通中小学校校舍建设标准》《中小学校设计规范》GB 50099-2011 等。体育运动场地一般包括环形跑道运动场、直跑道、器械运动场地、课间操所需场地、各种类型的球类场地等。其中对于体育运动用地的要求主要有以下几个方面：

1）满足各个年级同时上体育课所需场地；

2）满足课间操所需场地；

3）每5个班要设有1个大球（足、篮、排球）场地；

4）按教学大纲规定的训练、"达标"项目所需的活动场地；

5）课间操场地占地面积 =3.88m²/ 生 × 在校生人数；

6）篮球场的最小用地为 608m²；体操、武术、器械的最小用地为 320m²。

在用地紧张时可使用表 5.35 中的模式，节约用地而不影响正常的教学使用。

**运动场利用模式与用地之间的关系**      表 5.35

| 模式＼内容 | | 要求 | 校园用地潜力挖掘 | |
| --- | --- | --- | --- | --- |
| | | | 用地满足使用要求 | 用地不满足使用要求 |
| 运动场利用模式 | 校内屋顶型 | 节约校园用地，运动空间叠合 | 小型球类置于屋顶，体育场置于地面层 | 运动场置于屋顶 |
| | 校内室内型 | | 运动场置于首层或建筑架空层 | 运动场置于地下 |
| | 校外共用型 | 共享体育运动设施 | 校外共享体育场 | 校外共享体育场（馆）和户外活动场 |

### 2. 规范限制与用地关系

按照《城市普通中小学校校舍建设标准》《中小学校设计规范》《民用建筑设计通则》《建筑设计防火规范》等对中学校园的层高、层数、日照间距、防噪间距、防火间距等方面的要求，在进行校园节地可比用地面积指标计算时，必须遵守已有的规范依据，然后进行有的放矢的指标计划。

具体参照标准与校园用地面积之间的关系如表 5.36 所示。

**规范相关规定与用地之间的关系**      表 5.36

| 标准＼内容 | | 要求 | 校园用地潜力挖掘 | |
| --- | --- | --- | --- | --- |
| | | | 用地满足使用要求 | 用地不满足使用要求 |
| 规范限制与规定 | 日照 | 满足《城市普通中小学校校舍建设标准》《中小学校设计规范》《民用建筑设计通则》《建筑设计防火规范》中的相关规范和标准 | 校舍以4层为宜；日照间距 = 日照间距系数 × 南向建筑的高度 | 主要校舍北向布置（教学空间5层以下、辅助用房叠合设置）、南向布置活动场地，满足日照间距要求 |
| | 防火疏散 | | 校园每一路段的宽度不宜小于3m；双车道不小于6m，消防车道不小于3.5m | 机动车及自行车共用路不小于4m |
| | | | 一、二级耐火等级的多层建筑防火间距6m | 两座相邻建筑较高一面外墙为防火墙，防火间距不限；或较低建筑屋顶不设天窗，一面外墙为防火墙，则防火间距不小于3.5m |
| | 防噪 | | 教学楼防噪间距25m；其他建筑防噪间距15m | 建筑以防噪材料装修、外加吸声板等防噪措施，教学楼防噪间距减至18m |

### 3. 不同用地的适用范围

除了国家规范要求必须满足外，在探讨适宜用地规模、可比用地规模和节地用地规模时，涉及公共服务设施共用、校园部分功能外移、校园立体空间利用等方面的因素，因此，应将不同用地规模的适用范围详细列出。因为在资源共享、功能外移的过程中，有些校园用地如教学、办公用地是不能与校外共享或者置于校外的。而在校园立体空间利用方面，有些用地基于使用功能的需要，不适宜建于地下空间；而有些空间也不适宜叠合立体化设计。因此，有必要限定不同用地的要求和范围（表5.37）。

**不同用地的适用条件**　　　　　表 5.37

| 用地要求 | 适用对象 |
| --- | --- |
| 不宜共享的用地 | 教学办公用地、寄宿学生生活用地 |
| 不可外移的用地 | 教学办公用地、寄宿学生生活用地 |
| 不建议置于地下的空间 | 教学办公用地、寄宿学生生活用地、图书馆用地 |

### 4. 不同用地类型下的主要内容

经过调研得出，超大规模高中的用地有三种类型：用地余裕型、用地适当型和用地不足型，因此，应分类型进行用地规模计划。不同用地类型下的建设模式、用地内容、适用条件和用地指标均不同。表5.38是针对不同类型的用地分别进行标准预留模式、共享资源模式、节地集约模式的用地规模计划。

**不同用地类型下用地规模计划及内容**　　　　　表 5.38

| 用地类型 | 建设模式 | 用地内容 | 用地指标 |
| --- | --- | --- | --- |
| 用地余裕型 | 标准预留模式 | 教学办公用地 + 预留教学办公用地 | （生均）适宜用地指标 |
| | | 师生生活用地 + 预留师生生活用地 | |
| | | 后勤服务用地 + 预留后勤服务用地 | |
| | | 中小型球类活动用地 + 环形跑道 | （生均）适宜体育运动用地面积 |
| | | 绿化、停车用地 | （生均）适宜绿化用地面积 |
| 用地适当型 | 共享资源模式 | 教学办公用地 | （生均）可比用地面积 |
| | | 师生生活用地 | |
| | | 后勤服务用地 | |
| | | 中小型球类活动用地 | （生均）可比体育运动用地面积 |
| | | 绿化、停车用地 | （生均）可比绿化用地面积 |
| 用地不足型 | 节地集约模式 | 教学办公用地 | （生均）节地用地指标 |
| | | 学生生活用地（停车、绿化、体育运动空间立体化） | |

## 5.5.2　计划方法

### 1. 模式的确定

伴随在校生人数的增加，不同选址类型的学校改扩建模式不同。例如，县城中心区的超大规模高中多为老校区，学校建设模式多为改建＋局部扩建的形式。因此，在制订用地规模计划时应分类型进行（表5.39）。

不同建设模式下的超大规模高中规模计划　　　　　　　　　　　　表5.39

| 用地类型 | 布局选址 | 建设模式 | 用地指标 |
| --- | --- | --- | --- |
| 用地余裕型 | 县城远郊 | 新建 | 标准用地面积 |
| 用地适当型 | 县城周边 | 扩建＋局部改建 | 适宜用地面积 |
| 用地不足型 | 县城中心 | 改建＋局部扩建 | 最小用地面积 |

### 2. 影响因素的分析

超大规模高中用地规模计划的主要影响因素包括：布局选址、用地范围、周边公共服务设施使用状况及与校园的关系、用地规模类型、校园建设模式、建筑容积率等。

例如在 MX 二中调研时发现，学校紧邻一条铁路线，学校周边铁线和公路之间仅有隔离的绿化设施，体育用地紧邻分隔学校和铁路之间的围墙，用地已经不能够再扩张，受到了极大的限制（图5.34）。

图5.34　体育用地与铁路紧邻

还有 SD 二中，学校选址为山地，很多建筑都是依山而建，其用地规模与范围不能与平地等同。而且，山地建筑的屋顶平台较多，可以充分运用于绿化、体育运动、停车等。此外，在 SD 一中调研时发现，学校与县体育局共用体育场与体育馆，在与周边服务设施共享的前提下，校园的用地规模则应另外计算。

### 3. 规模量化与调节方法

在用地规模计划前，分别将各类型学校的原用地面积、可比用地面积、节地用地面积用线性图表达出来，绘制成直观的图表；接着在标准化、共享化、集约化的目标下，分别罗列出影响指标变化的定值和变量，对所绘制的线形图进行指数调节，遵循可持续建设的原则，因地制宜，得出最适宜和节约资源的用地规模指标。并且，和原有规范相同，对指标的划定分为两类：基本指标和规划指标。从而使得规模计划富有弹性和灵活性，更适宜于不同的学校类型和建设模式。

### 5.5.3 已有计划指标

1. XF 一中用地规模指标计划

（1）用地面积

原校园占地面积：150061m²；

校园可比用地面积：129061m²；

校园节地用地面积：25400m²。

（2）生均用地面积

原校园生均占地面积：55.6m²/生；

校园生均可比用地面积：47.8m²/生；

校园生均节地用地面积：9.4m²/生。

（3）节地措施

体育场和体育馆与城市共享；

艺术中心、报告厅、图书馆与城市共享；

教师生活用房置于校外。

2. FF 高中用地规模指标计划

（1）用地面积

原校园占地面积：67963m²；

校园可比用地面积：45863m²；

校园节地用地面积：18026m²。

（2）生均用地面积

原校园生均占地面积：21m²/生；

校园生均可比用地面积：14m²/生；

校园生均节地用地面积：5.6m²/生。

（3）节地措施

扣除环形跑道用地；

图书馆、报告厅与城市共享；

教师生活用房外移。

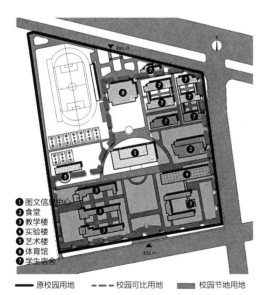

图 5.35　不同含义下校园用地范围变化示意图
（XF 一中）

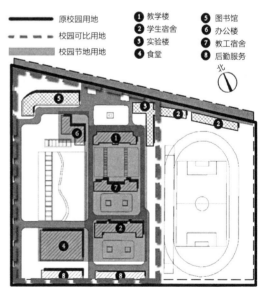

图 5.36　不同含义下校园用地范围变化示意图
（FF 高中）

### 3. QX一中用地规模指标计划

（1）用地面积

原校园占地面积：80004m²；

校园可比用地面积：55864m²；

校园节地用地面积：38650m²。

（2）生均用地面积

原校园生均占地面积：11.4m²/生；

校园生均可比用地面积：7.7m²/生；

校园生均节地用地面积：5.3m²/生。

（3）节地措施

扣除环形跑道用地；

教师生活用房外移。

### 4. QX二中用地规模指标计划

（1）用地面积

原校园占地面积：65337m²；

校园可比用地面积：37173m²；

校园节地用地面积：26915m²。

（2）生均用地面积

原校园生均占地面积：13m²/生；

校园生均可比用地面积：7.4m²/生；

校园生均节地用地面积：5.4m²/生。

（3）节地措施

扣除环形跑道用地；

教师生活用房外移。

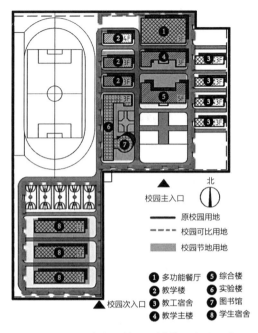

校园主入口　　　　　　　　北

—— 原校园用地

---- 校园可比用地

▨ 校园节地用地

① 多功能餐厅　⑤ 综合楼

② 教学楼　　　⑥ 实验楼

③ 教工宿舍　　⑦ 图书馆

④ 教学主楼　　⑧ 学生宿舍

▲ 校园次入口

**图 5.37　不同含义下校园用地范围变化示意图**

**（QX一中）**

① 教学楼1　⑤ 会议厅

② 教学楼2　⑥ 实验楼

③ 教学楼3　⑦ 食堂

④ 办公楼　　⑧ 教工宿舍楼

⑨ 宿舍楼

北

—— 原校园用地

---- 校园可比用地

▨ 校园节地用地

校园主入口

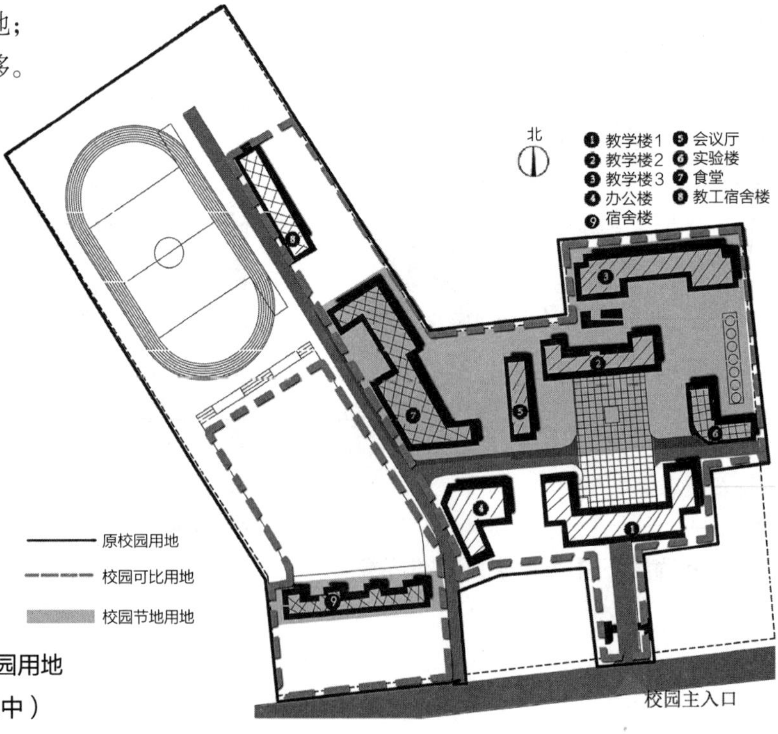

**图 5.38　不同含义下校园用地**

**范围变化示意图（QX二中）**

## 5. DL 中学用地规模指标计划

（1）用地面积

原校园占地面积：52378m²；

校园可比用地面积：41789m²；

校园节地用地面积：21900m²。

（2）生均用地面积

原校园生均占地面积：11.9m²/生；

校园生均有效用地面积：9.5m²/生；

校园生均节地用地面积：5m²/生。

（3）节地措施

扣除环形跑道用地；

教师生活用房外移。

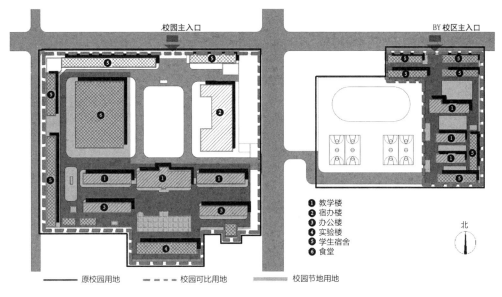

图 5.39　不同含义下校园用地范围变化示意图（DL 中学）

## 6. MX 一中用地规模指标计划

（1）用地面积

原校园占地面积：156667m²；

校园可比用地面积：130384m²；

校园节地用地面积：31958m²。

（2）生均用地面积

原校园生均占地面积：36.4m²/生；

校园生均可比用地面积：30.3m²/生；

校园生均节地用地面积：6.9m²/生。

（3）节地措施

体育场、体育馆供城市共享；

报告厅、艺术中心对外开放；

教师生活用房外移。

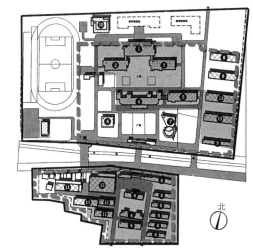

图 5.40　不同含义下校园用地范围变化示意图
（MX 一中）

### 7. MX 二中用地规模指标计划

**（1）用地面积**

原校园占地面积：66972m$^2$；

校园可比用地面积：52079m$^2$；

校园节地用地面积：27015m$^2$。

**（2）生均用地面积**

原校园生均占地面积：13.5m$^2$/生；

校园生均有效用地面积：10.5m$^2$/生；

校园生均节地用地面积：5.4m$^2$/生。

**（3）节地措施**

扣除环形跑道用地；

教师生活用房外移。

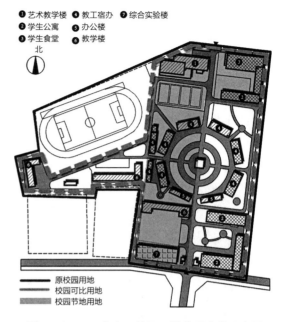

❶ 艺术教学楼　❹ 教工宿办　❼ 综合实验楼
❷ 学生公寓　　❺ 办公楼
❸ 学生食堂　　❻ 教学楼

北

图 5.41　不同含义下校园用地范围变化示意图

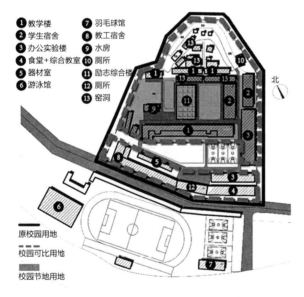

❶ 教学楼　　❼ 羽毛球馆
❷ 学生宿舍　❽ 教工宿舍
❸ 办公实验楼　❾ 水房
❹ 食堂+综合教室　❿ 厕所
❺ 器材室　　⓫ 励志综合楼
❻ 游泳馆　　⓬ 厕所
　　　　　　⓭ 窑洞

北

图 5.42　不同含义下校园用地范围变化示意图

### 8. SD 一中用地规模指标计划

**（1）用地面积**

原校园占地面积：41916m$^2$；

校园可比用地面积：35532m$^2$；

校园节地用地面积：13789m$^2$。

**（2）生均用地面积**

原校园生均占地面积：13.5m$^2$/生；

校园生均有效用地面积：11.5m$^2$/生；

校园生均节地用地面积：4.4m$^2$/生。

**（3）节地措施**

体育场、体育馆与城市共享；

教师生活用房外移。

### 9. SD 二中用地规模指标计划

（1）用地面积

原校园占地面积：28223m²；

校园可比用地面积：23528m²；

校园节地用地面积：13937m²。

（2）生均用地面积

原校园生均占地面积：8.8m²/生；

校园生均有效用地面积：7.4m²/生；

校园生均节地用地面积：4.4m²/生。

（3）节地措施

体育场、体育馆与城市共享；

教师生活用房外移。

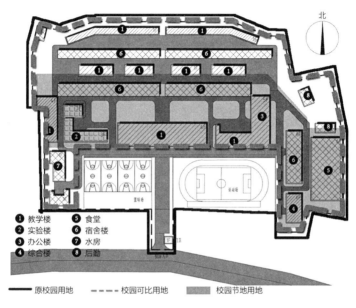

图 5.43　不同含义下校园用地范围变化示意图（SD 二中）

### 10. YC 中学用地规模指标计划

（1）用地面积

原校园占地面积：27397m²；

校园可比用地面积：23317m²；

校园节地用地面积：22817m²。

（2）生均用地面积

原校园生均占地面积：5.9m²/生；

校园生均有效用地面积：5m²/生；

校园生均节地用地面积：4.8m²/生。

（3）节地措施

扣除环形跑道用地；

教师生活用房外移。

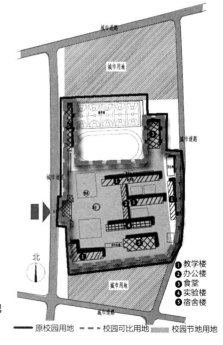

图 5.44　不同含义下校园用地
范围变化示意图（YC 中学）

### 11. JB 中学用地规模指标计划

（1）用地面积

原校园占地面积：133734m²；

校园有效用地面积：109695m²；

校园节地用地面积：40959m²。

（2）生均用地面积

原校园生均占地面积：31.6m²/生；

校园生均有效用地面积：25.9m²/生；

校园生均节地用地面积：8.7m²/生。

（3）节地措施

扣除环形跑道用地；

图书馆和城市共享；

除去预留用地。

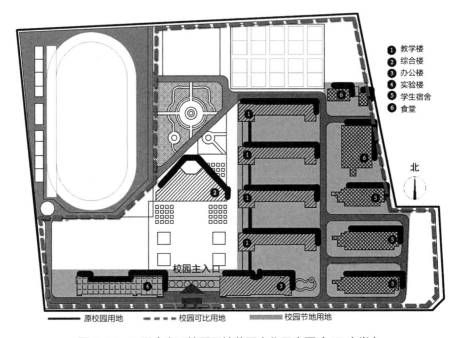

图5.45　不同含义下校园用地范围变化示意图（JB 中学）

### 12. BJ 中学用地规模指标计划

（1）用地面积

原校园占地面积：133340m²；

校园可比用地面积：109569m²；

校园节地用地面积：30953m²。

（2）生均用地面积

原校园生均占地面积：28.5m²/生；

校园生均有效用地面积：23.4m²/生；

校园生均节地用地面积：6.6m²/生。

（3）节地措施

扣除环形跑道用地；

教师生活用房外移；

图书馆和城市共享。

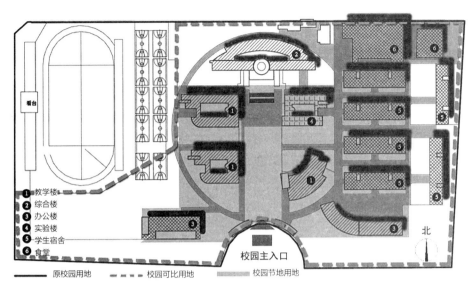

图 5.46　不同含义下校园用地范围变化示意图（BJ 中学）

### 5.5.4　指标分析及调整

#### 1. 不同含义下生均用地面积

根据以上对面积指标的计划研究，下面分别从不同的用地类型出发，对比不同含义下各调研学校的生均用地面积取值，如表 5.40 所示。

各用地类型超大规模高中不同含义生均用地面积汇总表　表5.40

| 用地类型 | 学校 | 生均用地面积（m²/人） | 生均可比用地面积（m²/人） | 生均节地用地面积（m²/人） |
|---|---|---|---|---|
| 余裕型 | XF 一中 | 55.6 | 47.8 | 9.4m² |
| | MX 一中 | 36.4 | 30.3 | 6.9 |
| | JB 中学 | 31.6 | 25.9 | 8.7 |
| | BJ 中学 | 28.5 | 23.4 | 6.6 |
| 适当型 | DL 中学 | 11.9 | 9.5 | 5 |
| | QX 二中 | 13 | 7.4 | 5.4 |
| | SD 一中 | 13.5 | 11.5 | 4.4 |
| | FF 高中 | 21 | 14 | 5.6 |
| 不足型 | YC 中学 | 5.9 | 5 | 4.8 |
| | SD 二中 | 8.8 | 7.4 | 4.4 |
| | MX 二中 | 13.5 | 10.5 | 5.4 |
| | QX 一中 | 11.4 | 7.7 | 5.3 |

### 2. 不同用地类型生均面积指标分析

分别对属于用地余裕型的四所超大规模高中的不同含义生均用地指标进行线性表示，可以看出各校之间原校园生均用地面积差异较大，且偏离节地指标较多。从55.6m²/人到5.9m²/人不等。说明大多数新建的超大规模高中用地较为富裕，预留用地、共享设施用地、室外庭院及广场用地是高于节地指标的主要部分。从灰色的指数线可以看出，随着学校规模的扩张，生均节地用地面积逐渐降低，可以用一条趋势线勾画出数值的变化规律。综上所述，衡量校园的节地程度以及校园用地的承载量，必须综合考虑环形跑道用地、预留建设用地、共享公共服务设施用地、教师住宅用地、超人尺度的广场庭院用地等影响要素，最终才能得到节地目标下的校园生均用地面积取值。

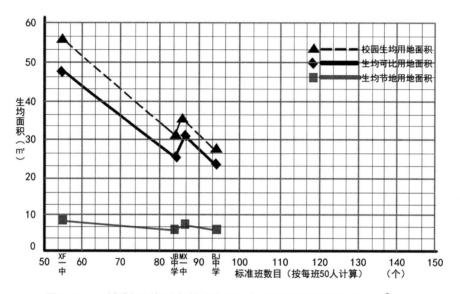

图5.47　用地余裕型超大规模高中不同含义下的生均面积指标（m²/生）

和用地余裕型超大规模高中相比，用地适当型超大规模高中的校园空间环境属于调研学校中随学校规模的扩张，现状使用问题最少的一类学校。从图5.48中可以看出，用地适当型超大规模高中的原校园生均用地面积、生均可比用地面积、生均节地用地面积是三条几乎平行的趋势线，且各校之间差异不大，与节地指标较为接近。指标取值范围为21m²/人到5.4m²/人。说明大多用地适当型的超大规模高中用地使用较为合理，在校内外设施的互用、室外庭院及广场的尺度等方面的面积指标较为恰当。但是，因为没有足够的预留用地，随着优质教育资源的不断集中和在校生规模的持续扩张，校园用地日趋紧张，因此不断改扩建、征用周边土地等问题也日益突出，有待改善。

在图5.49中，用地不足型超大规模高中和用地余裕型超大规模高中相比，随着学校规模的扩张，原校园生均用地面积、生均可比用地面积、生均节地用地面积也呈现出三条几乎平行的趋势线，并且节地指标极为接近，有些指标甚至重合，伴随着学校规模的扩张，用地指标的变化并不明显。取值范围为13.5m²/人到4.4m²/人。这说明，大多数用地不足型的超大规模高中用地已非常有限，在校内外设施的互用、室外庭院及广场的尺度等方面的指标也已经比较节约用地。所以，生均用地指标也是接近了临界取值。

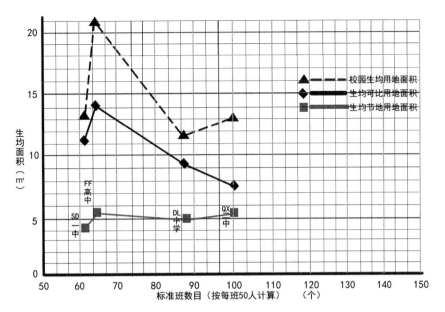

图 5.48　用地适当型超大规模高中不同含义下的生均面积指标（m²/生）

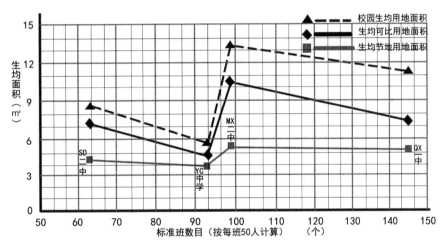

图 5.49　用地不足型超大规模高中生均可比及节地指标（m²/生）

随着学校规模的扩张，为了满足正常的教学生活需求，各学校纷纷采用立体空间利用、功能置换与空间活用、和校外公共服务设施共享互用、将教师生活空间置于校外等方式来节约校园建设用地。

综合考虑各种用地的影响因素，最终得到的灰色趋势线是较为节地的生均指标。

### 3. 各用地类型的超大规模高中生均用地面积比对

用英文字母 a、b、c……o 来分别代表已调研过的各用地类型的超大规模高中学校，用三根趋势线分别代表对应学校的原校园生均用地面积、生均可比用地面积、生均节地用地面积，汇总在三个图表中，如图 5.50～图 5.52 所示。

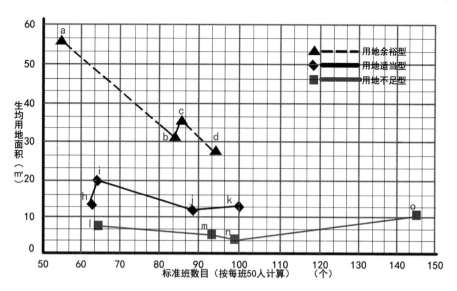

图 5.50　各用地类型的超大规模高中原校园生均用地面积（m²/生）

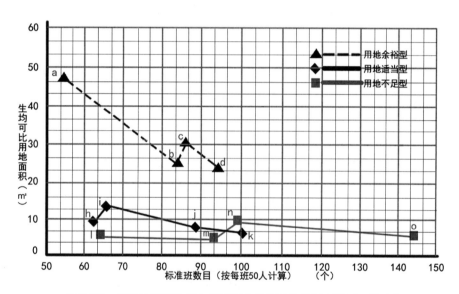

图 5.51　各用地类型的超大规模高中生均可比用地面积（m²/生）

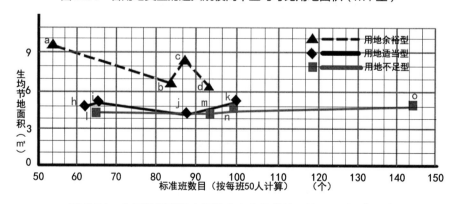

图 5.52　各用地类型超大规模高中生均节地用地面积（m²/生）

从图 5.52 中可以清晰地看到，所有用地类型的学校其生均节地指标均处于 5~10 之间，不论学校的规模大小，生均节地面积指标的取值已极为接近。这说明，校园的生均节地面积指标在 50~100 班的范围内是逐渐减小的；但是，校园土地合理承载量的理性扩张有一定的范围限定，当校园规模超过 100 班后，生均节地面积指标又缓慢上升，到 150 班左右又回升到了 85 班左右办学规模的指标。因此，我们可以认为，$5m^2$/人是校园生均节地指标的极限值。

### 4. 调节指标、修正结果

通过三种用地类型校园的不同含义生均面积指标的比较，可进行不同方式的调整和修正。我们可以通过在原校园用地面积的基础上，对用地余裕型超大规模高中减去环形跑道用地面积，超人尺度的广场及庭院面积，共享公共服务设施的用地面积；对用地适当型超大规模高中减去环形跑道用地面积，同时考虑一定的加建、改建预留建设用地；对用地不足型超大规模高中，将调研所得的现有学校急需的教学或生活用房占地面积增加到原用地面积中去（表5.41~表5.43）。

**用地余裕型超大规模高中指标调整后适宜用地面积**　　　表 5.41

| 类型 | 学校 | 校园占地面积（$m^2$） | 环形跑道占地面积（$m^2$） | 利用率低空间面积（$m^2$） | 大尺度空间占地面积（$m^2$） | 校园适宜用地面积（$m^2$） |
|---|---|---|---|---|---|---|
| 用地余裕型 | XF 一中 | 150061<br>生均 55.6$m^2$/人 | 27000 | 60100 | 21000 | 58961<br>生均 14.1$m^2$/人 |
| | MX 一中 | 156667<br>生均 36.4$m^2$/人 | 26283 | 60300 | 16000 | 54084<br>生均 12.6$m^2$/人 |
| | JB 中学 | 133734<br>生均 31.6$m^2$/人 | 24078 | 44421 | 18900 | 46335<br>生均 11$m^2$/人 |
| | BJ 中学 | 133340<br>生均 28.5$m^2$/人 | 23771 | 38893 | 17800 | 52876<br>生均 11.2$m^2$/人 |
| 调整方式 | | 1. 扣除环形跑道占地面积；2. 公共服务设施与城市共享；3. 扣除超大尺度空间面积；4. 除去资源利用率低空间占地面积 | | | | |

**用地适当型超大规模高中指标调整后适宜用地面积**　　　表 5.42

| 类型 | 学校 | 校园占地面积（$m^2$） | 环形跑道占地面积（$m^2$） | 改扩建用地面积（$m^2$） | 校园适宜用地面积（$m^2$） |
|---|---|---|---|---|---|
| 用地适当型 | DL 中学 | 52378<br>生均 11.9$m^2$/人 | 10589 | 1040 | 42829<br>生均 9.7$m^2$/人 |
| | QX 二中 | 65337<br>生均 13$m^2$/人 | 22164 | 9600 | 52773<br>生均 10.5$m^2$/人 |
| | SD 一中 | 41916<br>生均 13.5$m^2$/人 | 6384（与校园广场合用） | 1384 | 43300<br>生均 13.5$m^2$/人 |
| | FF 高中 | 67963<br>生均 21$m^2$/人 | 27119 | 2000 | 44093<br>生均 12.6$m^2$/人 |
| 调整方式 | | 1. 扣除环形跑道用地面积；2. 加上或减去校园改扩建用地面积 | | | |

用地不足型超大规模高中指标调整后适宜用地面积　　　　　表 5.43

| 类型 | 学校 | 校园占地面积（m²） | 环形跑道占地面积（m²） | 急需空间所需面积（m²） | 校园适宜用地面积（m²） |
|---|---|---|---|---|---|
| 用地不足型 | YC 中学 | 27397 | 4000 | 23500 | 46897 |
| | | 生均 5.9m²/人 | | | 生均 10m²/人 |
| | SD 二中 | 28223 | 4695 | 8700 | 42228 |
| | | 生均 8.8m²/人 | | | 生均 13.2m²/人 |
| | MX 二中 | 66972 | 3300 | 1300 | 64972 |
| | | 生均 13.5m²/人 | | | 生均 13m²/人 |
| | QX 一中 | 80004 | 24158 | 10500 | 61346 |
| | | 生均 11.4m²/人 | | | 生均 9m²/人 |
| 调整方式 | | 1. 扣除环形跑道用地面积；2. 加上校园急需空间占地面积 | | | |

汇总上表指标，得图 5.53。

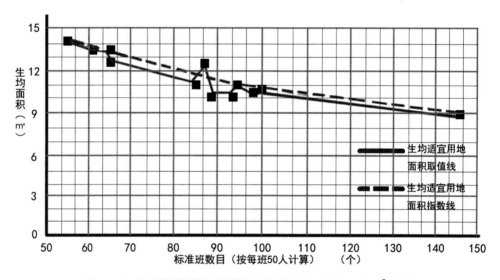

图 5.53　各用地类型超大规模高中生均适宜用地面积（m²/生）

### 5. 节地目标下各用地类型超大规模高中生均节地可比用地面积

在节地目标下，通过对少数调研学校中不够节约用地、未集约化建设的进行指标调整，绘制成折线图如图 5.54 所示。

通过调研的数据分析可得，生均节地用地面积的取值在 50～100 班之间呈缓慢的下降趋势，而 100～150 班取值趋势线的变化则并不明显，指数线与取值线基本重合。这说明当学校规模达到 100 班时，生均节地用地面积的指标基本为极限值，即 5m²/生，超过 100 班的规模后，即使在校生人数不断增加，但节地指标基本保持不变。

根据以上图表可以得到超过 48 班办学规模的基本用地面积指标及规划用地面积指标，具体取值如表 5.44 所示。

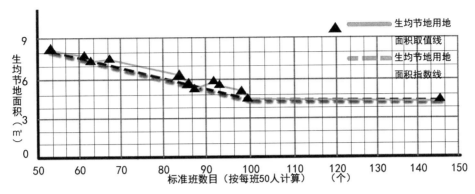

图 5.54　各用地类型超大规模高中生均节地可比用地面积（m²/生）

超过 48 班办学规模下校园基本及规划用地面积指标表　　　　表 5.44

| 项目名称 | 基本指标 | | | | |
|---|---|---|---|---|---|
| | 60 班 | 72 班 | 84 班 | 96 班 | 108 班 |
| 面积合计 | 27000 | 28800 | 29400 | 28800 | 27000 |
| 生均面积 | 9 | 8 | 7 | 6 | 5 |

| 项目名称 | 规划指标 | | | | |
|---|---|---|---|---|---|
| | 60 班 | 72 班 | 84 班 | 96 班 | 108 班 |
| 面积合计 | 45000 | 50400 | 54600 | 57600 | 59400 |
| 生均面积 | 15 | 14 | 13 | 12 | 11 |

　　从上表可以看出，对于超过 50 班的超大规模高中，每增加 12 个平行班，校园适宜用地也随着在校生规模的增加而缓慢地增加；校园节地面积在 60～84 班之间随着在校生规模的增加也在缓慢地增加，当规模增加到一定程度时，校园节地面积呈下降趋势，当在校生规模达到 108 班时，校园节地面积又回到 60 班规模的取值。由此可以证明，校园的适宜用地呈线性下降趋势，校园的节地面积有极限值，为 5m²/生，当校园规模达到极限时，校园节地面积也达到极值，不会再因规模的增加而继续节约用地面积。因此，笔者认为，为了提高教育资源的利用率，扩大优质资源的覆盖范围，教育工作管理者应将高中的办学规模控制在 60～100 班之间，以标准班人数来推算，即在校生 3000～5000 人较为适宜，超过 5000 人建议分校区管理或另择址建新校。

## 5.5.5　规模与设计优化

### 1. "超大规模" 高中的规模体系优化

　　本书以《城市普通中小学校校舍建设标准》建标［2002］102 号、《中小学校设计规范》GB 50099 - 2011 作为核定规模标准的依据，以标准班（每班 50 人）为规模计算的基本单位，将不同学生规模与拥有此规模的学校数量比例进行综合分析，根据统计数据以及通过调研得出的校园用地面积及生均用地面积指标的取值变化关系，大致将 "超大规模" 分为适宜型、发展型和膨胀型三大类。下面对每一类学校的在校生规模、用地规模和特征进行逐一阐述。

（1）"适宜型"超大规模校园

是指在校生人数为 3000~4000 人或校园用地规模为 4.5~5.2hm$^2$ 的高中校园。经过调研过程中与教育行政人员、任课教师、学生等不同人群的深入访谈得知，这一类的超大规模高中是大多数人较为认可的适宜我国西部农村县域地区条件办学的校园规模。不论是按照平行班级数还是分为年级部管理，都易于操作，安全隐患较低。而且学校的规模较适宜于学习交流和资源共享，既能够扩大优质教育资源的覆盖面，又有利于学生学习成绩的提高和行为、心理的交流。

（2）"发展型"超大规模校园

是指在校生人数为 4001~5000 人或校园用地规模 5.3~6hm$^2$ 的高中校园。这一类超大规模高中基本是前一类型学校在地区的城镇化进程中，伴随着优质教育资源的不断集中而规模扩张所形成的。因为有教育诉求的推动，以及地区办学的核心性、示范性等特质，这类学校的规模基本处于只增不减的发展型趋势。经过调研得知，"发展型"超大规模高中普遍存在校园用地紧张、室外运动场地不足、校舍改扩建导致功能混乱等问题，亟待改善。还有一部分学校处于向"膨胀型"超大规模高中发展的趋势。

（3）"膨胀型"超大规模校园

是指在校生人数超过 5000 人或校园用地规模超过 6hm$^2$ 的高中校园。这类学校无论从办学效益、教学管理、学生成绩等各方面来讲都存在很多问题。仅仅是校园生均用地面积一项就已经基本达到了节地面积指标的极限值。可以讲，这类学校仅仅能满足教学的最低要求，有些连学生住宿、餐饮等活动的开展也无法保障，室外运动、社团活动、兴趣小组、城市共享等方面更是无从谈起。因此，解决这类学校存在的主要策略就是设立"校中校"或分校区另择新址建校，分别进行管理。

当然这种分类方式缺乏大量现实中实际数据的精准考量，不过也可大体反映出办学规模和校园用地规模、使用状况、师生需求等方面的分类对应关系。表 5.45 从不同方面论述了不同规模分级的超大规模学校基本特征。

超大规模高中办学规模体系与校园特征　　　　　　　　　表 5.45

| 规模类型 | 在校生人数（人） | 用地面积（hm$^2$） | 规模扩张方式 | 校园空间特征 | 校内外关系 | 教学管理模式 |
|---|---|---|---|---|---|---|
| 适宜型 | 3000~4000 | 4.5~5.2 | 稳定型 | 资源配置较均衡 | 自给自足型 | 课堂、课外并重 |
| 发展型 | 4001~5000 | 5.3~6 | 集聚型 | 不断改扩建 | 内外并重型 | 课外学习，资源共享 |
| 膨胀型 | >5000 | >6 | 饱和型 | 用地严重不足 | 向外扩展型 | 仅能满足课堂教学 |

### 2. 超大规模的指标体系优化

（1）不同影响因子作用下的指标体系优化

根据前文对超大规模高中面积指标计划的影响因素分析可得，进行空间计划时还需因地制宜，视不同地区、不同办学条件的学校进行相应的指标调整。基本用地面积指标和规划用地面积指标只是就一般范围内、一般条件下的学校给出的指标参考。还有很多影响因子对指标计划起着调节的作用。具体如表 5.46 所示。

| 影响因子 | | 基本指标 | 规划指标 | 备注 |
|---|---|---|---|---|
| 布局选址 | 新校区 | | √ | "一校多区"式布局应视不同的选址选取面积指标 |
| | 老校区 | √ | | |
| 管理模式 | 寄宿制 | | √ | 半寄宿制在基本指标的基础上，重点计划学生宿舍的用地面积是否满足需求 |
| | 走读制 | √ | | |
| 办学模式 | 独立办学 | | √ | "半合作办学"形式在基本指标基础上减去共享空间用地面积 |
| | 合作办学 | √ | | |
| 地形条件 | 山地 | √ | | 用地极为紧张的平地或丘陵区也可以选取基本面积指标作为参考 |
| | 平原或丘陵 | | √ | |

综上所述，指标体系优化方法是在基本指标和规划指标的基础上，参照不同学校的办学条件、管理模式、布局选址等因素，进行相应功能区的调整及指标的优化调节。采用"校园面积指标 = 面积指标定值 + 影响变量用地面积"的方法进行计划研究。

（2）单一因素与多重因素影响下的指标体系优化

表 5.46 从每一种影响因子出发，逐一探讨了指标取值的选取方法。在现实条件中，有单一因素的影响，也存在多重因素的影响，例如布局选址、管理方式和地形条件三重影响因素的共同作用。这时，就需要对校内的功能构成进行定值与变量的分类，从而提出变量变化时的指标优化方法（表 5.47）。

**指标定值与变量作用下的优化方法　　　　　　　　　　　表 5.47**

| 指标定值 | 要求 | 指标变量 | 原则 | 优化方法 |
|---|---|---|---|---|
| 教学空间用地面积 | 基本满足教学需求 | 图书空间用地面积 | 设于校内 | 规划指标 |
| | | | 设于校外 | 基本指标 |
| 实验空间用地面积 | 满足教材规定的演示实验和分组实验的需求 | 报告厅空间用地面积 | 设于校内 | 规划指标 |
| | | | 设于校外 | 基本指标 |
| 学生宿舍用地面积 | 按照寄宿生人数计算 | 文化、体育、娱乐、用地面积 | 设于校内 | 规划指标 |
| 学生食堂用地面积 | 按照在校生人数每座占地面积计算（走读制除外） | | 设于校外 | 基本指标 |
| 办公空间用地面积 | 按照《中小学校设计规范》GB 50099-2011 中教职工人数的人均占地面积计算 | 教师生活用地面积 | 设于校内 | 规划指标 |
| | | | 设于校外 | 基本指标 |

### 3. 节地型超大规模高中的设计优化

（1）节地型超大规模高中校园建设要求

对超大规模高中校园用地来说，科学意义上的"土地集约利用"应该是以"社会效益、教育效益"为根本原则，对影响要素进行重组，以保证在满足基本教学需求的基础上通过投入较小的成本而获得更大的回报，从而达到节约土地的目的。由于土地利用集约程度并不能无限制地提高，理论上讲，土地的集约利用程度达到了临界点就是超过了边界，开发强度进一步加大，造价投资就会增加，而造成效益不经济的结果。因此，超大规模高中的土地高效集约并不是寻找土地利用的最大化强度，而是寻找使校园空间与规模互为最佳集约程度的规划设计方法。如表 5.48 所示，体现了节地型超大规模高中的校园建设及其要求。

节地型超大规模高中设施建设及使用要求 表5.48

| 项目＼内容 | 设施 | 使用要求 |
|---|---|---|
| 和周边共享 | 体育场 | 和邻近的单位或社区共用田径运动场和体育馆，校内仅设小型球类运动场，使用和交通便利，减少安全隐患 |
| | 体育馆 | |
| | 剧院（报告厅） | 和邻近的单位或社区共用剧院（报告厅），校内仅设教室图书角和书库 |
| | 图书馆 | 和邻近的单位或社区共用图书馆，校内仅设教室图书角和书库 |
| 部分功能独立于校外 | 教师住宅 | 校内仅设单身教师宿舍，家属楼设于校外 |
| 空间立体化 | 地下空间 | 存储、后勤置于地下 |
| | 屋顶平台 | 小型球类活动场置于架空或屋顶层 |
| 办学模式的影响 | 走读制办学 | 减少学生宿舍面积 |
| | 走读制、半走读制办学 | 减少餐厅面积 |

（2）节地目标下校园用地组成

节地目标下，超大规模高中的用地含义有着新的变化。按照已有规范给出的用地组成基本为线性叠加关系，在"综合体"建设模式、空间高效集约、立体化土地利用、空间活用或置换等设计思路指导下，校园用地构成形成网状的复合关系（图 5.55）。

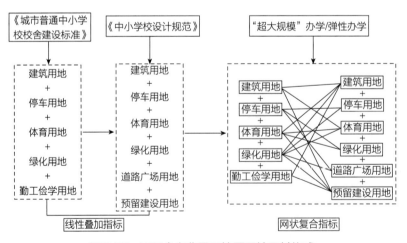

图 5.55　不同含义背景下校园用地及其构成

在用地极为紧张的情况下，可以采用多种节地措施最大限度地减少超大规模高中的用地，从而实现资源的充分利用，节约成本，实现土地利用的集约化。节地模式包括以下几个方面（图 5.56）。

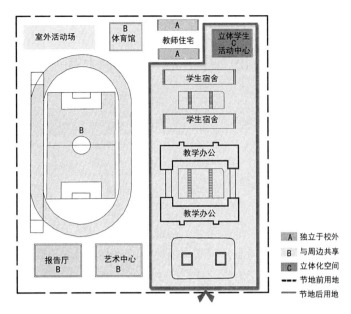

图 5.56　节地前后超大规模高中用地范围示意图

① 立体学生活动中心——将存储空间、小型球类运动空间置于食堂地下；

② 和周边共享体育文化娱乐设施；

③ 将教师的生活空间独立于校外。

为了实现节地目标，校园的功能构成可以在扣除环形跑道的用地面积外，设立一栋满足在校生规模及校内教学需求的教学办公综合楼——教学空间置于五层以下，办公或辅助教学空间叠合置于其上；一栋学生立体服务中心——综合食堂、后勤、运动、社团等多功能服务于一体；一栋男生宿舍；一栋女生宿舍；学生食堂；共计五栋建筑。室外场地应满足建筑日照、防火间距以及一定的室外活动场地——可将建筑底层架空设置乒乓球桌、存车，屋顶设置篮球、课间操，建筑地下设置后勤服务用房等，以综合利用的方式来节约室外用地。

诚然，超大规模高中空间环境计划的影响因子有诸多个，用地规模只是其中的一种。但是，综合分析超大规模高中的办学困境和改扩建现状，校园用地规模的不足、受限均是影响校内空间环境布局及其构成的重要因素。因此，本书的研究重点以"用地规模"为切入点，对超大规模高中分类型地展开校内外空间环境计划的相关内容，以期对新建、改扩建的高中校园提供设计依据和指标参考。

## 5.6　本章小结

本章以现行国家、省市相关高中校园用地规模面积取值的规范、规定为依据，提出了校园有效用地、校园可比用地、校园节地用地等不同含义下的用地规模及其面积指标的计算方法。通过对不同影响因素的分析以及与校园空间环境的关系进行用地规模指标计划，确立了超大规模高中的基本用地面积指标和规划面积指标。最后在基本指标的基础上，对单一因素和多重因素影响下的指标体系进行了优化和提升，提出了节地型超大规模高中的设计方法与策略，从而实现校园的集约化可持续发展。

# 6 构建体系：
## 用地规模影响下的校内空间环境计划

　　本章立足于第 5 章所总结的用地余裕型、用地适当型、用地不足型三种用地类型的超大规模高中空间环境和现状使用的特点，以基本用地指标和规划用地指标为研究依据，分析在不同用地规模和类型的影响下，校内空间环境产生的空间构成、空间模式等方面的变化以及由此类变化而引发的面积、数量、大小等设计指标的改变，进而进行校内建筑空间环境计划。研究内容如图 6.1 所示。

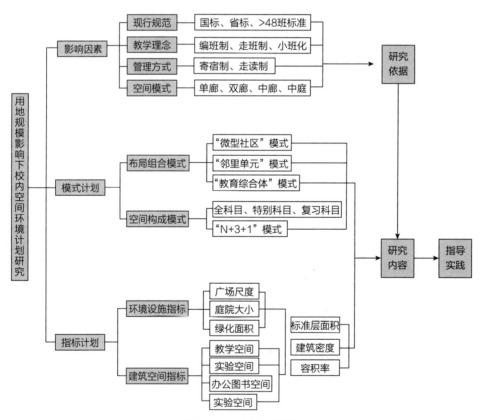

图 6.1　内容框架简图

# 6.1 要素方法提炼

## 6.1.1 影响要素

### 1. 用地类型

用地规模的大小直接影响校园内部空间的布局模式、校园周边环境和校园之间的关系以及地形环境等因素。例如，在设计用地不足型的超大规模高中校园时，一方面因校内用地极为有限，校内的一些公共服务设施在不具备足够用地的情况下只得从校外借用，由此而引发的校内外空间环境的变化导致了一些校舍空间设计指标的改变；另一方面，在有限的校园用地范围内，校内功能空间采取了空间叠合、活用、置换等不同使用方式，从而保证校内空间的功能复合和集约利用。所以，首先要从用地类型出发，探讨在不同规模影响下的校内空间环境的变化，进而根据不同的变化进行相应的空间计划和面积指标的制定。表6.1表达了不同用地类型下校内外空间环境的空间及指标变化特征。

不同用地类型下校内外空间环境变化特征 表6.1

| 用地类型 | 校内空间环境 | | 校外空间环境 | |
|---|---|---|---|---|
| | 空间变化 | 指标变化 | 空间变化 | 指标变化 |
| 余裕型 | "校中校"模式<br>预留开放空间 | 预留用地指标 | 借用校园内的公共服务设施 | 校内资源中心 |
| 适当型 | 空间整合<br>合理分区 | 组团用地指标 | 保持相对<br>独立完整 | 社区邻里单元 |
| 不足型 | 空间叠合<br>节地集约 | 校园节地指标 | 借用校外的公共服务设施 | 校外资源中心 |

### 2. 地域特征

陕西北部和南部在气候、地形、建筑形式与材料等方面的差异性，也导致了校内外空间环境计划的不同。例如，陕南地区建筑多为外廊式或双外廊式，建筑底层架空，更有利于隔潮和通风；陕北地区，很多老校区还保留着窑洞山体，建筑屋顶和平台较多，但地形存在一定高差，加之冬季严寒，室内外空间的联系部分成为重点设计的内容。表6.2是研究组在调研过程中归纳得出的不同地域学校的特征体现。

地域性特征在超大规模高中校园空间环境的体现 表6.2

| 地形特征 |
|---|

| 依山而建的成排窑洞 | 连续较大高差的台地 |
|---|---|

建筑形式

连续架空的教学楼群

带有地域标志的立面及屋顶符号

### 3. 教育理念与模式

教育理念与模式对校内外空间环境的影响也不同。这具体涉及校舍各功能空间的数量、大小、面积，以及各功能用房之间的联系。例如，发达国家的一些学校取消了大部分的专用教室，在面积分配上，一方面增加了各普通教室的面积，另一方面，在其中设置部分通用演示实验的设施，使得实验课的多数内容能在教室完成，教师和实验员在各班教室之间流动，节约了教育资源。不仅是在发达国家，经过调研得知，我国教育水平较为发达的地区也开始取消专用教室，每班学生像大学生一样，流动于各专用教室、自习室或图书室之间。在这种教学模式下，现有高中的功能布局，各类空间的数量、大小和面积也与之不相适应。因此，为满足新的教学需求，教学模式的改变将对校内建筑空间环境计划产生一定的影响。表6.3、图6.2表达了不同教学模式改变下校园功能用房的内容、指标及空间特征。

教学模式影响下的校内空间环境特征　　　　　　　　　　　　　　表6.3

| 空间变化<br>教学模式 | 功能变化 | 空间特征 | 面积指标 |
|---|---|---|---|
| 走班制模式 | 普通教室减少，自习室增加 | 固定教室减少，多功能学习与交流空间增加 | 教室数量减少，面积有所增加 |
| 分层次教学模式 | 教室类型更加多样 | 设施类别多样<br>布局更加灵活 | 依据教学的层次和学生特征划定教室的指标 |
| 团组学习与个体学习结合模式 | 普通教室与铰接式教室结合设置 | 非正式学习场所的模式与类型更加多样、普遍 | 模数化的教室指标被灵活多样的取值所取代 |
| 全纳教育模式 | 加设特殊学生使用用房 | 通用设计，环境设施的使用适合于每一个人 | 依据所有学生的个体特征划定面积指标 |

教学形式从封闭走向开放，越来越重视学生的个性特征、动手能力和自主学习能力的培养，纷纷开始尝试取消以固定班级、年级为单位的教学组织形式，采用学习方式和学习单元更加灵活多样的小组、团队等组织方式，进而形成开放式的新型教育体系，与之相应的教学空间也越来越自由和灵活。例如很多学校在门厅、中庭或庭院等空间围绕一个公共开放空间四周布置一系列较为私密的小空间，中部设置为公共开放区域，可集中开展各种较大规模的

教学活动或展览交流活动。此外，还通过对大空间的灵活分隔实现同时满足不同教学活动的需求，围绕其四周的小空间有时向公共空间开放，有的向外部完全敞开，有的则根据教学需要灵活分隔成较为私密的专用空间。这样，通过设置单位面积大小不同、公共开敞程度不同的空间单元，形成了多层次、易于学生交往和交流的新型教学空间。

a 团组教学模式——多用途教室　　　　　　　　b 科目教学模式——带有灵活隔断的教室

c 非正式教学模式——公共开放交流空间

d 分层次教学模式——多目的学习空间

**图6.2　多种教学模式下校园空间环境特点**

（图片来源：中小学建筑）

### 4. 班额

现行国家标准中，规定了功能空间每座或每生使用面积的定额标准。例如教室 $1.39mm^2/$ 座，实验室 $1.92m^2/$ 每座，等等，这说明主要使用面积即每间用房的面积与班额人数的设置密切相关。而且，已有规范规定，每座使用面积与学校规模成比例关系增减，所以导致现有的超大规模高中大多数成了名副其实的"超大班额"高中。因为在现有校园用地的基础上，扩大学生的就学容量无法通过征用新的建设用地来实现班级数的扩增，只得在现有班级教室中增加人数和座位数来满足规模的扩张，结果导致生均使用面积大幅下降，影响了在校生的学习、生活质量和身心健康。

### 5. 建设模式

在不同的用地规模类型下，校内外空间环境的建设模式也不同。例如，在用地余裕型校园中，空间建设模式主要以新建为主，在用地不足型校园中则主要以改扩建为主。建设模式的差异也导致了校内外空间环境的差异及设计指标的不同（表 6.4）。

不同建设模式下的空间形式与面积指标差异表      表6.4

| 内容<br>建设模式 | 空间内容 | 空间模式 | 空间功能 | 面积指标与规范的关系 |
| --- | --- | --- | --- | --- |
| 新建 | 平面空间 | 扩地新建 | 单一功能或复合功能 | 大于规范要求 |
| 改建 | 立体空间 | 空间叠合 | 功能置换或活用 | 很难满足规范 |
| 扩建 | 平面、立体空间 | 屋顶加建，主体附建 | 复合功能 | 基本满足规范 |

## 6.1.2 特征及问题

### 1. 用地余裕型

此类用地的校园多为新建的超大规模高中或者既有超大规模高中的新校区。选址较偏，周围空旷，用地富裕，但在规划布局时仅一味地考虑了校园空间在规模和在校生人数方面的承载量需求，并未在室内外联系、地形的利用、学生的行为方式等方面体现高中的特点。结果导致校园规模尺度过大，不能够因地制宜，与环境联系不够紧密。具体体现在以下几个方面。

（1）空间尺度接近大学（院），布局模式不够协调有机

在超大规模的办学背景下，许多高中校园的规模已经接近甚至超过了某些职业学院的尺度，但是在空间环境的细节上却没有按照中学生的行为特点和教学模式需求进行规划设计，尤其是整体规划布局，依然延续了明显的"功能分区"理念，在建筑之间、室内外空间联系上并没有给中学生提供很多易于交流的场所。因此，中学校园的规划设计应与大学校园一样，即使强调动静分区和功能分区，也应力求做到各功能区之间的相互渗透与交融。在整体规划布局时应充分考虑到学校未来的发展，使规划结构灵活多样、富有弹性，建筑之间对话有机，同时结合室内外的环境景观，形成建筑和外部空间的整体感和连续性。

（2）校园环境尺度与行为方式不相适应

伴随着学校规模的扩张和在校生人数的增加，各种功能用房的服务半径也在增大，从而给学生的日常学习和生活造成了较大的交通压力，导致课余时间在教室、宿舍、食堂等场所

之间疲于奔波，使用不够方便。同时用地规模的扩张导致空间不能集约化利用，各单体尺度均质、布局分散，结果室外空间尺度过大，广场过于空旷，没有人性化的景观设计和适宜交往的空间尺度，校园失去了原有的活力。

（3）校园公共设施独立封闭，开放性不强

因为是新校区或新建学校，校园内的各项公共服务设施较为完备。体育场、体育馆、艺术中心、报告厅、图书馆、游泳馆等一应俱全。这些设施一次性投入较大，日常维护成本较高，但因平时利用率不高而导致资源浪费的现象时有发生。主要原因是因为校园较为独立封闭，与社区融合不够，开放性不强。

### 2. 用地适当型

此用地类型校园多为扩张中的超大规模高中，因为建校时用地较为富裕，使得规模扩张后校园空间环境具备一定的承载量和富余率而不至于拥挤不堪。校园空间环境的现状较能满足日常的教学和生活需求。但是随着进一步的扩张，空间环境随之改变，潜在问题有待解决。主要体现在以下几个方面。

（1）用地匀质均摊，未考虑预留用地

很多高中在原本建校之初，按照校园建筑的日照、防火、隔声、防噪、疏散等规范要求，各单体建筑采用均摊的匀质布局模式，基本呈现行列式格局。因此，校园布局均质死板，没有考虑加建、改建、扩建等可能性，未考虑预留用地。因此，高中在规划建设之初，用地布局应具备一定的弹性和灵活性，以满足未来教学的需要。

（2）空间模式较陈旧，不能适应新的教学模式和教育理念

这类校园较为严格地遵守了传统校园的功能分区和动静分区，各建筑单体的功能也比较单一。但是在新的教学模式和教育理念下，整齐划一的单一功能建筑组团体现出较多不适应性。例如将图书馆、教学楼、办公楼呈"品"字形布局，三栋单体分列，形成三角形的构图模式。但是在新的教学环境和方式下，提倡将一部分办公、图书、自习等功能和教室结合，形成多功能学习空间和团组交流空间，以适应新的教学需求。

（3）各组团较为独立，参与性与交往性不强

在校园用地范围内，因各建筑单体和组团之间独立布局，建筑之间联系不多，学生自发交往、交流的空间也并不多，所以空间的公共性、参与性不强。建筑之间匀质排列，用地格局统一划分，广场尺度不适宜交往，庭院景观空空如也，没有创造富有活力和生机的校园空间。

### 3. 用地不足型

（1）布局拥挤不堪，室外活动空间严重不足

用地不足型超大规模高中最典型的特征就是校园多选址于县城中心或人流密集区，用地极为有限。随着校园规模的扩张，为满足正常的教学需求，建筑密度越来越大，校园有限的室外用地多半被用来加建校舍，布局拥挤不堪，留给学生的室外活动场地严重不足。

（2）土地有限，空间的集约化与适应性不强

在用地有限的超大规模高中，更应提倡空间的集约化利用。但现实中以分散式的小体量建筑布局形式居多，很多功能相近的组团并没有有机整合在一起，使用率不够高效集约。这不但给人们带来使用的不便，也浪费了宝贵的土地面积。

（3）功能混杂不清晰，不符合防火、日照等规范要求

在校园不断改扩建的过程中，由于一些功能空间闲置或利用率不高，而另一些功能空间

却严重不足，学校不得不将闲置的部分功能空间置换为其他急需的功能，但是在日照、采光、通风、防火、防噪等方面并未做任何改造，导致在功能置换后的使用过程中，功能混杂不清晰，管理不正规，舒适度无法保证。

表6.5分别列出了各用地规模的超大规模高中校内空间环境特点。

各用地类型超大规模高中的空间环境特点　　　　表6.5

| 用地类型＼内容 | 空间规模 | 功能组团 | 布局模式 | 环境景观 |
|---|---|---|---|---|
| 用地余裕型 | 规模过大，超人尺度 | 功能多样、复合 | 布局均质，开放性不强 | 广场过大，庭院过空 |
| 用地适当型 | 规模适当，尺度宜人 | 功能传统、单一 | 布局模式陈旧，不够灵活有弹性 | 因没有预留用地，广场庭院用地被用来加建、扩建 |
| 用地不足型 | 规模过小，人性化尺度 | 功能叠合、置换 | 布局拥挤，部分空间不符合日照、防火等规范 | 广场与道路结合，绿化很少 |

## 6.1.3　内容与方法

### 1. 研究内容

在研究过程中主要围绕不同的用地类型，抽取所调研过的典型超大规模高中，对每一种用地类型学校的校内空间环境使用现状，分别进行空间变化和指标变化的研究（表6.6）。

各用地类型下校内空间及指标变化情况汇总表　　　　表6.6

| 用地类型 | 校内空间及指标 | |
|---|---|---|
| | 校内空间变化 | 校内指标变化 |
| 用地余裕型 | 预留用地 | 面积 |
| | 闲置空间 | 个数 |
| | 广场空间（室外活动空间）利用 | 尺度和面积 |
| | 校内共享的空间 | 面积 |
| | 亟待整合空间 | 面积 |
| 用地适当型 | 改、扩建模式及主要内容 | 面积 |
| | 征用或借用土地 | 面积 |
| | 多元复合空间 | 面积、个数 |
| | 待整合空间 | |
| 用地不足型 | 用地不足空间 | 面积 |
| | 功能置换空间 | 面积、个数 |
| | 多功能复合、活用空间 | 面积、个数 |

### 2. 研究方法——建筑计划学

按照建筑计划学的研究方法和主线，把握"建筑空间—行为方式—空间计划"的相互对应关系进行校内空间环境及指标计划研究。铃木成文先生在《建筑计画》①一书中指出："建筑的计划就是以明确建设目标、进行运营前的准备、弄清经济方面的根据来源等方面为首要任务，探讨建筑物的各种要求、条件，同时整体地设定为了形成最终具体形态而提出的方针。"这一定义，明确地阐明了当时对于建筑计划的理解，也说明了建筑计划与建筑设计的不同。

研究校内空间环境计划的出发点就是从校园使用者的生活（心理、行为、动作等）与建筑空间、环境空间的相互对应关系出发，寻求两者之间存在的关系和规律，寻求建筑空间组合的方式与规律，用于指导建筑空间的设计。建筑规模计划、建筑尺寸计划就是其空间计划的一部分研究成果。

（1）案例分析法

"案例分析法"是许多现代社会科学中普遍采用的方法。建筑计划学大量采用了案例分析法，对各种案例进行论述和分析。在超大规模高中的空间计划中，主要对所调研过的有代表性的学校，结合中学生的学习生活特点，对其空间使用现状进行总结，分析其问题所在，并提出一定的解决策略。

（2）对比分析和综合分析法

是指对研究对象在一定时期内的活动过程和结果进行分析评价。对比分析是通过比较来正确认识事物和产生新思路的方法。综合分析法是指对某一个问题在单个分析的基础上，再进行整体化综合性分析的方法，能全面、直观地说明问题的本质。

（3）试错法

在设计任务中，由于很多问题设计之初是不明确的，所以即使项目的开发商不能确定起初的规模计划，设计师在进行前期策划时，需要采用试探性的研究方法。它主要是在研究的问题不十分清楚时所采用，是通过对已收集到的资料、数据进行分析研究，发现和查明问题，找出症结所在，并有效地进行联想、设计快速解决问题的方法。

本研究在进行超大规模高中的面积指标计划时，利用公式先试算、推算出合适的面积指标，再进行验证，找出差异所在后，将指标进行调整，最终以图表的形式反映出来。

## 6.2 现行标准剖析

### 6.2.1 国家标准

在现有的国家标准中，对校舍建筑面积的规定如表 6.7 所示。

城市普通中小学校校舍建筑面积指标　　　　　　　　　　表 6.7

| 项目名称 | | 基本指标（单位：m²） | | | | | | |
|---|---|---|---|---|---|---|---|---|
| | | 12班 | 18班 | 24班 | 27班 | 30班 | 36班 | 45班 |
| 高级中学 | 面积合计 | — | 6602 | 8247 | — | 9892 | 11537 | — |
| | 生均面积 | — | 7.4 | 6.9 | — | 6.6 | 6.4 | — |

---

① 铃木成文，守屋秀夫．太田利彦．建筑计画 [M]．东京：株式会社出版，1975.

| 项目名称 | | 规划指标（单位：m²） | | | | | | |
|---|---|---|---|---|---|---|---|---|
| | | 12班 | 18班 | 24班 | 27班 | 30班 | 36班 | 45班 |
| 高级中学 | 面积合计 | — | 9287 | 11959 | — | 13775 | 15897 | — |
| | 生均面积 | — | 10.4 | 10.0 | — | 9.2 | 8.9 | — |

（资料来源：城市普通中小学校校舍建设标准，JB102-2002）

2012 年起实施的《中小学校设计规范》GB 50099 – 2011 对 2002 版的规范进行了修编，明确指出了教学及辅助教学的各类用房每座使用面积标准。如表 6.8、表 6.9 所示。

**主要教学用房的使用面积指标（单位：m²/ 座）**　　　　　表 6.8

| 房间名称 | 中学 | 备注 |
|---|---|---|
| 普通教室 | 1.39 | — |
| 实验室 | 1.92 | — |
| 综合实验室 | 2.88 | — |
| 演示实验 | 1.44 | 若容纳 2 个班，则指标为 1.20 |
| 史地教室 | 1.92 | 史、地共用一个 |
| 计算机教室 | 1.92 | — |
| 美术教室 | 1.92 | 可兼作书法教室 |
| 语言教室 | 1.92 | — |
| 书法教室 | 1.92 | — |
| 音乐教室 | 1.64 | 可容纳一个班 |
| 舞蹈教室 | 3.15 | 容纳半个班<br>宜和体操教室共用 |
| 合班教室 | 0.90 | — |
| 学生阅览 | 1.90 | — |
| 教师阅览 | 2.30 | — |
| 视听阅览 | 2.00 | 可以兼作计算机教室、语言教室 |
| 报刊阅览 | 2.30 | 可不集中设置 |

注：此表中数据按照每班 50 人排布测定。

（资料来源：中小学校设计规范，GB 50099-2011）

**主要教学辅助用房的使用面积指标（单位：m²/ 间）**　　　　　表 6.9

| 房间名称 | 中学 | 备注 |
|---|---|---|
| 教师休息室 | 3.50 | 使用面积 / 每位使用教师 |
| 实验员室 | 12.00 | — |
| 仪器室 | 24.00 | — |
| 药品室 | 24.00 | — |
| 准备室 | 24.00 | |

| 房间名称 | 中学 | 备注 |
|---|---|---|
| 标本陈列室 | 42.00 | 可陈列在能封闭管理的走道内 |
| 历史资料室 | 12.00 | — |
| 地理资料室 | 12.00 | — |
| 计算机教室资料室 | 24.00 | — |
| 语言教室资料室 | 24.00 | — |
| 美术教室教具室 | 24.00 | 可将部分教具置于美术教室内 |
| 乐器室 | 24.00 | — |
| 舞蹈教室更衣室 | 12.00 | — |

（资料来源：中小学校设计规范，GB 50099-2011）

## 6.2.2 省市自定标准

在全国各省市制定的普通高中、示范高中、现代化校舍等各项标准中可以得出，大多数省份尤其是西部地区的县城高中和寄宿制高中的生均建筑面积在 $10\sim14m^2$/生左右。如：广西 $12m^2$，陕西 $10m^2$，合肥 $12m^2$，只有中东部少数经济较发达地区的取值稍高一些，在 $20m^2$ 以上。如：浙江省 $22.17m^2$。从全国各省市制定的普通高中、示范高中、现代化校舍等各项标准中可以得出，大多数省份尤其是西部地区的县城高中专用教室数量仅支持到 48 班，对于 $36\sim48$ 班规模高中：理、化、生各科实验室的数量取值为每科的基本要求 $4\sim5$ 个、规划要求 $4\sim6$ 个，实验室的总个数 $12\sim18$ 个。对于超过 48 班的高中，则采用每增加 4 个平行班，理、化、生实验室及其附属用房各增 1 套的试行办法。标准面积平均 $96m^2$/间，具体如表 6.10 所示。

不同省（市）生均建筑面积及实验室指标汇总　　　　　表 6.10

| 标准 | 生均建筑面积指标（m²） | | 理化生实验室面积（m²/间） |
|---|---|---|---|
| | 城镇 | 农村 | |
| 《湖北中小学设施设备标准》 | <10 | | 96 |
| 《合肥市示范普通高级中学评估细则》 | 10 | 12 | 90 |
| 《陕西省普通高级中学标准化学校评估标准及实施细则》 | 12 | 10 | 96 |
| 《广东省示范性高中评估细则》 | 15 | 14 | — |
| 《广西西壮族自治区示范性普通高中评估标准》 | 10 | 12 | 90～110 生均不小于 1.8m² |
| 《黑龙江省普通高中达标学校标准》 | 6 | 7 | — |
| 《江西省普通高级中学基本办学条件标准》 | 14.73 | | 96 |
| 《江苏省普通高中基本实现现代化校舍建设标准》 | 8.51 | | 97 |

## 6.2.3 超过 48 班标准

在已有规范和标准的省市中，有针对超过 48 班高中建设标准的主要有贵州省、浙江省、山东省、江西省四个教育大省，各省对超大规模学校的生均建筑面积指标也不尽相同。但共同的特点是校园总建筑面积均不含寄宿生的餐厅、食堂、宿舍、自行车存放、浴室、锅炉房、配电室等。具体指标对比如表 6.11 所示。

**超过 48 班的高中建设标准中建筑面积指标汇总**　　　　　表 6.11

| 标准 | 内容 | | 办学规模（班） | | | | |
|---|---|---|---|---|---|---|---|
| | | | 24 | 30 | 36 | 48 | 60 |
| 《贵州省普通高中建设规范》 | 总建筑面积（m²） | 基本 | 9029 | 10672 | 12319 | 16512 | 20385 |
| | | 规划 | 12194 | 14012 | 16139 | 19973 | 24300 |
| | 生均建筑面积（m²/生） | 基本 | 7.5 | 7.1 | 6.8 | 6.9 | 6.8 |
| | | 规划 | 10.2 | 9.3 | 9.0 | 8.3 | 8.1 |
| 《浙江省寄宿制普通高级中学建设标准》 | 总建筑面积（m²） | | 28418 | 35465 | 41532 | 53987 | 66497 |
| | 生均建筑面积（m²/生） | | 23.68 | 23.64 | 23.07 | 22.49 | 22.17 |
| 《山东省普通高级中学基本办学条件标准》 | 总建筑面积（m²） | | 11460 | 14575 | 17398 | 22015 | 26690 |
| | 生均建筑面积（m²/生） | | 9.55 | 9.72 | 9.67 | 9.17 | 8.90 |

| 标准 | 内容 | 办学规模（班） | | | | | |
|---|---|---|---|---|---|---|---|
| | | 24 | 30 | 36 | 42 | 54 | 66 |
| 《江西省普通高级中学基本办学条件标准》 | 总建筑面积（m²） | 18395 | 21938 | 25982 | 31013 | 40010 | 48622 |
| | 生均建筑面积 m²/生 | 15.33 | 14.63 | 14.43 | 14.77 | 14.82 | 14.73 |

注：1. 本指标不含自行车存放及寄宿生的食堂餐厅、宿舍、浴室等建筑面积。
　　2. 平面利用系数 K=0.6。

### 6.2.4　总结

从国家现行高中校园设计规范和各省市制定的不同校园规模建设标准可以得出以下结论：

（1）在现行国家高中校园设计规范及标准中，已经列出的校舍建筑面积指标参考仅支撑到 36 班。生均建筑面积分别为基本指标 6.4 和规划指标 8.9。对于不同功能用房的面积与办学规模扩张之间的关系如表 6.12 所示。

**功能用房面积与办学规模之间的递增关系**　　　　　表 6.12

| 用房名称 | 18 班规模每间使用面积（m²） | 说明 |
|---|---|---|
| 普通教室 | 67 | 与班级数一致 |
| 合班教室 | 173 | 每增加 6 个平行班，增加 40m² |
| 图书 | 293 | 每增加 6 个平行班，增加 88m² |
| 教学办公 | 216 | 每增加 6 个平行班，增加 72m² |
| 行政办公 | 14 | 依据学校要求而设 |

| 用房名称 | 18班规模每间使用面积（m²） | 说明 |
|---|---|---|
| 教工单身宿舍 | 116 | 每增加6个平行班，增加36m² |
| 教工与学生食堂 | 482 | 每增加6个平行班，增加160m² |

（2）已有规范中指出，生均建筑面积应不含教职工家属住房。对于寄宿制高中生均建筑面积应包含学生食堂、学生宿舍，以及停车、配电、开水等生活附属用房。对于走读制高中应扣除生活用房，只包含最小一部分的面积即可。

（3）在各省市制定的普通高级中学基本办学条件标准中，适用于60班规模以上的标准全国仅有贵州、浙江、山东、江西四个省份，且东西部的差异较大。

综上，为应对超大规模办学，应因地制宜地制定指标参考，并且充分考虑管理方式、教学模式的差异，使得指标具有一定的灵活性和弹性。

## 6.3 现状细化分类

### 6.3.1 用地余裕型

此类学校多为新校区，所以用地较为富裕，但是较多功能用房的利用率不高，闲置空间较多，增加了一次性投入，浪费建设成本。一次性投入较大的公共服务设施，如体育馆、游泳馆、艺术中心等较为封闭独立，与社区融合不足。校内空间环境尺度过大，道路与广场规模不适宜学生的步行方式，缺少一定的场所感和围合性，减少了师生停留、驻足等行为的发生。庭院绿化景观层次不够丰富多样化。

已调研的典型超大规模高中校内空间环境分析如表6.13所示。

用地余裕型超大规模高中校内空间环境分析　　　　　　　　表6.13

| 学校 | 空间使用分析 | 图示 |
|---|---|---|
| XF 一中 | 1. 广场尺度过大，建筑间距较大；<br>2. 教学楼闲置一层，理化生实验室各闲置一个；<br>3. 建筑围合庭院缺少绿化；<br>4. 校园周边多处消极空间未利用 | 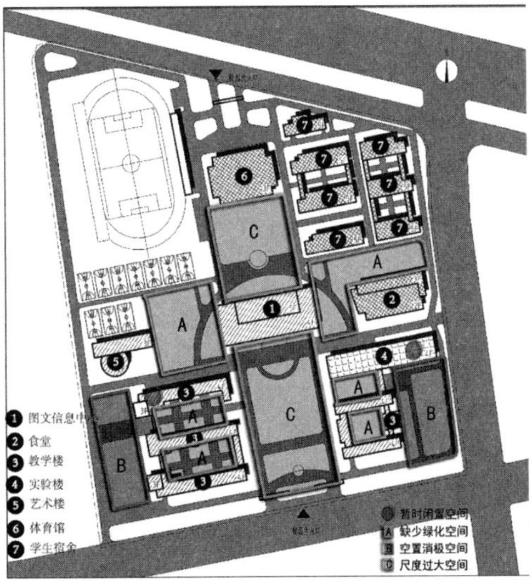 |

| 学校 | 空间使用分析 | 图示 |
|---|---|---|
| MX 一中 | 1. 广场尺度过大，预留用地闲置；<br>2. 报告厅、艺术中心、图书馆基本闲置；<br>3. 建筑之间缺少围合的绿化庭院，现状多为消极空间 | 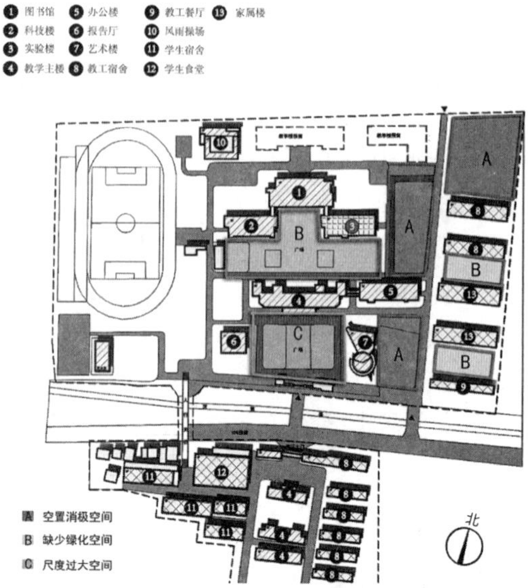 |
| BJ 中学 | 1. 广场尺度过大；<br>2. 建筑组团之间缺少围合的绿化庭院，现状多为消极空间；<br>3. 缺少绿化景观 | 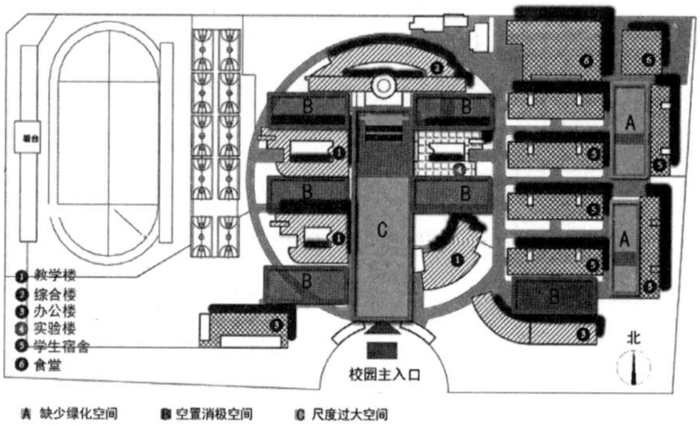 |
| JB 中学 | 1. 广场尺度过大；<br>2. 建筑组团之间缺少绿化庭院；<br>3. 闲置多处消极空间 | 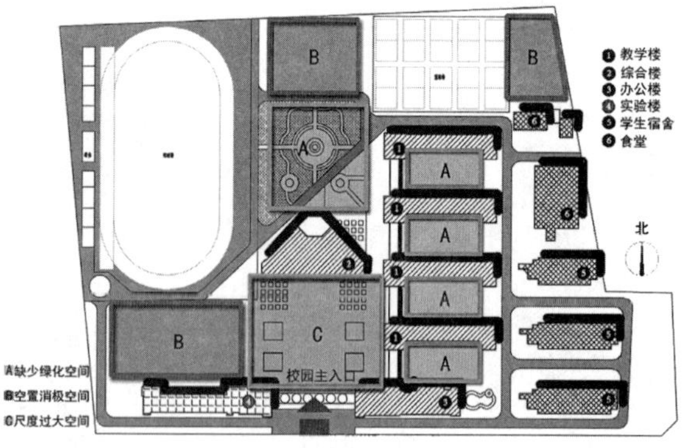 |

## 6.3.2 用地适当型

随着规模的扩张，校园的广场用地和庭院绿化用地逐渐被加建、扩建的校舍所征用，校园室外空间层次不够清晰，布局不够明确。建筑单体之间联系不足，各组团较为孤立，室内外空间的渗透和交融不够自然和人性化；受严格的"功能分区"思想的影响，规划布局模式较陈旧呆板，缺少灵活性以满足弹性教学的要求。已调研的典型超大规模高中校内空间环境分析如表 6.14 所示：

用地适当型超大规模高中校内空间环境分析　　　　表6.14

| 学校 | 空间使用分析 | 图示 |
|---|---|---|
| DL 中学 | 1. 新建和扩建教学楼；<br>2. 借用他校校区体育场与其共用；<br>3. 新建多功能食堂和宿办楼 | 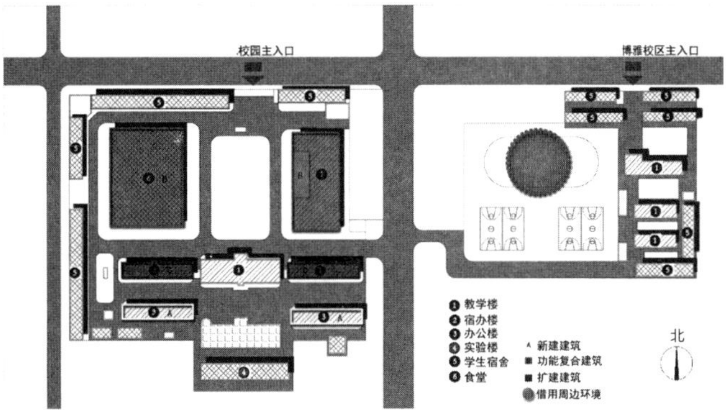 |
| FF 高中 | 1. 室外庭院用地扩建餐厅；<br>2. 征用体育局用地建体育场和学生宿舍；<br>3. 扩建图书馆、办公楼；<br>4. 实验楼、教学楼、宿舍楼多功能于一体 | 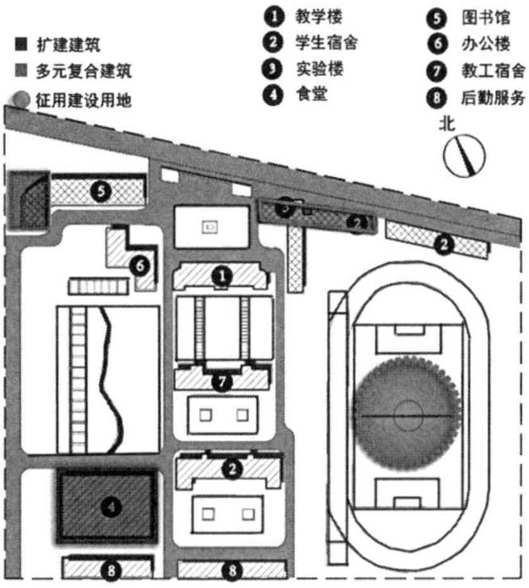 |
| SD 一中 | 1. 食堂上层加建图书馆、实验室、专用教室；<br>2. 教师宿舍（窑洞）置换为学生宿舍；<br>3. 办公综合楼集多功能于一体；<br>4. 借用体育局的体育场（馆） | 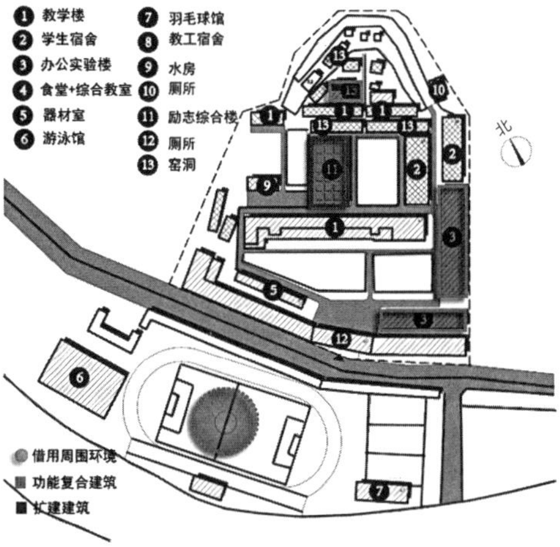 |

| 学校 | 空间使用分析 | 图示 |
|---|---|---|
| QX 二中 | 1. 教学办公楼扩建；<br>2. 会议、办公多功能于一体；<br>3. 借用周围生活服务设施 | 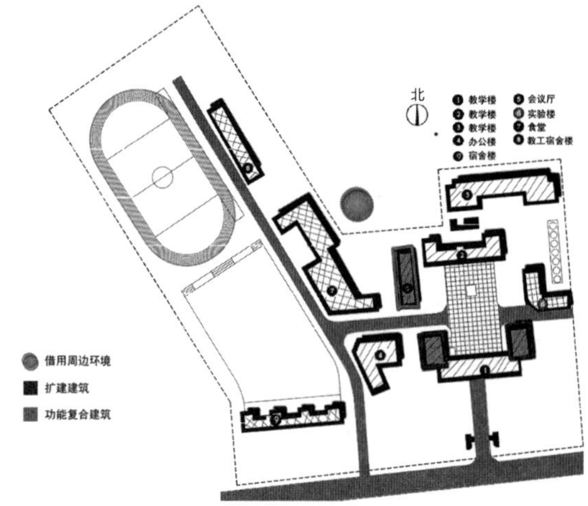 |

## 6.3.3 用地不足型

校园用地被严格限制，基本没有可扩张的用地，只得在校内通过功能叠合、功能置换、牺牲室外活动场地来实现正常的教学生活。因不断改扩建和功能混用，导致功能布局不清晰，层次不够分明。并且，功能混用后造成各组团之间相互影响，日照、防火、防噪间距不满足规范的要求。空间的集约化与立体化还没有体现出来。

已调研的典型超大规模高中校内空间环境分析如表 6.15 所示。

**用地不足型超大规模高中校内空间环境分析**　　　　　　表 6.15

| 学校 | 空间使用分析 | 图示 |
|---|---|---|
| YC 中学 | 1. 室外运动场地严重不足；<br>2. 学生宿舍面积严重不足 | 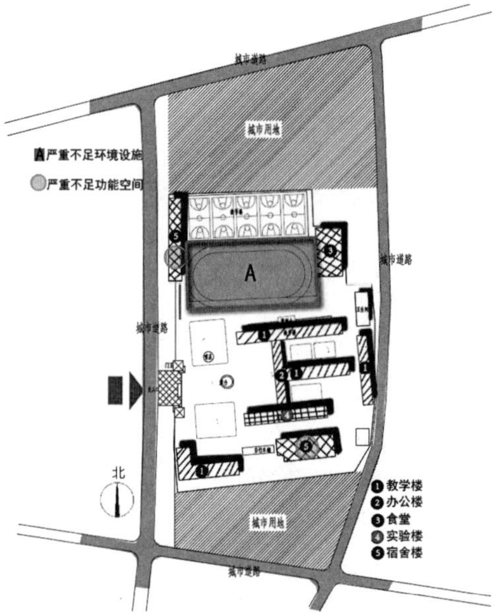 |

| 学校 | 空间使用分析 | 图示 |
|------|------------|------|
| QX 一中 | 1. 室外课间操场地不足；<br>2. 食堂部分功能活用混杂，使用不便；<br>3. 实验、办公、图书、宿舍面积严重不足 | 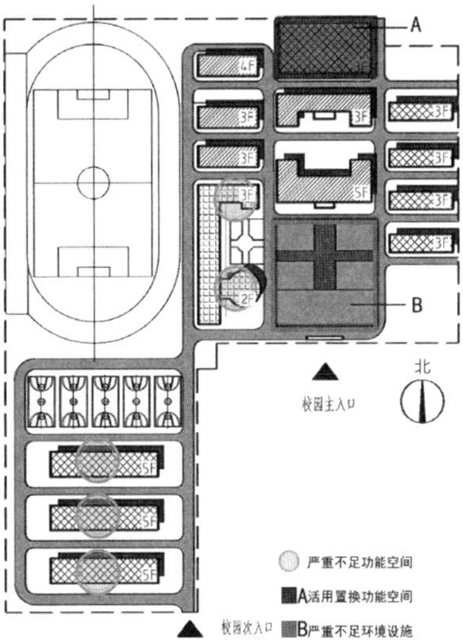 |
| SD 二中 | 1. 体育场面积不足，缺少室外活动空间；<br>2. 教室、实验室数量及面积不足；<br>3. 食堂部分功能活用 | 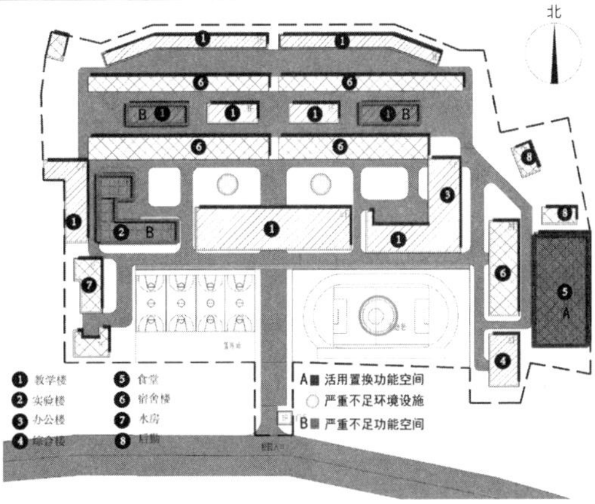 |
| MX 二中 | 1. 师生住宿空间不足；<br>2. 体育馆部分功能活用混杂 | 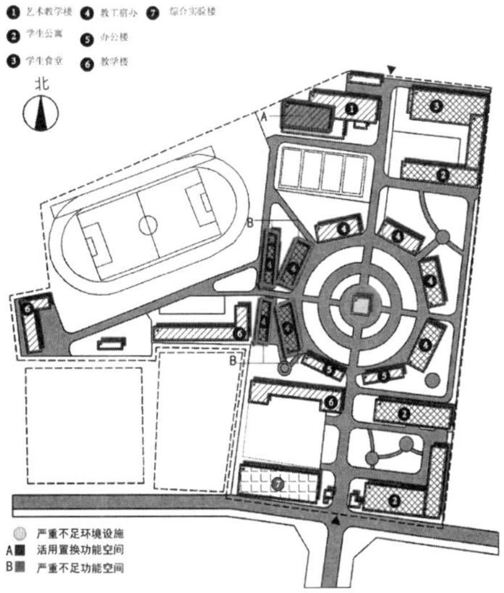 |

### 6.3.4  主要问题分析

结合以上分析，不同用地类型的超大规模高中校园内部空间规划及使用模式存在不同的问题。例如，使用功能混杂、空间闲置浪费、室外空间环境尺度过大、立体空间使用不够充分、建筑组团布置缺乏有机联系、校园和社区融合不足等。

具体如表6.16所示。

不同用地类型校园特征及使用问题列表　　　　表6.16

| 用地类型 | 尺度 | 布局特征/问题 | 使用功能 | 空间利用率 | 空间复合化 | 空间开放化 |
|---|---|---|---|---|---|---|
| 余裕型 | 过大 | 均质、间距大 | 丰富多样，但闲置较多 | 低 | 多义空间不足 | 和社区融合不足 |
| 适当型 | 适中 | 单一、行列式 | 传统、单一 | 适中 | 不断加建、扩建 | 校区较为独立，部分用地和周边共用 |
| 不足型 | 偏小 | 间距近、拥挤 | 不断置换、活用，功能混杂 | 很高 | 立体空间不够 | 借用周边公共设施 |

## 6.4  空间模式计划

### 6.4.1  "微型社区"模式

#### 1. 大校园、小社区

因用地余裕型校园中有些空间和场所的尺度比较大，已经远远超出人的正常使用尺度，所以，在空间模式上可以借鉴国外学校的"校中校"规划模式——即将大规模学校分为若干个小社区，各个社区相对独立完整，各个小规模学校在固定的时间实施开放。该规划最大的优点在于避免了单一尺度、规模巨大的校园出现过多不够宜人的空间场所，有效应对往返于各个社区单元交通流线过长，组团之间联系不够紧密，缺少适宜驻足交往、围合性强的积极空间等问题。

位于挪威的加塔职业高中是"大校园、小社区"的典型实例，如图6.3~图6.5所示。

#### 2. 组团空间的多层次景观

为了避免大规模学校内部出现空空荡荡的景象，往往在独立的各个独立"社区"的大空间内，通过分隔，形成若干个小空间和人性化尺度的交流场所。比如，可以在集体教室、合班教室等层高比较高的空间中划分出小空间作为休息室、个人学习角、多功能讨论室等，更具有层次感和趣味性。如图6.6、图6.7所示。

以"大校园、小社区"为典型设计理念，步道贯穿至屋顶，观景面丰富，海湾风光一览无余。

图6.3　加塔职业高中鸟瞰图<br>（图片来源：学校建筑——新一代校园）

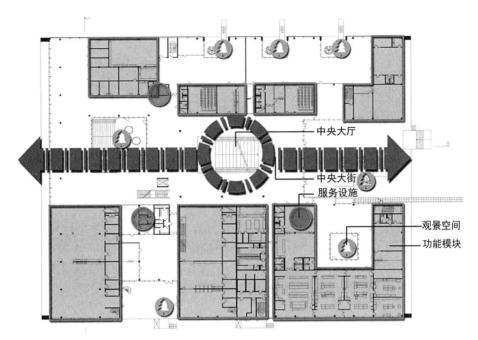

中央大厅

中央大街

服务设施

观景空间

功能模块

平面布局以一条双层主街道为中心，贯穿中央大厅，附设一些生活服务设施，
四周环绕着不同的"城市功能模块"，各自拥有教学环境和观景平台。

图6.4　加塔职业高中平面功能结构图

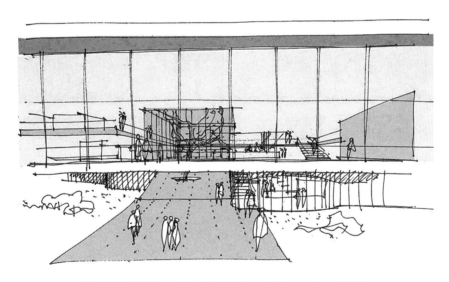

一道长长的斜卧楼梯从大门口一直向上延伸，穿过中央大厅，直通屋顶。

图6.5　加塔职业高中主入口透视图

### 3. 社区层面的开放化

大规模学校因集中了优质教育资源，起点较高，示范性较强，因此与城市社区的互动开放可以使学校成为供社区和城市使用的教育、文化、运动、休闲活动的资源中心。伴随着新型教育理念和时代对复合型人才的需求，学校与社区的开放融合能进一步实现社会实践教育意义，最终达到学习型社会的大目标。

图6.6　大空间内的多功能小组讨论室　　　　图6.7　绿化台地形成的多层次交往空间
（图片来源：西方教育思想及校园建筑——新校园建筑溯源）　（图片来源：西方教育思想及校园建筑——新校园建筑溯源）

图6.8　"中央大厅"集会中心　　　　图6.9　借助电子屏形成的"媒体中心"
（图片来源：学校规划设计）　　　　（图片来源：学校规划设计）

4. 设置校内资源中心

校园学习资源中心在国外学校运用比较广泛。它一般位于校园核心，主要是服务于全校师生的开放性学习交流场所。空间形式多种多样，如中庭、大厅、多功能会议室、图书馆、阶梯大厅、媒体中心等。如图6.8、图6.9所示。

5. 引入教育街与生活街

在调研过程中，研究组发现校园中最有活力的空间就是课余时间，学生在生活超市采购物品、茗茶交流、休闲活动的空间。的确，中学校园的功能正在慢慢增加生活服务这一项并不断加以完善。由教学、办公、体育活动三大分区组成的传统规划格局已经逐步扩展为集教学、办公、体育活动、生活服务于一体的综合型校园。同时，后勤服务区内医疗用房、体育设施、生活洗衣等功能也随着产业化的发展逐渐面向社会，在"学社融合"的过程中扮演着越来越重要的角色。引入"教育步行街"和"生活步行街"模式后，校园规划布局可以有机地整合现有配套设施，形成富有生活气息的校园空间场所。如在步行街两侧布置书吧、信件收发室、文具店、水果店、饮品店等，特别是对于寄宿制中学，显得尤为重要。这些功能在丰富了校园生活的同时也为大规模校园的结构布局起到画龙点睛的作用。

图6.10表示了由若干个"独立社区"组成的超大规模学校"微型社区"的规划结构模式。社区A、B、C、D……分别代表了若干个组成超大规模学校的小型学校，每个学校内部设施齐备，相对独立完整，几个社区之间共享一些公共服务设施。一条中央大街贯穿校内资源中心，联系各个社区，社区之间通过统一规划的教育街和生活街相串联，并在一定程度上向社会、城市开放。

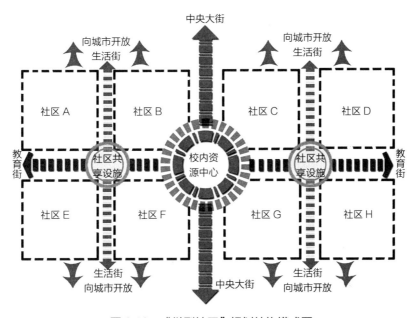

图6.10　"微型社区"规划结构模式图

## 6.4.2　"邻里单元"模式

校园空间尺度的规模往往决定了学生之间的交往行为，并且步行的交通组织系统是最适于自发交往的空间组织架构，但是随着步行距离和空间尺度的逐渐扩大，超过了心理舒适度的极限时，人与人之间交往的意愿就会降低。而大规模学校容易形成布局松散的规划布局结构，空间尺度过于空旷，交通流线冗长，限制了学生交往行为的发生。

因此，校园组团的尺度及其组合方式是决定校内空间尺度的重要方面。在这里，可以借鉴城市规划学科中的"新都市主义"理论——"邻里单元"模式进行校内功能组团划分布局。"新城市主义"（New Urbanism）是20世纪80年代末期在美国兴起的关于"再造城市社区活力"的规划设计理论和思潮，也是对美国传统社区复兴的一种社会呼吁，故又被称为"新传统主义"。其核心思想是通过重构具有地方特色和气息的紧凑型邻里社区单元来取代缺乏吸引力的郊区住宅模式。其中突出反映在对社区的组织上。邻里单位、功能分区和交通走廊成为社区的基本组织元素。最终目标是紧凑、功能混合、适宜步行的邻里单元；位置和特征均适宜的分区架构；能将自然环境与人工社区结合成一个可持续的整体。而关于城市社区和邻里组织的开发模式有两种典型代表：一种是"传统的邻里开发"，被称为 TND；另一种是"以公共交通为导向的开发"，简称为 TOD。

TND（Traditional Neigh-borhood Development）模式抛弃了"功能分区"思想对社区生活多样化需求的忽视；同时反对大尺度的城市空间对人性化交往的忽视。提出以"社区"作为基本的邻里单元，单元之间以绿化带分隔。单元服务半径最多 0.4km，基本控制在 5 分钟步行范围内，幼儿园、会所、公交站点等主要公共设施都布置在中心位置上。每个邻里单元包括不同的住宅类型，适合不同类住户和收入群体；道路系统为网格状；为减轻交通拥挤，提供了多种出行方式供选择。

从以上分析我们可以提炼出"学生邻里单元"的概念，从而有效应对学校规模扩大后，步行距离过多、空间尺度不够宜人等问题。通过多个"学生邻里单元"围绕单元中心，以适宜的行为距离来控制组团空间的交通体系，从而形成清晰的空间层级关系。具体特征见如下几点。

### 1. 适宜的步行距离

依据 TND 模式对于适宜的邻里步行距离为 5 分钟，平均 0.4km 的距离为参考，我们可将校园中心到每一个"学生邻里单元"的边界控制在步行 5 分钟，即约 400m 的距离作为"邻里单元"之间距离的标准。

### 2. 可识别的邻里中心

按照 TND 模式提出的"重构地域特色"的原则，每个邻里单元的中心必须有可识别的象征，可以是大型广场、绿地公园或者交通路口、雕塑标志等。在超大规模高中校园里，每个"学生邻里单元"也围绕绿地、广场、路口等打造可识别的邻里中心，消除大规模学校带来的陌生感，增强导向性，营造出校园中"家园"的氛围，从而建立归属感。

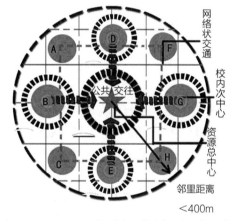

图中 A、B、C、D……分别代表了校内若干个独立的"邻里单元"，它们通过网络状的交通互相联系，校园中心到"邻里单元"最远的邻里距离不超过 400m，在公共交往组团的校园资源中心辐射下，校内又形成了若干个校园次中心。

**图 6.11　校内"邻里单元"规划模式**

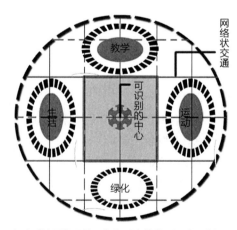

每个"校园邻里单元"分别由教学、运动、生活、绿化四部分组成。单元内实施的是网络状交通，单元中心的可识别性可以通过大型广场、绿化、交通枢纽中心、景观节点等共同组成。

**图 6.12　每个"邻里单元"的组成**

### 3. 网络化的内部交通

对于规模扩张后的校园交通，TND 模式主张设置方格网状道路系统，但街道不宜过宽，主干道宽度在 10m 左右，标准街道在 7m 左右，即容纳双车道的街道尺度。这是因为具有较多的道路联结节点和较窄的路宽可以有效降低其行车速度，从而营造有利于行人和自行车的交通环境。相比传统的尽端式交通不利于空间之间的联系，校园规模扩大后，"学生邻里单元"之间易于形成多向联结的内部交通网络，可以提供多种线路选择，有效地疏散交通流量。

图 6.11、图 6.12 表达了校内"邻里单元"规划模式的组成及其各个要素，以及每一个独立的"邻里单元"内的功能构成及交通特征。

## 6.4.3 "教育综合体"模式

针对大多数用地紧张、规模扩张后室外运动空间严重不足的学校，可以借鉴"城市综合体"的空间模式，设置"教育综合体"，使得空间高效集约、功能多元复合，最大化地满足功能布置的同时，节约了室外建设用地，为体育活动和课间操的展开提供了空间场所。具体从以下几个方面实现"教育综合体"的集约价值。

### 1. 立体化的土地利用

（1）底层架空

将教学楼和实验楼底层架空的做法在中学已经相当普遍。建筑底层架空部分融合了外部空间后成为单体建筑与校园整体空间的过渡，同时还可以承担多种辅助功能。除此之外，底层架空还能减少平地活动对一层课堂教学的干扰。对于用地较为紧张的学校，在炎热或下雨天还能缓解运动场地的不足，展开一些小型运动或器械活动。但底层架空需要满足最小的净高要求，如满足一般乒乓球运动的架空层净高宜不小于 4m；羽毛球运动净高宜不小于 7m；武术训练运动净高宜不小于 4.5m。

（2）立体化的联系空间

不同功能的建筑组团需要一定的交通联系空间才能整合在一起。连廊、平台、屋顶是建筑组团之间重要的立体化联系空间。廊式空间能有效地促进人们的交往、娱乐和学习。建筑组团通过连廊联系，能够满足不同标高层之间的功能流线需要，也加强了建筑群的整体感，丰富空间层次。平台通过面积、位置、形式的合理设计，成为观赏风景的建筑外部空间，也可以成为不同功能区之间立体化的重要交往场所之一。建筑屋顶的退台通过不同的铺装、围合、空间限定和景观布置方式，能够提供给学生更大面积的绿化亭台和交流场所。

### 2. 集约化的功能复合

通过功能的复合，能够增强生活的丰富性，创造多种多样的活动场所。严格的功能分区已不能发挥有效的作用，校园更应视为一个多元复合的有机整体进行考虑。超大规模高中用地有限，而建筑面积却因为需要保证教学和生活的正常使用不能减少，所以主要使用空间的面积定额使得在超大规模高中出现了多元化的功能复合空间。但是，在功能复合的过程中，还是要严格注意动静分区。例如，在陕北地区，因地形复杂，平地有限，部分学校采用了多功能于一身的单体建筑——"综合体"。如 SD 一中的综合楼，首层为食堂，二层为图书阅览室，三层为理化生实验室，四层为历史、地理专用教室。还有些地区采取了在主体建筑四周加建或附设相配套功能建筑的方法。例如 FF 高中，在老图书馆的外侧加建了办公、会议、报告厅等附属建筑（图 6.13、图 6.14）。

图 6.13　会议、报告、社团、餐饮综合体

图 6.14　报告厅后部加建图书馆和办公楼

　　鉴于超大规模高中普遍用地不足，可以设置多功能建筑单体或建筑群——"教育综合体"，但应合理根据使用需求和动静关系布置功能用房。譬如将教学、办公组团一层架空，布置课间交流、小型运动、文化展览、景观绿植等空间。中间层为主要教学或办公空间。顶层设计专用教室、综合活动、图书阅览等。或者将宿舍底层架空，设置晾衣区、停车区、暖壶餐盒放置处、超市、开水间等。建筑的架空层还可以成为交通联系的最佳步行选择。综上，功能复合可以分为以下几种。

　　（1）单体空间的复合

　　主要是指以一栋建筑融合多种功能形成。具体类型有教学综合体、生活综合体、教师综合体、学生综合体。其中，多功能学生中心综合体较为普遍。在国外大学中，学生中心往往是功能复合最集中的建筑，一般包括餐饮、社团、健身、展览、剧院、管理等功能，通过复合，从而真正成为学生发挥自主学习、自发交往、自我价值实现的场所。

　　图 6.15 体现了在立体空间设计中集餐饮、生活服务、运动、存储、社团活动等多功能于一体的学生活动中心建筑空间剖面的功能分布。主入口通过直跑大台阶将人流有效疏散，一部分餐饮置于二层，一部分餐饮置于半地下层；地下二层设存车等后勤功能；二层为生活服务；三层以上设社团或兴趣小组服务；屋顶可设小型球类运动或观景平台。

　　表 6.17 列出了四种常见的"教育综合体"类型，及其各自的空间属性、主要功能、使用要求以及设置形式等。通常将需要快速集散和采光通风的餐饮空间置于低层，有动静分区要求的平面功能按照低层区和高层区分区设置。没有净高要求的室外运动置于屋顶层。

　　图 6.16、图 6.17 分别是研究组在调研过程中发现的已建成超大规模高中多样化功能复合与立体空间叠置的实例应用，分别包括了停车、存储、后勤、球类运动、器械活动、课余活动、社团小组、第二课堂、餐饮、超市、浴室、设备等功能。

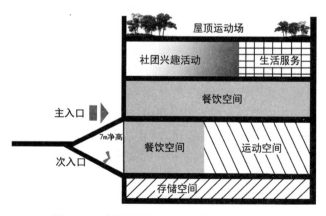
图 6.15　立体学生活动中心剖面空间示意图

"教育综合体"模式主要功能及空间特征          表 6.17

| 综合体 | 主要功能 | 使用要求 | 设置形式 |
|---|---|---|---|
| 教学综合体 | 实验、教学、办公、图书、会议 | 采光、疏散、防噪 | 主要教学用房设于 5 层以下，辅助教学用房可叠置其上 |
| 生活综合体 | 超市、餐饮、存储、后勤 | 流线、疏散 | 餐饮置于低层或半地下，满足采光要求，存储和后勤位于地下或叠置 |
| 教师综合体 | 住宿、办公、停车 | 防噪、防火 | 住宿和办公可同层设也可分层设，注意区分出入口 |
| 学生活动中心 | 餐饮、社团活动、运动 | 净高、防火、疏散 | 满足运动场地相关规范要求 |

图 6.16  地下存储与运动空间复合叠置

图 6.17  半地下餐饮空间与屋顶运动场复合叠置

（2）单一功能空间的复合

随着教学模式的多样化，在单一功能空间内也出现了多种功能复合的特征。以教室为例，除了授课外，盥洗、存储、图书、自习交流等"多功能角"的出现，丰富了课堂教学，也体现出多样化的学习需求（图 6.18、图 6.19）。

（3）室内外空间的复合

在室内外空间的连通与交融方面，也存在多功能空间的复合叠置。例如利用地形或高差营造屋顶平台、架空层、建筑之间的连廊或主入口大台阶的下部空间等，这些既是建筑之间的联系部分，又起到了交通、交流的作用（图 6.20、图 6.21）。

图6.18　教室阳台附设自习角　　　　　图6.19　教学楼走廊附设图书区

图6.20　建筑底层部分架空的交流空间　　　　图6.21　延伸的屋顶与连廊活动平台
（图片来源：学校建筑——新一代校园）　　　　（图片来源：学校建筑——新一代校园）

（4）灵活化的空间活用

除了在功能方面高度复合外，空间与空间之间还存在活用的关系。当属性与使用要求近似的两类空间并置，而其中一类处于闲置状态时，为了提高资源的利用率，往往将其置换为另一种功能空间。空间活用又分为很多种类型，例如：按照时间分为固定时间活用和非固定时间活用；按照场所分为固定场所和非固定场所；按照活用对象分为互换与他换等。传统的校舍空间包括教学楼、办公楼、实验楼、食堂、宿舍等，但随着新型教学模式的展开，高中教室的特征呈现出向大学校园发展的趋势。学生实行走班制，即按照课表上的安排去相应教室上课，类似国外的"科目教室"类型，图书馆也被分散在各个教室的"图书角"所取代。新型校园的空间更加灵活，不固定化，不同空间也可以在课余时间互相转换功能，实现新的使用意义。空间之间可以互相交换，也可以找类似空间进行替换。

空间活用类型与特点如表6.18所示。

空间活用类型与特点　　　　　　　　　　　　　　　表6.18

| 层面 | 时间 | 场所 | 对象 |
|------|------|------|------|
| 类型 | 授课时间 | 教室、理化生实验室、行政办公室、书库、教师厨房和餐厅、部分后勤设备用房 | 互换 |
| | 课余时间 | 科目教室型、自习教室、合班教室 | 他换 |

表 6.19 总结了有关"教育综合体"的不同空间属性类型、特征和优点。"教育综合体"模式可以大大节约校园建设用地，提高资源利用率，满足多样化的教学需求，实现"多义教育"的内涵，促进学生个性化的培养。

"教育综合体"空间属性类型与特征 表 6.19

| "教育综合体"空间属性 | 类型 | | | 特征 | 优点 |
|---|---|---|---|---|---|
| 空间组合方式 | 单一空间（体） | 多样空间（体） | 空间之间融合 | 复合 | 满足多种使用需求 |
| 功能利用方式 | 使用 | 闲置 | 置换 | 活用 | 提高资源利用率 |
| 使用集约方式 | 平面 | 立体 | 网状 | 集约 | 节约建设土地 |
| 互用共享形式 | 各单元（体）内部共享 | 单元（体）之间共享 | 校园资源校内共享 | 共享 | 开放交融 |

# 6.5 建筑设计计划

## 6.5.1 构成内容计划

### 1. 内容构成的影响要素

（1）多"义"教育下的开放融合

百年大计，教育为本。近年来，国家在教育改革和创新人才培养方面陆续颁布了一系列的政策和法规。其中在《国家中长期教育改革和发展规划纲要（2010-2020 年）》中的第三十二条，创新人才培养模式中就提出，"注重学思结合。倡导探究式、启发式教学，教会学生自主学习。不断推进课程改革，充分发挥信息技术的作用，提倡教学资源共享。推进分层次教学、学分制、导师制等教学管理制度"。"坚持理论教学与生产实践相结合。鼓励实践类的课程，增强学生进行科学实验和实践实训的成效"。[1] 从中可以看出，新世纪的人才培养需要不断探索与开放共享，新的教育理念需要新的教学方法，相应的校园空间环境也需要适应新的教学模式。所以，"开放、共享、探索与实践并行"是教育改革下教学空间的设计核心。

此外，2015 年教育部教育工作大会提出五大要点，"大力推进美学教学，不断提高学生审美素养和人文精神。制订学生艺术标准的相关测评指标办法。开齐艺术类相关课程，尤其重点加强农村学校的艺术教育"。[2] 可以看出，新型教育的核心与重点已经从注重传统的德、智、体教育而转向多"义"教育和深层次的人文精神内涵教育。

除了教育理念的革新外，多学科下的大知识体系相互融合和渗透也对建筑空间提出了新的要求。当代科学的每一次进步与发展都体现了科学技术的不断创新与改革，需要多学科的交叉与融合才能实现。而且，在全球化、数字化与信息化的时代背景下，计算机技术日新月异的发展已今非昔比。为了适应时代的发展，传播更新的知识技能，采用新型数字化教学和多学科相互渗透、融合的方式已不再是传统的教室或实验室所能够完成的，全新的教学理念和教学方式都迫切需要传统校园空间环境的创新性变革。

---

① 国家中长期教育改革和发展规划纲要领导小组. 国家中长期教育改革和发展规划纲要（2010-2020 年）[R]. 北京：人民出版社. 2011.

② 教育部. 教育工作大会会议报告 [R]. 北京：教育部. 2015.

（2）资源整合下的统筹均衡

《国家中长期教育改革和发展规划纲要（2010-2020年）》提出了"试行学区化办学"的政策方针。"要求依据地区地理位置的需求和相互关系，以就近办学、均衡配置为原则，将地区内的教育资源统筹规划，整合资源。提高设施和运动场馆等教育教学资源的利用率，从而全面提升学区内的教育教学水平。"[①] 按照此项精神，超大规模高中校园相对集中了较为优质的教育资源，尤其是在广大经济基础薄弱、地域偏僻、人口分布不均、教育起点较低的西部农村地区，更应以大局为重，统筹安排，资源共享，充分发挥示范级、排头兵的先锋作用，向社区和城市开放，节约建设成本，提高资源的利用率，从而以点带面，促进地区的教育发展。

（3）用地影响下的空间利用

大多数超大规模高中的扩张体现于在校生人数、班级数的扩张，因布局选址和用地所限，很难实现用地规模与班级规模的等比例扩张。因此，在现有用地规模的基础上，超大规模高中的校内建筑空间的扩张只得向上或向下发展。集约化的空间利用模式、校舍建设模式也在一定程度上推动了集约化的空间构成和内容的整合，同时也催生了校园综合体、教育综合体、多功能活动中心这样既能节约土地、减少交通面积，又能将相近功能空间进行整合的建筑形式，可谓一举多得。此类建筑还能有效地解决一些因用地不足而导致的校内空间环境使用中的问题，在节约土地的同时，进一步提升原有校园空间环境的品质（表6.20）。

**不同用地类型下中小学空间环境现状及品质特征**　　　　　　　表6.20

| 类型＼内容 | 规范／标准制约 | 校内空间现状 | 校内空间品质特征 |
|---|---|---|---|
| 用地满足使用要求 | 生均指标为统一标准，地区与学校间差异大，成本与资源有一定浪费 | 用地宽裕 | 空间层次感弱，立体空间不足 |
| | | 空间尺度大 | 建筑组团之间缺乏联系，停留感和围合感不佳 |
| | | 部分功能空间闲置 | 资源分配不均、利用率不高 |
| 用地不满足使用要求 | 随着学校规模的扩张，现有规范只支撑到48班，无法满足教学、生活对用地的需求 | 用地紧张 | 室外活动及交往空间不足 |
| | | 空间拥挤局促 | 采光、通风、隔声等舒适度差 |
| | | 校舍不断改扩建 | 功能混乱、安全管理隐患多 |

因此，在用地规模的影响下，基于资源整合和空间集约的视角，对传统的校园空间环境来说，在探讨空间利用模式的同时也对空间构成的内容和功能用房的整合提出了新的要求。我们可以通过平面空间的功能集约化和立体空间的叠合重置，在以下几个方面实现对校内用地的充分利用（表6.21）。

---

① 国家中长期教育改革和发展规划纲要领导小组. 国家中长期教育改革和发展规划纲要（2010-2020年）[R]. 北京：人民出版社. 2011.

| 模式 \ 内容 | 空间功能 | |
|---|---|---|
| 复合活用 | 教学及教学辅助用房 | 后勤、生活服务用房 |
| | 宿舍等生活用房 | 餐饮、文体、娱乐用房 |
| 集约叠合 | 公共活动用房 | 设备用房 |
| | 办公用房 | 存储用房 |

（4）规范制约下的设计指标

现行规范《城市普通中小学校校舍建设标准》JB 102-2002、《中小学校设计规范》GB 50099-2011 中分别对校园空间环境的用地、校舍建筑面积、生均指标、安全疏散、室内物理环境及设备等设置了详细的标准和要求。表 6.22 列出了各项规范对于校园空间环境提出的规定。

不同设计规范及标准对校园空间环境的要求　表 6.22

| 规范 \ 要求 | 建筑高度 / 层数 | 采光 / 日照 | 防火 / 疏散 | 隔声 / 减噪 |
|---|---|---|---|---|
| 《城市普通中小学校校舍建设标准》JB 102-2002 | 层数：小学 4 层、中学 5 层；教室层高：小学不低于 3.6m，中学不低于 3.9m | 教室平均照度 150lx，照度均匀度不小于 0.7 | 楼房耐火等级不低于二级、平房不低于三级；教学楼廊净宽不小于 2.1m，中内廊净宽不小于 3m | — |
| 《中小学校设计规范》GB 50099 - 2011 | 主要教学用房最小净高：小学 3m、初中 3.05m、高中 3.1m | 教室冬至日满窗日照不小于 2h；球类用地长轴南偏东宜小于 20°，南偏西宜小于 10° | 每股人流疏散宽度 0.6m，疏散通道宽度至少为 2 股人流 | 教学用房与运动场距离不小于 25m |
| 《建筑设计防火规范》GB 50016-2014 | 建筑高度不大于 24m | — | 一、二级耐火等级的多层建筑防火间距为 6m | — |

分析可得，现行国家规范对超大规模高中新的要求主要包括以下几个方面：

（1）生物园的设置

规范中提出了校园的绿化用地还应包括"集中绿地、零星绿地、水面和供教学实践的种植园及小动物饲养园用地"。[①] 这其中的"水面、种植园和小动物饲养园用地"就揭示了中小学校配置生物园及其施工的问题。因此，应将生物园的设计纳入校园用地的规划范围内才能满足规范的相关要求。

（2）城乡一元化的体现

在此项标准的系列规定中，没有提出城市学校和农村学校的不同，也没有指出所谓的"重点学校"和"普通学校"的内涵差异，更没有将东部经济发达地区和西部农村地区分列开来，

---

① GB 50099-2011. 中小学校设计规范 [S]. 北京：中国建筑工业出版社，2010.

由此可见，国家提出的"城乡一元化"概念已经逐渐普及，这也更有利于平衡教育资源和共享教育资源。

（3）主要教学用房生均使用面积指标提高

相比原规范，新规范中主要教学用房的生均使用面积有了较大提高。这是考虑到中、小学生在身高、生长发育方面的增长已与前些年取值有所不同。根据《2014年中国学生体质与健康调研报告》相关数据，青少年的身高标准已经与1984年有了较大不同。其中，男生的身高平均增长53~60mm，女生的身高平均增长38~48mm。此外，肩宽、体重等其他参数也有明显变化。因此，新规范对这项指标以及其他（如走廊、通道等）指标作了适当的提高。其中，教室的生均使用面积提高到了为1.39m²/座，实验室的生均使用面积提高到了1.92m²/座。

2. 内容构成的特点及其相互关系

基于以上影响因素，超大规模高中的空间构成与传统规模的高中在功能分区、用地组成、空间利用、资源配置等方面有了较大的差异。因为规模扩张而引发的用地集约、空间叠置、功能整合、开放共享、多学科与多级部的交融渗透等特点均体现在校园的空间构成上。如表6.23所示。

**传统规模高中与超大规模高中的空间构成比较**　　　　　表6.23

| 内容 ＼ 项目 | 传统规模<br>（48班内） | 超大规模<br>（超过3000人或50班） |
|---|---|---|
| 功能组成 | 动静分区、各自独立 | 独立功能分区、相近功能整合 |
| 教学模式 | 平行、交互 | 弹性、交融 |
| 资源配置 | 级部统筹 | （校）区统筹 |
| 空间利用 | 平面利用为主 | 立体化、综合化、网络化 |
| 开放共享 | 校内使用为主 | 一定程度上校内外共享开放 |

综上可见，传统规模的高中仍沿用"功能分区"的思想，教学—运动—生活自成一区，各个功能区之间的关系相对独立完整，流线也不是很长；而当规模超过一定程度时，在平面组合以及立体空间利用方面，超大规模高中都呈现出与传统规模学校不同的特点。功能划分更加细致，土地利用高效复合，各个功能区之间在一定程度上开放共享，形成了多个开放节点和核心空间。

如图6.22所示，超大规模高中校内空间模式可为"校内资源中心＋教育综合体"组合。若干综合体建筑承担了一定程度上的校园复合功能，共享校内资源中心，并向城市和社区开放共享。

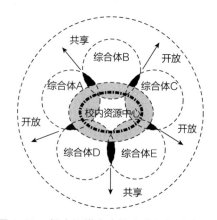

图6.22　超大规模高中校内空间构成模式图

### 6.5.2 教学空间计划

**1. 教学组织形式**

编班授课制是我国较为传统的教学管理方式。随着新型教育理念产生与教学方式的不断发展与改革，近年来主要涌现出以下几种形式：

（1）班内分层制

即在原班级编制不变的前提下，在内部依据学生的自身条件以及学习能力分为不同的层次，在教学中体现差异化、个性化的教学形式。具体途径包括分层教学、分层评分、分层辅导等。

（2）走班制

是指相对于那些成绩不出现差别以及一些大型活动需要保留的班级制而言，对成绩影响较大的语文、外语等主要课程，实行走班制上课。每个学生可以根据自己的兴趣特长及发展目标，自主选班上课。

（3）小班化教学

是指原有班级形式不变，通过降低班级的学生人数，实行小班化授课，提高教学质量。目前，在我国中小学使用最为普遍的教学组织方式仍然是"编班授课制"，它将年龄相近的学生编成一个班，由教师根据学校的教学计划集中授课。这种形式能在一定程度上提高教学效率，但不利于对学生因材施教和个性化的培养。并且"编班授课制"下的教学空间是封闭的四面围合空间，设置讲台与黑白供教师授课。近年来，为了改变这种封闭教学空间下的教学气氛，许多学校纷纷进行了各种探索，以求创造一种促进学生自主化和个性化学习的空间氛围。例如控制教室空间的尺度（因为小尺度的教室空间容易被感知认同，从而提高学习效率）；完善教室空间的设施，设置供个人休息的"多功能角"、阳台、盥洗室等。此外，还在教学楼内外营造了许多"非正式学习"的空间，丰富了学习形式，满足了不同群体的学习需求，空间感受良好。例如，教学楼入口处常常设计成大台阶或者楼梯，不仅仅是满足交通需求，而且以此来提供师生、生生之间非正式的休息与交流场所。灵活化的教学形式及空间如图 6.23~图 6.26 所示。

**图 6.23　小组教学空间**
（图片来源：学校建筑——新一代校园）

**图 6.24　教室内分组桌椅摆放形式**
（图片来源：学校建筑——新一代校园）

图 6.25 教学楼入口非正式交流空间　　　　　图 6.26 中庭非正式讨论空间
（图片来源：学校建筑——新一代校园）　　　（图片来源：学校建筑——新一代校园）

### 2. 空间模式

通过已有调研得出，高中校园教学楼单元的空间模式基本分为以下四种：单外廊式、中内廊式、双外廊式以及单廊＋中庭＋单廊式。空间模式的不同导致教室的数量、标准层建筑面积以及生均使用面积的不同。并且不同空间模式的单元体在采光、通风、疏散、热舒适度等物理环境属性方面具有不同的优缺点。表 6.24 分别列出教学单元四类空间模式的特点。

教学单元四类空间模式的优缺点及示意图　　　　　　　　　　表 6.24

| 空间模式 | 图示 | 优点 | 缺点 |
| --- | --- | --- | --- |
| 单外廊式 |  | 采光通风较佳，易于疏散 | 不节约用地，空间层次单调 |
| 中内廊式 |  | 空间集约，节约用地 | 中内廊较黑，不利于疏散 |
| 双外廊式 |  | 南北向设双阳台，有效减轻眩光影响，通风良好，有利于疏散 | 交通面积较大，不节约用地 |
| 单廊＋中庭＋单廊 |  | 有共享交流中庭，空间丰富，体验与参与性强 | 北向教室舒适度较差，自然通风欠佳 |

### 3. 已调研学校教学空间模式及设计指标

在调研过的学校中，因经济成本低廉、易于施工、采光通风较佳等原因，大多数超大规模高中教学楼的空间形式是单外廊式。教室的利用率较高，只能够满足基本的课堂教学需求。对于小组讨论、个人辅导、图书阅览、科学实验等附属教学功能则基本没有体现。用地余裕型超大规模高中的生均建筑面积取值较高，多达 $6m^2/$ 生。用地适当型和用地不足型的学校生均建筑面积则差别不大，最低的生均建筑面积指标为 $1.7m^2/$ 生（表 6.25）。

| 类型 | 学校名称 | 班级数（个） | 数量（个） | 利用率（%） | 标准层面积（m²） | 建筑面积（m²） | 生均建筑面积（m²/生） | 空间形式 |
|---|---|---|---|---|---|---|---|---|
| 余裕型 | XF 一中 | 50 | 84 | 60 | 1200 | 15288 | 6 | 单外廊式 |
| | FF 高中 | 44 | 57 | 100 | 790 | 6750 | 2.1 | 中内廊式 |
| | BJ 中学 | 72 | 80 | 96 | 1300 | 8650 | 1.8 | 单廊＋中庭＋单廊式 |
| | JB 中学 | 66 | 80 | 83 | 1000 | 12000 | 2.8 | 单外廊式 |
| | MX 一中 | 58 | 80 | 73 | 1800 | 7960 | 1.9 | 单外廊式 |
| 适当型 | SD 一中 | 58 | 60 | 100 | 1600 | 8300 | 2.6 | 单外廊式 |
| | QX 二中 | 86 | 86 | 100 | 1000 | 14650 | 2.9 | 单外廊式 |
| | DL 中学 | 70 | 70 | 100 | 1000 | 8200 | 1.9 | 单外廊式 |
| 不足型 | QX 一中 | 105 | 105 | 100 | 950 | 15700 | 2.2 | 单外廊式 |
| | SD 二中 | 59 | 68 | 100 | 1100 | 7300 | 2.3 | 单外廊式 |
| | YC 中学 | 65 | 65 | 100 | 650 | 7900 | 1.7 | 单外廊式 |
| | MX 二中 | 68 | 69 | 98 | 1700 | 8260 | 1.7 | 中内廊式 |

　　一部分教室数量及面积不能满足需求的超大规模高中，通过新建教学楼、功能置换和已有闲置空间活用等改、扩建措施来解决一系列问题。另外，还有一些超大规模高中在已有教室的基础上，附设了灵活的多功能角，例如储物、盥洗、图书、办公等，较好地满足了教学的其他辅助功能。如表6.26所示。

已调研学校的生均指标及教室活用措施　　　　　表6.26

| 用地类型 | 学校名称 | 教室使用面积（m²） | 容纳人数（人） | 生均使用面积（m²/生） | 教室附设功能 | 教室不足改扩建措施 |
|---|---|---|---|---|---|---|
| 余裕型 | XF 一中 | 78 | 54 | 1.4 | 附设多功能角 | — |
| | FF 高中 | 62 | 56 | 1.1 | — | 图书馆用作自习室 |
| | BJ 中学 | 90 | 65 | 1.4 | — | — |
| | JB 中学 | 70 | 65 | 1.1 | 加设图书角 | 实验室做考试教室 |
| | MX 一中 | 77 | 64 | 1.2 | 附设书柜 | 新建教学楼 |
| 适当型 | SD 一中 | 56 | 60 | 0.9 | — | 窑洞改教室 |
| | QX 二中 | 67 | 70 | 0.95 | — | — |
| | DL 中学 | 74 | 64 | 1.2 | — | 办公室改教室 |
| 不足型 | QX 一中 | 72 | 68 | 1 | 附设书柜，小组讨论式 | 会议室改教室 |
| | SD 二中 | 64 | 60 | 1.1 | — | 窑洞改教室 |
| | YC 中学 | 60 | 60 | 1 | — | 新建教学楼 |
| | MX 二中 | 74 | 72 | — | — | 实验室改教室 |

### 4. 现状及问题

**（1）生均使用面积不达标**

根据《中小学校设计规范》GB 50099-2011 的规定，普通教室的使用面积指标为不小于 1.39m²/每座。在已调研的学校中，仅有两所学校能达到这个数值的要求，最小值仅为 0.9m²/每座。原本 50 多人的教室却容纳了 70 多人，甚至达到近 90 人的"宏观场面"，极大地影响了中学生的身心健康和成长。

**（2）视距不符合规范要求（第一排和最后一排距黑板）**

按照《中小学校设计规范》GB 50099-2011 规定，"第一排座位与黑板之间的水平距离不小于 2.2m，学生课桌前的排距不小于 900mm，最后排课桌前沿与黑板水平距离不宜大于 9m。最后排课桌至墙面的净距不应小于 1.1m。"[1] 但多数超大规模高中教室的排距达不到此要求，导致中学生的视距不符合规范，对视力造成不良影响。尤其是第一排座位与黑板之间的水平距离过近，为了安排下更多的座位、容纳更多的学生，很多教室的第一排课桌离黑板仅一步之遥，更影响了教室的交通疏散（图 6.27）。

**（3）疏散宽度不够**

在调研过的大多数学校中，教室的疏散隐患是较为普遍的问题之一。因为后排桌椅摆放等原因，后门常常被堵住，大多数教室仅靠前门疏散（图 6.28）。并且第一排的桌椅摆放较为靠前，没有给前门的疏散预留足够的走道空间，极大地影响了交通。规范中规定的"纵向走道不小于 600mm"的条款[1] 在多数学校没有严格实施，所以导致教室空间严重拥挤，根本不能达到应急疏散的宽度要求。

**（4）存储空间严重不足**

高中生课业繁重，课桌面积有限，尤其是对于一些走读生而言，在学校没有宿舍，上学需要背负较多的学习及生活用品，更需要在教室设置一些存储空间。此外，除了一些个人物品有存储的需要外，班级活动需要的一些用品、图书等也需要一个公共储物区，或者是几个班级共用一个储物空间。而这些在现有的教室空间中基本没有设置，给学生的学习生活带来了诸多不便。

图 6.27　第一排与讲台贴邻设置

图 6.28　疏散后门被杂物堵死

① GB 50099-2011. 中小学校设计规范 [S]. 北京：中国建筑工业出版社，2010.

（5）个性化学习空间缺乏

高中生有广泛的兴趣和爱好，加之文理的分科，强调个性化、特色化的教学目标也已经提出，新的教育理念和教学模式需要相应的教学空间来实现。在课业完成之余或课间闲暇时光，更应将这些个性化的兴趣空间纳入普通教室之中。但是现有学校基本是将普通教室和其他一些专用教室、社团活动或兴趣小组室分开，单独设于办公楼或其他建筑中，利用率极低，导致资源浪费，空间环境形同虚设。因此，建议在普通教室内部或几个班级之间考虑设置特色兴趣室或个别化的学习空间，减少教学楼之间的往返时间，提高资源利用率，注重个性化和特色教育，实现教育的多元化、复合化。

5. 计划内容及影响因素

（1）空间类型模式

在所调研的超大规模高中普通教室中，大多数学校的教室类型较为单一，在框架结构的基础上，教室的大小、面积及空间模式多为模数单元，教室之间的差别并不大。因为分科的原因，有些学校在高三年级的教室大小上略微有所区别。但笔者认为，高中阶段的学生接近成年人，特点各异，社会生活和经历也更加丰富。一个高品质学校不仅应该提供优质的教育内容，更应提供一个优美的空间环境。而普通教室座位是最重要的学习空间，更应在特色化、个性化、多元化、复合化方面有所体现。所以，普通教室不应是千篇一律、千人一面的，而应该根据各年级学生的学习兴趣、特点、需求设置不同类型的教学空间。

例如在美国印第安纳州拉菲特文顿学校（图6.29）的教学空间布局设计中，通过将多种教学及辅助教学的功能空间相串联，从而增强了教学区的多功能性和复合性。若干个普通教室串联、并置在一层而形成一个年级区，围绕教室之间的中庭还设置了美术区、音乐室、信息中心、理科室、家政室等公共开放空间，最终形成了综合型的年级部学区，并综合考虑不同级部对教学功能的不同要求而分重点进行布置。通过这样的功能高度复合，将教室空间与其他教学辅助空间紧密联系在一起，适合于灵活的教学活动，从而培养学生的个性化发展。

（2）面积、大小和数量

在进行普通教室的设计指标计划时，需要考虑不同的影响变量。例如可容纳人数、教室类型、课桌椅摆放方式、疏散宽度、生均使用指标、视距、排距、长宽比等。其中《中小学校设计规范》GB 50099-2011中的相关指标及其规定应该视为定值不能违背，此外采光、防火疏散等要求也不应有所改变。在综合考虑各变量的影响前提下，可以分为主要影响变量、次要影响变量及定值三个方面，分层次、分类型地进行指标计划（表6.27）。

主要影响变量一：教室容纳人数。在调研中得出，教学楼一般为4~5层。以连廊式为主，包括中廊式、外廊式、双外廊式、回廊式这四种空间布局模式。每个教室的大小、班级规模、疏散宽度等因素都直接影响教学楼的标准层面积。规范中给出的"标准班"即每班人数为50人，但是现状中每班学生至少在60~70人，甚至超过80人。所以，"学校规模"的全面含义应包括以下两种：例如班级数64，在校生4800，可以折算为"标准班"——每班50人则为96个教学班（4800/50）；另一种计算方法为按照实际的班级人数容量来折算班级数，即每班平均75人，共计64个班，共4800人。可见，教室的容纳人数即"自然班"规模既是计算学校规模的重要指标，也是进行教室空间规模计划的影响因子之一。

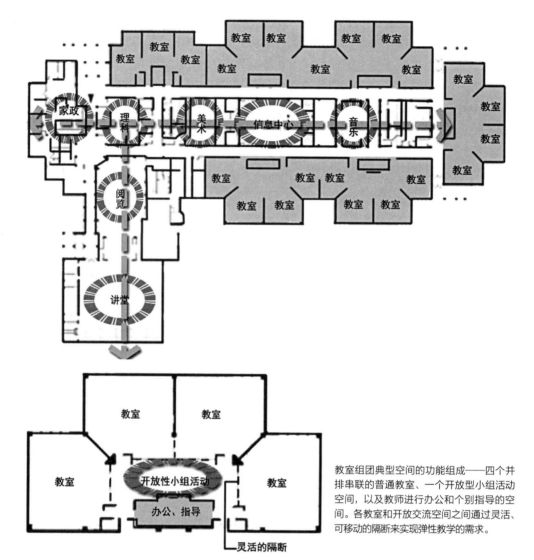

教室组团典型空间的功能组成——四个并排串联的普通教室、一个开放型小组活动空间，以及教师进行办公和个别指导的空间。各教室和开放交流空间之间通过灵活、可移动的隔断来实现弹性教学的需求。

图 6.29　印第安纳州拉菲特文顿学校平面图
（图片来源：建筑设计资料集成——教育·图书篇.）

主要影响变量、次要影响变量、定值之间的关系　　　　　　　　表 6.27

| 项目 | 主要影响变量 | 次要影响变量 | 定值 |
| --- | --- | --- | --- |
| 内容 | 教室容纳人数 | 教室类型 | 疏散宽度 |
| | 桌椅摆放形式 | 长宽比 | 视距与排距 |
| 设计/指标 | 生均使用面积 | 教学组织形式 | 教室轴线尺寸 |

主要影响变量二：桌椅摆放形式。同样根据调研得出，目前大多数高中普通教室的课桌椅摆放形式为两种：8 排 4 列和 9 排 3 列。按照两人共用一桌计算，教室容纳人数分别是 64 人和 54 人。

次要影响变量一：教室类型。教室类型主要包括不同结构形式的教室、不同教学组织方式的教室、不同开窗方式的教室等。

次要影响变量二：长宽比。教室的长宽比通常为一个区间值，即 1:1.5~1:2 之间。这是主要使用空间对采光、家具布置等室内舒适度要求的经验取值。具体的长宽比还要根据地区的日照以及室内使用要求而决定。

定值一：疏散宽度。在《中小学校设计规范》GB 50099-2011 中，对于中小学交通疏散面积的规定基本上和民用建筑防火疏散的规定一致。其中明确规定："教学用房内走道净宽度不应小于 2.40m，单侧走道及外廊的净宽度不应小于 1.80m。"[①] 因此，内廊式走道的宽度定值为 2.40m，单侧及外廊走道的宽度定值为 1.80m 可视为定值。

楼梯间若每股人流宽度为 0.6m，疏散通道宽度最少为 2 股人流，各安全出口、每 100 人的净宽度为表 6.28 所示。

安全出口、疏散走道、疏散楼梯和房间疏散门每 100 人的净宽度（单位：m）　　表 6.28

| 所在楼层位置　　耐火等级 | 一、二级 | 三级 | 四级 |
| --- | --- | --- | --- |
| 地上一、二层 | 0.70 | 0.80 | 1.05 |
| 地上三层 | 0.80 | 1.05 | — |
| 地上四、五层 | 1.05 | 1.30 | — |
| 地下一、二层 | 0.80 | — | — |

（资料来源：中小学校设计规范，GB 50099-2011）

定值二：视距与排距。按照《中小学校设计规范》GB 50099-2011 中的规定："第一排座位与黑板之间的水平距离不小于 2.2m，其允许的垂直视角不应小于 45°，前排边座位的学生看黑板远端与黑板之间的夹角不应小于 30°，学生课桌前的排距不小于 900mm，纵向走道不小于 600mm，最后排课桌前沿与黑板水平距离不宜大于 9m。最后排课桌至墙面的净距不应小于 1.1m。黑板的宽度不小于 4.00m。"[①]

通常按照规范中规定的每班级为 50 人计算。可是，经过研究组调研发现，在优质教育资源不断集中的超大规模高中，班级人数远远超过了规范中的 50 人，甚至七八十人。而教室的大小仍按照 50 人左右设计导致座位安排非常拥挤，视距不满足要求，走道狭窄，疏散宽度不够，安全隐患多。所以，笔者认为应按照中学生视力、身体发育状况、教室的采光、疏散宽度的要求等详细设计适合现状规模使用的教室面积。具体如表 6.29 所示。

普通教室尺寸及面积建议值　　表 6.29

| 类别 | 容量（人/班） | | 单人课桌（长×宽，m） | 双人课桌 m（长×宽） | 教室轴线尺寸（m） | 使用面积 | 人均使用面积（m²） | |
| --- | --- | --- | --- | --- | --- | --- | --- | --- |
| | 近期 | 远期 | | | | | 近期 | 远期 |
| 中学 | 50 | 45 | 0.6×0.42 | 1.2×0.42 | 7.2×9.6 | 65.1 | 1.3 | 1.45 |

---

① GB 50099-2011. 中小学校设计规范 [S]. 北京：中国建筑工业出版社，2010.

| 类别 | 容量（人／班） | | 单人课桌（长×宽，m） | 双人课桌 m（长×宽） | 教室轴线尺寸（m） | 使用面积 | 人均使用面积（m²） | |
|---|---|---|---|---|---|---|---|---|
| | 近期 | 远期 | | | | | 近期 | 远期 |
| 中学 | 50 | 45 | 0.6×0.42 | 1.2×0.42 | 7.5×9.3 | 65.8 | 1.32 | 1.46 |
| | | | 0.6×0.42 | 1.2×0.42 | 7.5×9.6 | 67.9 | 1.36 | 1.51 |
| | | | 0.6×0.42 | 1.2×0.42 | 7.8×9.3 | 68.5 | 1.37 | 1.52 |
| | | | 0.6×0.42 | 1.2×0.42 | 8.4×8.4 | 66.6 | 1.33 | 1.48 |
| | | | 0.6×0.42 | 1.2×0.42 | 8.4×8.7 | 69.0 | 1.38 | 1.53 |
| | | | 0.6×0.42 | 1.2×0.42 | 8.1×8.7 | 66.5 | 1.33 | 1.48 |

（3）计算公式及推导

**主要计算公式**  表6.30

| 序号 | 计算公式 |
|---|---|
| 1 | 教室长度 = 第一排最小视距 +（课桌宽度 + 排距）× 排数 + 最后一排的最小视距 |
| 2 | 教室宽度 = 0.6×（列数 −1）+ 0.6×2 |
| 3 | 教学楼建筑面积 = 教学楼标准层建筑面积 × 层数 |
| 4 | 教学楼标准层建筑面积 = 单个教室的建筑面积 × 教室数量 + 走廊面积 + 服务空间建筑面积 |
| 5 | 使用面积 = 主要使用面积 + 次要使用面积 + 交通辅助面积 |
| 6 | 生均使用面积 = 教室使用面积 / 班级人数 |
| 7 | 生均建筑面积 = 教室建筑面积 / 班级人数 |

### 6. 指标计划

（1）教室的面积及大小

根据《中小学校建筑设计规范》GB 50099-2011中对普通教室面积大小的相关规定："普通教室内单人课桌的平面尺寸应为 0.60m×0.40m，中小学校普通教室课桌椅的排距不宜小于 0.90m，最前排课桌的前沿与前方黑板的水平距离不宜小于 2.20m；最后排课桌的后沿与前方黑板的水平距离中学不宜大于 9.00m；教室最后排座椅之后应设横向疏散走道，自最后排课桌后沿至后墙面或固定家具的净距不应小于 1.10m；中小学校普通教室内纵向走道宽度不应小于 0.60m，前排边座座椅与黑板远端的水平视角不应小于 30 度。"[1] 按照标准班每班为 50 人计算，人均面积 1.39m²，则中学教室的使用面积为 69.5m²。矩形教室的进深尺寸以 6600～8400mm 为佳，长度以 8700～10200mm 比较合适。现行《中小学校建筑设计规范》《城市普通中小学校建设标准》中所规定的普通教室面积定额如表 6.31 所示。

按照规范规定的最小排距 0.9m、课桌椅尺寸 0.6m×0.4m（单人）、第一排与黑板的最小水平视距 2.2m，最后一排距离黑板的最大水平视距 9m 可以得出：

---

① GB 50099-2011. 中小学校设计规范 [S]. 中国建筑工业出版社，2010.

| 规范指标 | 《中小学校设计规范》 | 《城市普通中小学校建设标准》 |
|---|---|---|
| 教室轴线尺寸（mm） | 7500×9300 | 7200×9600 |
| 使用面积（m²） | 69.5 | 67 |
| 生均面积（m²/生） | 1.39 | 1.34 |

教室长度 =2.2+（0.4+0.9）×6+0.2=10.2m，即按照符合疏散和视力要求的教室座椅最多只能安排 6 排；按照每排最多容纳 12 人来计算，教室的总容纳人数为 12×6=72 人，最少容纳 8×6=48 人。教室的使用面积最小为 8.9×8.4=74.8m²，最大为 10.2×10.2=104m²。通过计算分析，按照规范，要满足较为适宜容纳 60 个学生、保证座位之间不拥挤，且有很好的视野和空间，那么，教室尺寸最好采用 8400mm×10200mm。如图 6.30～图 6.33 所示，教室使用面积为 85.7m²，生均使用面积 1.43m²/生。在超大规模的办学背景下，面对超大班额的存在，教室能够容纳的最多人数为 70 人，使用面积 104m²，生均使用面积 1.47m²/生。教室的容量可以在 60～70 人范围内适应弹性办学的需求。

平面布局及尺寸如图 6.34～6.37 所示。

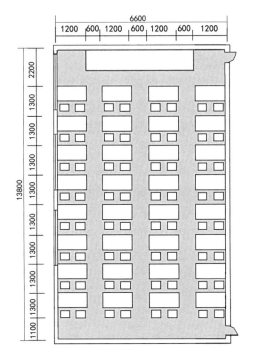

大多数调研学校教室布局如图，按照规范规定的视距、排距、疏散宽度，则教室的长为 13.8m，宽为 6.6m，使用面积为 91m²。生均使用面积为 1.42m²，不符合规范"最后排课桌的后沿与前方黑板的水平距离中学不宜大于 9m"[1]的要求，疏散走道和视距严重不足。

**图6.30　调研学校教室平面布局图**

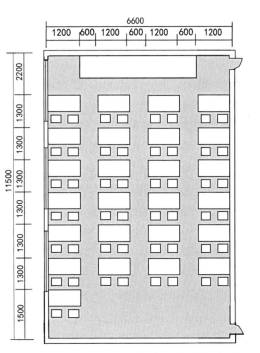

将班额降为标准班 50 人，教室的布局为 6 排 4 列，第 7 排仅设一张桌子。教室的使用面积降为 76m²，生均使用面积 1.52m²。但第 7 排座位仍然不满足"最后排课桌的后沿与前方黑板的水平距离中学不宜大于 9m"[1]的规范要求。

**图6.31　降低班额后教室平面布局图**

① GB 50099-2011. 中小学校设计规范 [S]. 中国建筑工业出版社，2010.

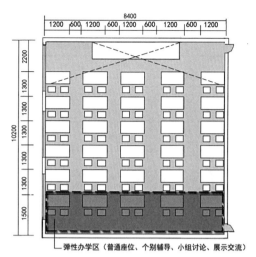

教室布局：6排5列
教室轴线尺寸：8400mm × 10200mm
教室使用面积：85.7m²
生均使用面及：1.43m²/生

图6.32　班额50~60人教室平面布局图

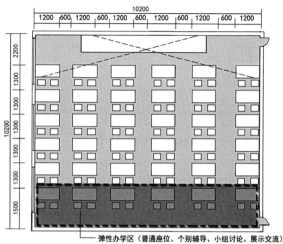

教室布局：6排6列
教室轴线尺寸：10200mm × 10200mm
教室使用面积：104m²
生均使用面及：1.47m²/生

图6.33　班额60~70人教室平面布局图

（2）教室的类型和空间模式

按照不同课程设置特点、教学组织形式以及对教学需求的不同分别进行空间类型及模式的计划。例如"全科目教室"需要完成所有科目的学习，课程门次较多，全班的集体活动如主题班会等较多，所以诸如兴趣角、阅览区、展示墙等公共性较强、参与性与体验性更丰富的空间特点则体现得更多；而"特别科目教室"伴随着各科目的特色教学需求在教室的分区中也得到更多的体现。如增加图文阅览、演讲朗诵、科学演示、理论推导、动手实验、模型演示等学习空间。"开放科目教室"则是在"学社融合"的教育理念下，更多地培养学生社会实践能力，侧重于与社区互用共享、培训交流，使教育资源得以充分利用。"功能科目教室"是针对高三阶段而设置的，当所有的课程学习结束，进入到全面的复习和备考阶段，标准化考场的特点应该更加鲜明，一轮又一轮的测验、考试需要更多的试卷整理及分类、纠错、要点总结归纳等复习空间。因此，在区域的设置上不像高一、高二课程设置多元化，更需要足够的课桌椅等存储空间用来复习庞杂的知识体系和应付各类考试。教师经常要监考、巡考，以及批阅试卷和讲评试卷等，更需要宽大的办公空间对试卷进行分类整理。超大规模高中教室类型及空间模式计划如图6.34~图6.37所示。

空间模式采用母题单元式设置，便于适应超大规模高中的弹性办学需求。其中，根据不同类型的教室空间和各级部的功能需求设置多种功能，采用若干教室围绕一个公共中心的形式来组织。"全科目教室"融合了普通教室、存储、盥洗、展览、小组活动、阅览等多种功能用房，共同围绕一个"中央大厅"；"特别科目教室"则是综合考虑了各种科目类型的教室而设置，如实验室、音乐室、美术室等，在教室之间采用灵活隔断，并设置盥洗、模型、探究、泥塑、器乐等多功能角辅助空间，以满足各种科目教室的教学需求，它们共同围绕一个信息媒体中心；"开放科目教室"更多针对社区开放使用，如家政室、培训室、资源中心、视听讲堂等等，鼓励"学社融合"，理论结合实践；对于毕业班来说，考试、纠错、总结、辅导应该

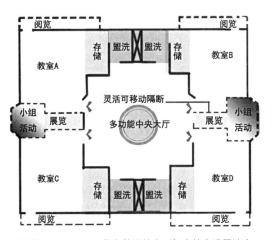

教室 A、B、C、D 代表普通教室，每个教室设置独立的存储、阅览、盥洗和主要的教学空间。相邻教室之间设置灵活可移动的隔断以满足小组交流和展示的需求。所有教室共同围绕"多功能中央大厅"，可开展各种大型报告、集会、剧演、讨论等公共活动。

图 6.34 "全科目教室"模式

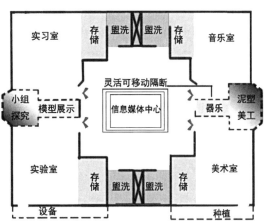

每个"特别科目教室"组团分别由实验室、实习室、信息媒体中心、音乐室、美术室等功能组成。通过灵活可移动的隔断满足小组探究，以及模型展示、泥塑美工、器乐形体等辅助功能用房的教学需求。信息媒体中心则承担起学科交流、信息查询等作用。

图 6.35 "特别科目教室"模式

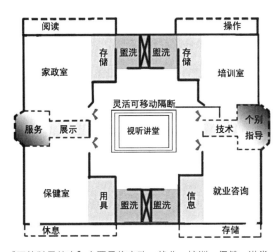

"开放科目教室"主要是将家政、就业、培训、保健、讲堂、技术指导等和社会实践相结合的教学内容融合在一起，旨在使得学校的教育资源向社区开放共享，提高学生的社会实践能力。它们之间通过灵活可移动的隔断满足弹性教学的需求。

图 6.36 "开放科目教室"模式

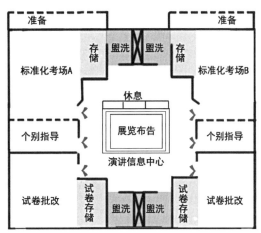

"功能科目教室"主要针对高考复习班——高三年级部设置。若干标准化考场组成一个组团，和考试结合设置的是个别指导与答疑、试卷批改与纠错、各种考试信息的查询与布告等，共同围绕一个公共演讲中心设置。

图 6.37 "功能科目教室"模式

是最为重要的日常学习组成部分，所以需要将标准化考场与教师批改试卷与辅导空间结合起来设置更为便利。

（3）教室的数量

通过调研已有的超大规模高中普通教室的使用情况，可以将教室数量的类型分为余裕型、适当型和不足型。余裕型即教室数量设置过多，有部分闲置教室要么空置、要么转化为其他功能使用。例如 XF 一中，校园班级数仅有 54 个，却设计了 84 个教室，两栋教学楼几乎有一半教室处于闲置状态，极大地浪费了资源，增加了建设成本。适当型即现有教室数量较能满足现状的使用要求，没有浪费空间和资源。不足型即现有教室的数量不能满足正常的教学需求，所以不得不将部分其他功能用房如实验室、办公室、图书室等改为教室，有些学校甚至将空余宿舍利用为教室，采光通风都不佳，严重影响在校生的学习和身心健康。

由于现状中超大规模高中的教室普遍容纳人数在60人以上，因此计算教室数量应将现有规模折算为标准班（50人），现有的教室数量折算为标准班教室数量。通过使用状况的调研，统计出余裕教室的数量和不足教室的个数（余额和差值），从而进行数量调整，最终得出较为适宜的教室个数。

通过下表6.32可以得出，通过减去余裕教室数以及增加不足教室数得出的调整后的教室数量，和三种数量类型的原有教室个数的比值为1.1和1.2两种。因此，可以计算教室数量基本指标=1.1×标准班班级数（每班50人）；教室数量规划指标=1.2×标准班班级数（每班50人）。

不同数量类型下已调研的超大规模高中普通教室指标汇总　　　　　表6.32

| 数量类型 | 学校名称 | 在校生人数（人） | 教室数量（个） | 平均容纳人数（人） | 折算成标准班级数（个） | 折算成标准班教室数量(个) | 余额（+）/差值（-）（个） | 调整后数量(个) | 教室数/班级数（个） |
|---|---|---|---|---|---|---|---|---|---|
| 余裕型 | XF 一中 | 2700 | 84 | 50 | 54 | 84 | +27 | 57 | 1.1 |
| | SD 二中 | 3200 | 68 | 60 | 64 | 82 | +6 | 76 | 1.2 |
| | QX 二中 | 5000 | 86 | 70 | 100 | 120 | +12 | 108 | 1.1 |
| | MX 一中 | 4300 | 80 | 64 | 86 | 102 | +7 | 95 | 1.1 |
| | BJ 中学 | 4680 | 80 | 65 | 94 | 105 | +4 | 101 | 1.1 |
| 适当型 | JB 中学 | 4232 | 80 | 65 | 85 | 102 | — | — | 1.2 |
| | SD 一中 | 3100 | 60 | 60 | 62 | 72 | — | — | 1.2 |
| 不足型 | MX 二中 | 4960 | 69 | 72 | 99 | 99 | -6 | 105 | 1.1 |
| | DL 中学 | 4400 | 70 | 64 | 88 | 90 | -6 | 96 | 1.1 |
| | FF 高中 | 3200 | 57 | 56 | 64 | 64 | -9 | 73 | 1.1 |
| | YC 中学 | 4665 | 65 | 60 | 93 | 78 | -20 | 98 | 1.1 |
| | QX 一中 | 7300 | 105 | 68 | 146 | 142 | -16 | 158 | 1.1 |

通过绘制图表，将余裕型、适当型、不足型三种数量类型的普通教室个数a、b、c……g、k连成折线图，如图6.38所示。

通过对学校现状使用情况的调研，在余裕型教室数量的基础上减去闲置教室数，在不足型教室数量的基础上加上需要的教室个数，适当型教室数量保持不变，可以得出调整后的教室个数，并将其连成折线，可以看出很明显的趋势。

如图6.39所示。

根据每间教室的面积设定为85.7m²，教学空间使用系数65%，按照上表绘制的教室个数基本指标和教室个数规划指标，可以将不同班级规模下的教室数量指标汇总，如表6.33所示。

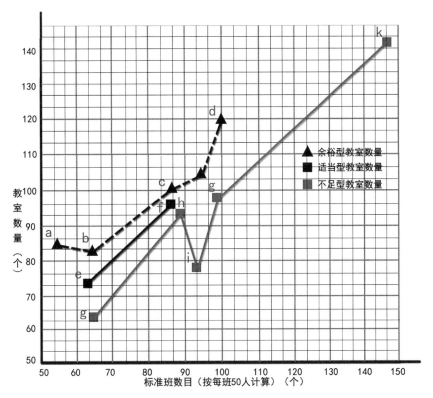

图 6.38　各数量类型下超大规模高中普通教室的现状个数图

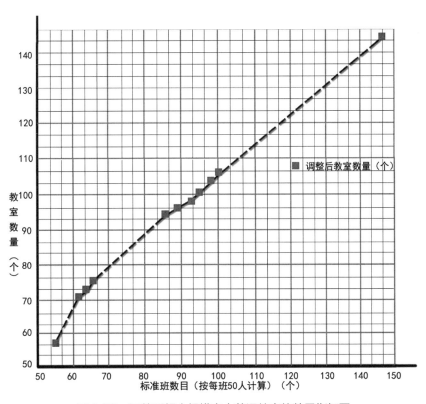

图 6.39　调整后超大规模高中普通教室的数量指标图

| 项目名称 | 基本指标 | | | | |
|---|---|---|---|---|---|
| | 60 班 | 72 班 | 84 班 | 96 班 | 108 班 |
| 教室个数（个） | 66 | 79 | 92 | 106 | 119 |
| 使用面积（m²） | 5656 | 6770 | 7884 | 9084 | 10198 |
| 建筑面积（m²） | 8702 | 10416 | 12130 | 13976 | 15690 |

| 项目名称 | 规划指标 | | | | |
|---|---|---|---|---|---|
| | 60 班 | 72 班 | 84 班 | 96 班 | 108 班 |
| 教室个数（个） | 72 | 86 | 101 | 115 | 130 |
| 使用面积（m²） | 6170 | 7370 | 8656 | 9856 | 11141 |
| 建筑面积（m²） | 9492 | 11339 | 13316 | 15162 | 17140 |

　　通过之前对教室面积的计算可以得出，每间教室的使用面积为 85.7m²。根据课桌椅摆放方式的不同，普通教室空间可以规划容纳下基本指标标准班为 50 人和规划指标 6×10=60 人两种。

　　生均使用面积和生均建筑面积如表 6.34 所示。

不同班级规模下生均教室使用面积及建筑面积指标表　　　　表 6.34

| 项目名称 | 基本指标 | | | | |
|---|---|---|---|---|---|
| | 60 班 | 72 班 | 84 班 | 96 班 | 108 班 |
| 在校生人数（个） | 3600 | 4320 | 5040 | 5760 | 6480 |
| 生均使用面积（m²/生） | 1.7 | | | | |
| 生均建筑面积（m²/生） | 2.3 | | | | |

| 项目名称 | 规划指标 | | | | |
|---|---|---|---|---|---|
| | 60 班 | 72 班 | 84 班 | 96 班 | 108 班 |
| 在校生人数（个） | 3000 | 3600 | 4200 | 4800 | 5400 |
| 生均使用面积（m²/生） | 1.8 | | | | |
| 生均建筑面积（m²/生） | 3 | | | | |

（4）教学单元的标准层面积

　　一般来讲，教学楼单元常用框架结构，按照标准教室的大小 0.84m×1.02m，可将柱网取值为 8.4m×10.2m，考虑到建筑的设缝长度、防火疏散距离、交通联系等相关因素，单栋教学楼长度一般在 70m 左右。按照规范，教学楼中的普通教室：小学宜在 4 层以下（含 4 层），中学宜在 5 层以下（含 5 层）。设定单元体楼层一般为 3~5 层，廊宽、疏散宽度等按照规范取定值，可以构建以下的理论计算模型，从而推衍出教学单元的标准层面积（表 6.35）。

　　根据对普通教室面积大小的讨论可以得出，不同的课桌椅摆放形式对教室内可容纳的学生数产生了一定的影响。为节约土地，单元体层数取上限即 5 层。下表 6.36 就是按照不同的班级规模和容纳人数，分别列出四种空间模式的教学单元体标准层面积，为计算节地建筑密度作铺垫。

不同空间模式下理论模型的参数取值　　　　表 6.35

| 空间模式 | 模型参数——建筑单元的长度设定为 70m，层数 5 层，楼梯间宽度 4m，标准教室大小 8400m×10200m | | | |
|---|---|---|---|---|
| | 图示 | 廊宽（m） | 标准层面积（m²） | 教室个数 |
| 单外廊式 | | 2.4 | 716 | 30 |
| 中内廊式 | | 1.8 | 1228 | 60 |
| 双外廊式 | | 2.4 | 880 | 30 |
| 单廊 + 中庭 + 单廊式 | （中庭取廊宽的 2 倍） | 1.8 | 1596 | 60 |

不同空间模式下教学单元体的标准层面积　　　　表 6.36

| 学校规模 | | | 教室数量 | 不同空间模式下的标准层建筑面积（m²） | | | |
|---|---|---|---|---|---|---|---|
| 班级规模 | 在校生规模（每班50人） | 在校生规模（每班60人） | | 内廊式 | 单外廊式 | 双外廊式 | 单廊 + 中庭 + 单廊式 |
| 60 班 | 3000 | 3600 | 66 | 2456 | 2148 | 2640 | 3192 |
| 72 班 | 3600 | 4320 | 79 | 2456 | 2148 | 2640 | 3192 |
| 84 班 | 4200 | 5040 | 92 | 2456 | 2864 | 3520 | 3192 |
| 96 班 | 4800 | 5760 | 106 | 2456 | 2864 | 3520 | 3192 |
| 108 班 | 5400 | 6480 | 119 | 2456 | 2864 | 3520 | 3192 |

## 6.5.3　实验空间计划

### 1. 实验空间模式

通过已有调研得出，高中校园实验楼单元的空间模式基本为以下两种：单外廊式和中内廊式。空间模式影响着实验室的数量、标准层建筑面积以及生均使用面积。单元体的不同空间模式在采光、通风、疏散、热舒适度等物理环境属性方面均有不同。表 6.37 分别列出了两种空间模式的特点。

实验单元两种空间模式的优缺点及示意图　　　　表 6.37

| 空间模式 | 图示 | 优点 | 缺点 |
|---|---|---|---|
| 单外廊式 | | 采光通风较佳，易于疏散 | 不节约用地，空间层次单调 |
| 中内廊式 | | 空间集约，节约用地 | 中内廊较黑，采光通风不佳 |

## 2. 实验空间指标

表 6.38 是现行国家规范中规定的关于理、化、生实验室个数的要求，但对于超过 48 班的，现行国家标准没有给出明确的规定，48 班范围内也仅仅是给出了参考取值区间。

中学理科实验室指标（单位：间）　　　　　　　　表 6.38

| 室别 | 类别 / 内容 | 4~8 个平行班 | | 8~12 个平行班 | | 12~16 个平行班 | |
|---|---|---|---|---|---|---|---|
| | | 初中 | 高中 | 初中 | 高中 | 初中 | 高中 |
| 物理实验室 / 探究室 | 基本要求 | 1 | 1~2 | 1~3 | 2~3 | 3~5 | 3~5 |
| | 规划建议 | 2~3 | 2~3 | 3~4 | 3~4 | 4~6 | 4~6 |
| 化学实验室 / 探究室 | 基本要求 | 1 | 1~2 | 1~2 | 2~3 | 2~3 | 3~5 |
| | 规划建议 | 1~2 | 2~3 | 2~3 | 3~4 | 3~4 | 4~6 |
| 生物实验室 / 探究室 | 基本要求 | 1 | 1~2 | 1~3 | 2~3 | 2~3 | 3~5 |
| | 规划建议 | 2~3 | 2~3 | 3~4 | 3~4 | 3~4 | 4~6 |

注：学校规模小于 12 个班的可参照表中 4~8 个平行班的数据执行。

（资料来源：中小学理科实验室装备规范，JY/T 0385-2006）

为应对超大规模高中的办学需求，下表列出了目前各省市自定的超过 48 班的标准，且东西部地区之间差异较大。具体如表 6.39 所示。

超过 48 班的高中理、化、生实验室数量指标汇总　　　　　　　表 6.39

| 标准 | 每间使用面积（m²） | 理化生实验室数量（个） | | | | | |
|---|---|---|---|---|---|---|---|
| | | 24 班 | 30 班 | 36 班 | 48 班 | 54 班 | 60 班 |
| 《贵州省普通高中建设规范》 | 96 | 4 | 5 | 6 | 8 | — | 10 |
| 《山东省普通高级中学基本办学条件标准》 | 96 | 3 | 3 | 4 | 6 | — | 8 |
| 《浙江省寄宿制普通高级中学建设标准》 | 96 | 6 | 9 | 9 | 12 | — | 15 |
| 《江西省普通高级中学基本办学条件标准》 | 96 | 4 | 5 | 6 | 7 | 9 | 11 |

（1）综上可得，根据国家标准的规定，实验室、科学探究室（理、化、生）生均使用面积的基本指标不小于 1.80，规划指标不小于 1.92，可以推算，按照 50 人设计的实验室面积基本指标为 90m²，规划指标为 96m²；按照 70 人设计的实验室面积基本指标为 126m²，规划指标为 134m²。但是调研后发现，现状中实验室面积严重不够，座位过于拥挤。

（2）48 班规模的高中理、化、生各科实验室的数量取值为：基本指标每科 3~5 个，规划指标为每科 4~6 个，即实验室的总个数为基本指标 9~15 个，规划指标 12~18 个，并且学校规模每增加 12 个班（4 个平行班）时，理、化、生实验室及其附属用房各增加 1 套。但按照此标准推算，规范中给出的数量在现状中产生了大量浪费，实验用房的数目过多，部分空间处于闲置状态。

（3）在各省市制定的普通高级中学基本办学条件标准中，60 班规模以上的标准全国仅贵州、浙江、山东、江西、江苏五个省份有，且东西部的差异较大。

### 3. 已调研学校空间模式及指标

在调研学校中，因成本低廉、采光通风较佳等原因，大多数超大规模高中实验楼的空间形式是单外廊式。实验室设备较为陈旧，仅能满足正常教学的需求。而对于探究型实验、课外兴趣辅导、开放型实验空间等附属实验功能则基本没有体现（表6.40）。

已调研学校的实验空间模式及个数　　　　　　　　表6.40

| 用地类型 | 学校名称 | 班级数（个） | 物理实验室数量（个） | 化学实验室数量（个） | 生物实验室数量（个） | 理化生实验室数量（个） | 有效利用教室数（个） | 每学期实验个数（个） | 利用率（%） | 空间形式 |
|---|---|---|---|---|---|---|---|---|---|---|
| 余裕型 | XF一中 | 54 | 6 | 6 | 6 | 18 | 12 | 9 | 66 | 单外廊式 |
| | FF高中 | 64 | 3 | 3 | 3 | 9 | 6 | 2 | 50 | 中内廊式 |
| | BJ中学 | 100 | 6 | 6 | 4 | 14 | 8 | 5 | 66 | 内中庭 |
| | JB中学 | 86 | 4 | 4 | 4 | 12 | 9 | 5 | 83 | 单外廊式 |
| | MX一中 | 94 | 4 | 4 | 4 | 12 | 9 | 6 | 75 | 单外廊式 |
| 适当型 | SD一中 | 85 | 4 | 4 | 3 | 11 | 6 | 4 | 64 | 单外廊式 |
| | QX二中 | 62 | 3 | 3 | 3 | 9 | 7 | 3 | 80 | 单外廊式 |
| | DL中学 | 99 | 4 | 4 | 2 | 10 | 6 | 1 | 50 | 单外廊式 |
| 不足型 | QX一中 | 88 | 3 | 3 | 1 | 7 | 5 | 2 | 67 | 单外廊式 |
| | SD二中 | 64 | 2 | 2 | 2 | 6 | 6 | 2 | 100 | 单外廊式 |
| | YC中学 | 93 | 2 | 2 | 1 | 5 | 5 | 2 | 100 | 单外廊式 |
| | MX二中 | 146 | 6 | 4 | 4 | 14 | 9 | 4 | 60 | 中内廊式 |

通过调研可得，实验室数量较少的超大规模高中每学期进行的分组实验个数较少，例如若每学期仅作2个实验，各科目仅设2个实验室即能满足教学需求，而其余的实验均可通过课堂上由教师演示完成。所以，在一些设置实验室数量较多的学校，由于每学期实验教学的个数有限，闲置了一些实验室。由于不断扩招的原因，实验室班额较大，座位比较拥挤，所以大多数超大规模高中的生均使用面积不能满足《中小学校设计规范》GB 50099-2011中规定的实验室的使用面积指标为"不小于$1.92m^2$/每座"，最小的仅为$1.3m^2$/每座。具体如表6.41所示。

| 用地类型 | 学校名称 | 使用面积（m²） | 容纳人数（人） | 生均使用面积（m²/生） | 实验室附设功能 | 实验室不足改扩建措施 |
|---|---|---|---|---|---|---|
| 用地余裕型 | XF一中 | 110 | 54 | 2 | 设独立探究实验室为课外兴趣小组使用 | 每个科目使用4间，预留3间 |
| | FF高中 | 104 | 56 | 1.9 | 没有设探究实验室 | 理、化、生实验室各使用2间，剩余作高三复习班使用 |
| | BJ中学 | 108 | 56 | 1.9 | 每层实验室设1个研讨室 | 理、化、生实验室各闲置2间 |
| | JB中学 | 106 | 56 | 1.9 | 设探究实验室 | 理、化、生各闲置1间作高三考试教室 |
| | MX一中 | 110 | 64 | 1.7 | 每个科目各配有1间探究实验室 | 理化生实验室各闲置1间 |
| 用地适当型 | SD一中 | 86 | 64 | 1.3 | 没有探究实验室 | 物理实验室闲置2间、化学实验室闲置2间、生物实验室闲置1间 |
| | QX二中 | 108 | 72 | 1.5 | 没有探究实验室 | 生物实验室闲置2间 |
| | DL中学 | 84 | 64 | 1.3 | 设1个探究实验室 | 理、化实验室各闲置2间 |
| 用地不足型 | QX一中 | 99 | 72 | 1.4 | 探究实验室闲置 | 理、化各闲置1间 |
| | SD二中 | 90 | 64 | 1.4 | 没有探究实验室 | 新建实验楼1座 |
| | YC中学 | 86 | 64 | 1.3 | 没有探究实验室 | 大部分实验在课堂完成 |
| | MX二中 | 110 | 64 | 1.7 | 物理实验室配1间探究室 | 物理实验室闲置3间、化学实验室闲置1间、生物实验室闲置2间 |

### 4．实验空间的现状与问题

（1）空间局促，生均使用面积不足

2012年起实施的《中小学校设计规范》GB 50099-2011 对 2002 版的规范中关于面积指标的内容进行了修编。具体如表 6.42 所示。

而大部分班额较大的实验室，前后排的排距和疏散走道的宽度也根本不能满足规范的基本要求（表 6.43）。

根据对现有超大规模高中的调研，理、化、生实验室的座位数分为以下几种形式：8排×8列可容纳64人或8排×7列可容纳56人。按照规范给出的指标，每个实验室的使用面积为 1.92m²/每座×56座=108m² 或 1.92m²/每座×64座=123m²。而现状中实验室面积大小为 108m² 左右的居多，但很多班额已经远远超过了56人，有的甚至挤下了72人，生均使用面积极低。

实验室及其辅助用房使用面积指标　　　　　　　　　　　　　　　表6.42

| 房间名称 | 中学实验室使用面积指标（m²/每座） | 备注 |
|---|---|---|
| 实验室 | 1.92 | — |
| 综合实验室 | 2.88 | — |
| 演示实验室 | 1.44 | 若容纳2个班，则指标为1.20（每班按照50人） |
| 房间名称 | 中学实验室辅助用房的使用面积指标（m²/每间） | 备注 |
| 实验员室 | 12 | |
| 仪器室 | 24 | |
| 药品室 | 24 | — |
| 准备室 | 24 | |
| 标本陈列室 | 42 | 可陈列在能封闭管理的走道内 |

规范中化学实验室纵向走道宽度及前后排距规定　　　　　　　　　表6.43

| 离座取水情况 | 纵向走道数量及宽度 | | 前后排距（mm） | 备注 |
|---|---|---|---|---|
| | 走道数量（条） | 最小宽度（mm） | | |
| 不离座取水 | 1 | 1000 | 1200 | 化学实验桌宽度为600mm |
| | 2 | 650 | | |
| | 3 | 600 | | |
| | 4 | 500 | | |
| 需离座取水 | 1 | 1000 | 1200~1300 | 指将水池设于后墙或侧墙处，实验桌为600mm宽 |
| | 3 | 700 | | |

（2）药品室与准备室排风设备不足，空气质量不佳

与实验室内空气环境质量密切相关的是有关强制排风设备，尤其是实验员室和药品室空气质量的优劣，严重影响身心健康。在调研中遇到一位从业30多年的化学实验员，因长期工作在没有强制排风和通风设备的药品室，常年咳嗽不断，尽管医治服药但也时好时坏。但其遭遇发人深思，提醒我们建筑设计人员除了关注空间之外，更应从使用者的切身体会和需求出发，从根本上解决日常使用中的问题及隐患。

规范中提到"当采用机械通风时，人员所需新风量物理、化学、生物实验室不应低于20m³/（h·人）；生物实验室、化学实验室、药品储藏室、准备室应采用机械排风方式"。除了上一点风量要求外，还规定"最小通风效率应为75%；各教室排风系统及通风柜排风系统均应单独设置；室内气流组织应根据实验室性质确定，化学实验室宜采用下排风；强制排风系统的室外排风口宜高于建筑主体，其最低点应高于人员逗留地面2.50m以上；补风方式应优先采用自然补风"。[①]但由于多数超大规模高中的实验楼建设年代较为久远，很多设备和基础设施都没有配套，因此，和规范的规定相比，排风系统还差得很多。

<hr>

① GB 50099-2011. 中小学校设计规范[S]. 中国建筑工业出版社，2010.

（3）开放型实验空间不足，学科交互式理念未体现

所调研过的超大规模高中部分学校几乎都没有开放型实验空间。虽然有些学校设置了独立的探究实验室，但基本上形同虚设，要么设施不全，要么常年紧闭，没有所谓的"学科融合"和实践探究，科学探索活动也无法展开。当前科技进步日新月异，高新知识产业需要高水平的人才，全新的教学也需要非传统意义的教学空间。以实验室为例，除了设置传统的物理、化学、生物等单一学科的实验室之外，新的中小学设计规范还要求设置综合实验室——即为综合研习课服务的实验室。例如DNA双螺旋结构的发明，它体现了物理学、生物学和化学等各学科、各方面的科研成就，它的发明者沃森和克里克，一个毕业于伦敦大学物理学，一个在无线电方面极有才能。在当前理科科目的教学改革日益走向多学科融合的背景下，为了培养学生的创新思维能力，学校还应单独设立综合研习课、实践探究课等。综合实验室就是展开其教学的主要功能用房。只有实现了开放型的实验空间，"学科交互式"的教学理念才能够最终实现。

随着社会的飞速发展，社会分工会越来越细，科学研究更是如此。当遇到一个具体问题时，往往不是单一学科所能解决的，而是需要多学科的交叉融合。多学科交叉融合的优势体现在整合资源、思想交融以及创新方式上，进一步促进了多学科复合型人才的培养。

此外，数字化实验室的设置也有着重大的意义。在一些地方（省、市、自治区、县城）的实验室建设标准中，数字化实验室与探究实验室经常混为一谈。其实，"探究"指的只是一种方法，并不是指用计算机软件分析才能实现探究实验。因此，通常意义上的探究实验室并非数字化实验室。

图6.40、图6.41是在调研学校中发现的为数不多的小组探究式实验室和数字化探究实验室。教学中引入了电子计算机，座椅也按照小组讨论式排布，但由于课程设置并没有体现这方面的特色，导致房间闲置，资源利用率不高。

图6.40　小组探究式实验室　　　　　　图6.41　数字化探究实验室

（4）实验教学附属用房设置不规范

除了理、化、生各科实验室外，实验室配套附属用房的设置也不够规范。相当一部分学校没有设置独立的教师休息室，导致实验员工作环境不佳；另有一些学校，药品室、准备室与实验室距离太远，实验教学时十分不方便；还有个别学校的准备室和药品室未独立设置。

（5）实验室内部设施布局较为落后

所调研过的超大规模高中实验室多为20年前建设而成，很多实验室的内部设施极为落后，有些甚至没有上下水，仅设置公共洗手池，高峰期根本不能满足要求。另外，有些探究实验室以科学探索为主，但实验室内部根本没有放置模型和参考图书的储存空间，配套设施极不完善。如图6.42~图6.45所示。

图6.42　危险药品未隔离放置

图6.43　实验柜不规范

图6.44　准备室过于陈旧

图6.45　实验员休息室简陋

### 5. 空间计划影响因素

（1）容纳人数

按照传统实验室的安排，桌椅摆放基本为7排×8列或8排×8列，那么每个实验室的容纳人数则为56人或64人。但不少超大规模高中在现有实验室面积的基础上，却挤下了72人，导致人均使用面积过低。因此，当班级规模超过了实验室的容纳量时，建议一个班分成两个班进行教学，实验室的数量则需要加倍。

（2）利用率

在调研过的超大规模高中，大多数学校因实验个数没有达到教材要求，即使学校规模很大，实验室设置的数目不多，依然能够满足使用，而且还有部分学校的实验室处于闲置状态，极大地浪费了资源，空间利用率不高。因此，实验室的空间计划应提高资源利用率，在合理的范围内设置实验室的数量。

（3）课程安排情况

因各个超大规模高中实际教学情况不同，各科目需要在实验室完成的个数也不同。在总学时一定的前提下，每个实验室最多进行的学时数和教材大纲规定的分组实验个数有关。实验个数越多，实验学时越大，每个实验室分摊的课时数就相应增加，总共需要的实验室数目就要扩大。因此，实验课程的实际教学情况和教学需求直接决定着实验室的个数。

### 6. 指标计划

（1）面积及大小

以标准班每班 50 人为例，按规范规定，目前的实验室净使用面积应为 $96m^2$（$1.92m^2$/每座 ×50 座），如表 6.44、表 6.45 所示。一般来讲，$96m^2$ 的实验室若容纳 50 座，则实验桌被排成 7 排。前 6 排为每排 8 座（4 张实验桌），最后一排（第 7 排）为 2 座，即安排 1 张实验桌。以最多的 7 排为例，实验桌的深为 0.60m，按照规范的规定，"最前排实验桌的前沿与前方黑板的水平距离不宜小于 2.50m；最后排实验桌的后沿与前方黑板之间的水平距离不宜大于 11m；最后排座椅之后应设横向疏散走道；自最后排实验桌后沿至后墙面或固定家具的净距不应小于 1.20m；双人单侧操作时，中间纵向走道的宽度不应小于 0.70m；四人或多于四人双向操作时，中间纵向走道的宽度不应小于 0.90m"。[①] 那么，前后排距为 1.2m，疏散通道为 0.7m，加上第一排距黑板的 2.5m，则长度为 2.5+7×0.6+6×0.6=12.1m。实验室的宽度为 2.8×2+0.7+2×0.6=7.5m。现行规范还强调了"应以自学生座位左侧射入的光为主。教室为南向外廊布局时，应以北向窗为主要采光面"。

**实验室生均使用面积表（单位：$m^2$）**　　　　　　表 6.44

| 用房名称 | 基本要求 | 规划建议 |
|---|---|---|
| （理、化、生）实验室生均使用面积 | 不小于 1.80 | 不小于 1.92 |
| 实验员室（理、化、生）人均使用面积 | 不小于 6 | |
| 准备室（理、化、生）使用面积 | 每间不小于 18 | 每间不小于 23 |
| 仪器室（理、化、生）使用面积 | 每间不小于 23 | 每间不小于 43 |
| 药品室（化、生）使用面积 | 每间不小于 23 | |
| 危险药品室（化）使用面积 | — | 每间不小于 8 |
| 培养室（生）使用面积 | — | 每间不小于 43 |

注："—"表示不要求；仪器室只设 1 间时面积不应小于 40。

（资料来源：中小学校设计规范，GB 50099-2011）

---

[①] GB 50099-2011. 中小学校设计规范 [S]. 中国建筑工业出版社，2010.

| 类别 | 长度（m） | 宽度（m） |
| --- | --- | --- |
| 双人单侧实验桌 | 1.20 | 0.60 |
| 四人单侧实验桌 | 1.50 | 0.90 |
| 岛式实验桌 | 1.80 | 1.25 |
| 气垫导轨实验桌 | 1.50 | 0.60 |
| 教师演示桌 | 2.40 | 0.70 |

（资料来源：中小学校设计规范，GB 50099-2011）

具体平面布置如图 6.46～图 6.49 所示。

综上分析，从生均使用面积来看，图 6.48 中平面布局图较为符合规范中 $1.92m^2$/ 生的规定。因此，超大规模高中的实验室面积定为 $120m^2$，以 6 排 3 列来布局。

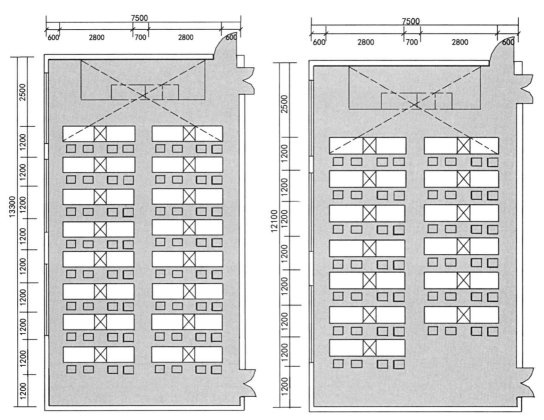

超大规模高中班额普遍偏大，已经超出了标准班 50 人的规定，大多为 60～70 人。

因此，实验室多排布成 8 排 ×8 列 =64 座的格局。但如此一来，最后排实验桌的后沿与前方黑板之间的水平距离为 11.5m，超过了规范的规定。

按照规范规定的排距、疏散走道宽度、视距、实验桌宽度等，以每班 50 人排布座位，每排 8 座，共 7 排，实验室的长度为 12.1m，宽度为 7.5m，使用面积为 $93.75m^2$。

**图 6.46　实际调研的实验室平面**　　　**图 6.47　按规范排列的 50 人实验室平面**

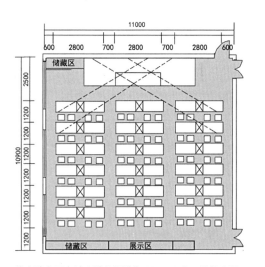

此实验室可容纳人数的规模为60~72人，是超大规模高中常见的班额人数。同时，实验室的尺寸可以满足规范规定的视距、排距、疏散走道宽度的要求。

长度：2.5+1.2×7=10.9m

宽度：2.8×3+0.7×2+0.6×2=11m

使用面积：10.9×11=120m²

生均使用面积：1.7~2m²/生

**图6.48 超大规模办学下弹性教学实验室平面布置示意图一**

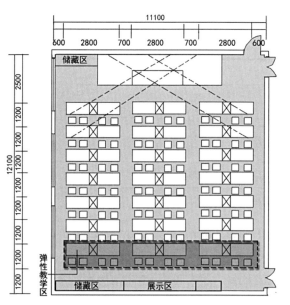

此实验室可容纳人数的规模最多为84人，较适应超大规模办学下的班额。同时，实验室的尺寸可以满足规范规定的视距、排距、疏散走道宽度的要求。在弹性教学区，可视班额的大小决定座位的排布。可以作为弹性教学使用。实验室内还布置了储藏区、展示区等。

长度：2.5+1.2×8=12.1m

宽度：2.8×3+0.7×2+0.6×2=11m

使用面积：12.1×11=133.1m²

生均使用面积：1.58~1.85m²/生

**图6.49 超大规模办学下弹性教学实验室平面布置示意图二**

（2）实验室的数量

根据中华人民共和国教育行业标准《中小学理科实验室装备规范》JY/T 0385-2006中对专用教室建筑面积的规定，"以学校的建设规模和班额人数分别为12班~24班（4~8个平行班）、24班~36班（8~12个平行班）、36班~48班（12~16个平行班），每班50人为参考设计的；学校规模大于48个班的，以本规范中48个班的数据指标为基准，学校规模每增加12个班（4个平行班）时，理、化、生实验室及其附属用房各增加1套。"[1]具体如表6.46所示。

理化生实验室及附属用房数量指标（单位：间）                表6.46

| 名称 | 类别 | 12~24班 | | 24~36班 | | 36~48班 | |
|------|------|------|------|------|------|------|------|
| | | 初中 | 高中 | 初中 | 高中 | 初中 | 高中 |
| 物理实验室/探究室 | 基本要求 | 1 | 1~2 | 1~3 | 2~3 | 3~5 | 3~5 |
| | 规划建议 | 2~3 | 2~3 | 3~4 | 3~4 | 4~6 | 4~6 |

---

① GB 50099-2011.中小学校设计规范[S].北京：中国建筑工业出版社，2010.

| 名称 | 类别 | 12~24班 | | 24~36班 | | 36~48班 | |
| --- | --- | --- | --- | --- | --- | --- | --- |
| | | 初中 | 高中 | 初中 | 高中 | 初中 | 高中 |
| 化学实验室 / 探究室 | 基本要求 | 1 | 1~2 | 1~2 | 2~3 | 2~3 | 3~5 |
| | 规划建议 | 1~2 | 2~3 | 2~3 | 3~4 | 3~4 | 4~6 |
| 生物实验室 / 探究室 | 基本要求 | 1 | 1~2 | 1~3 | 2~3 | 2~3 | 3~5 |
| | 规划建议 | 2~3 | 2~3 | 3~4 | 3~4 | 3~4 | 4~6 |
| 实验员室 | 基本要求 | 各1 | 各1 | 各1 | 各1 | 各1 | 各1 |
| 准备室 | 基本要求 | 各1 | 各1 | 各1 | 各1 | 各2 | 各2 |
| 仪器室 | 基本要求 | 各1 | 各1 | 各1~2 | 各2~3 | 各2 | 各2~3 |
| 药品室 | 基本要求 | 各1 | 各1 | 各1 | 各1 | 各1 | 各1 |
| 危险药品室 | 规划建议 | 1 | 1 | 1 | 1 | 1 | 1 |
| 培养室（生） | 规划建议 | 1 | 1 | 1 | 1 | 1 | 1 |
| 生物园地 | 基本要求 | 1 | 1 | 1 | 1 | 1 | 1 |

注：学校规模小于 12 个班的可参照表中 4~8 个平行班的数据执行。

（资料来源：中小学理科实验室装备规范，JY/T 0385-2006）

按照上述表格，可以推算出大于48班规模的高中理科实验室数目，随着班级规模的增加，实验室数目也在增加，绘制成折线图如图 6.50 所示。但现状各超大规模高中实际设置的实验室数目要远远低于规范中的要求。

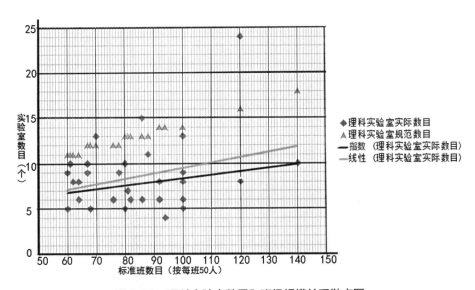

图 6.50 理科实验室数量和班级规模关系散点图

通过调研可得，超大规模高中理科实验室的实际数目和规范要求的数量差别较大，教师普遍认为现状中的实验室数量完全可以满足教学的需求。例如，60 班的某个超大规模高中理科实验室数目为 9 个，而某 100 班规模的高中实验室数量仅为 10 个，主要原因是每所学校实验个数不同。调研得出的实验室的数量和班级规模关系如图 6.51 所示。

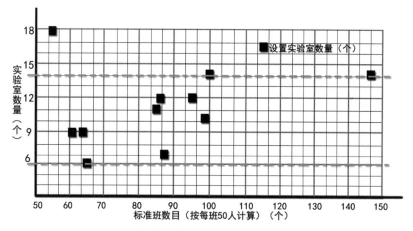

图 6.51　班级规模和实验室实际数目之间的关系散点图

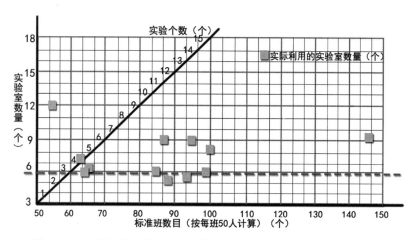

图 6.52　实验个数影响下班级规模和实际利用实验室数目关系散点图

　　在实验个数的外因影响下，仅计算各学校实际利用的个数，可以得到图 6.52，同时从中可以看出在每学期仅作 2~3 个实验的前提下，60~100 班规模的超大规模高中，理科实验室实际利用的数目极为接近，基本为 5~6 个。由此可得，无论班级规模的如何，实际教学中的实验个数成了影响实验室数目的主要因素。

　　决定实验个数的是学校所使用的实验教材，各个学校之间有一定的差异。以应用最广泛的人教版教材为例（表 6.47），分为必修和选修两部分。大部分学校仅完成必修教材中要求的部分学生实验，部分强调动手能力和组织课外小组活动的学校会额外完成选修部分。因此各学校组织实验教学的情况差异极大。在实际教学中，由于高三年级学生主要是复习备考，因此实验室的主要使用主体是高一、高二年级学生，而随着高二后半阶段文、理分科的实行，理科实验室面对的班级规模基本下降为学校原规模的一半左右。因此，我们可以把超过 48 班的超大规模高中重新进行规模分类。

　　每个分组实验基本需要一节课时，以化学为例，按照教材上面规定的要求，学生在实验室完成的分组实验个数共有 14 个，那么需要完成教材规定的总实验学时下，化学实验室的配备个数与使用主体班级规模之间的关系如表 6.48 所示。

从中可以得出，100 班范围内，实验学时一定，所需实验室数目差别不大。仅化学一科，最多需要 4 个实验室。因此，经过调研后得出实际利用的实验室数目和班级规模之间呈平行关系，它仅随着实验个数的增加而增加，并且随着实验个数的持续增加，实验室需求的个数增加的频率和幅度更高；与规范中提到的每增加 12 个平行班，理化生实验室各增加 1 套，实验室数目随班级规模的增加呈线性关系变化截然不同。可以通过表 6.49 体现二者之间的关系。

**人教版化学实验内容列表**　　　　　　　　　　　表 6.47

**人教版化学必修实验 1**

| 实验序号 | 实验名称 | 实验类型 | 实验方式 |
|---|---|---|---|
| 1 | 粗盐的提纯 | 验证 | 学生验证 |
| 2 | 蒸馏和萃取 | 验证 | 学生验证 |
| 3 | 配置 100ml，1.00mol/L 的 NaCl 溶液 | 验证 | 学生验证 |
| 4 | 分散系的形制 | 验证 | 教师演示 |
| 5 | 离子反应发生的条件 | 验证 | 教师演示 |
| 6 | 钠的性质 | 验证 | 教师演示 |
| 7 | 铝箔在空气中加热 | 验证 | 学生探究 |
| 8 | 钠与水的反应 | 验证 | 教师演示 |
| 9 | 铁与水的反应 | 验证 | 学生探究 |
| 10 | 钠与过氧化钠溶液的反应 | 验证 | 教师演示 |
| 11 | 过氧化钠与水的反应 | 验证 | 教师演示 |
| 12 | 碳酸钠与碳酸氢钠的性质 | 验证 | 学生探究 |
| 13 | 焰色反应的实验 | 验证 | 学生验证 |
| 14 | 氢氧化铝的反应 | 验证 | 教师演示 |
| 15 | 铁的氢氧化物 | 验证 | 教师演示 |
| 16 | 铁离子的检验 | 验证 | 教师演示 |
| 17 | 铁离子的氧化性 | 验证 | 学生探究 |
| 18 | 硅酸和硅酸钠的性质 | 验证 | 教师演示 |
| 19 | 氯气的化学性质 | 验证 | 教师演示 |
| 20 | 氯离子的检验 | 验证 | 教师演示 |
| 21 | 二氧化硫的形制 | 验证 | 教师演示 |
| 22 | 二氧化氮的形制 | 验证 | 学生探究 |
| 23 | 氨的性质 | 验证 | 教师演示 |
| 24 | 浓硫酸的性质 | 验证 | 教师演示 |

**人教版化学必修实验 2**

| | | | |
|---|---|---|---|
| 1 | 碱金属元素的性质 | 探究 | 教师演示 |
| 2 | 卤素单质的氯化性强弱探究 | 探究 | 教师演示 |
| 3 | 活泼金属的强弱性探究 | 探究 | 学生探究 |
| 4 | 金属钠与氯气的反应 | 验证 | 教师演示 |
| 5 | 化学反应的热效应 | 探究 | 教师演示 |

人教版化学必修实验2

| 6 | 化学电源 | 探究 | 教师演示 |
|---|---|---|---|
| 7 | 设计电池装置 | 探究 | 学生探究 |
| 8 | 化学反应的速率 | 验证 | 教师演示 |
| 9 | 甲烷与氯气的分解 | 探究 | 教师演示 |
| 10 | 石蜡油分解实验 | 验证 | 学生验证 |
| 11 | 苯的性质 | 探究 | 学生探究 |
| 12 | 乙醇的形制 | 验证 | 教师演示 |
| 13 | 糖类蛋白质的性质 | 验证 | 教师演示 |
| 14 | 铝热反应实验 | 验证 | 教师演示 |
| 15 | 证明海带中含有碘元素 | 验证 | 学生验证 |

教师演示在普通教室进行，学生验证和学生探究在实验室进行。

**使用班级规模下实验学时与实验室个数的关系**　　　　表6.48

| 学校原班级规模 | 理科实验室<br>使用班级规模 | 教材要求完成<br>实验总学时 | 需要的实验室个数<br>（按每个实验室提供的最大学时计） |
|---|---|---|---|
| 60班 | 30班 | 420 | 6 |
| 72班 | 36班 | 504 | 9 |
| 84班 | 42班 | 488 | 9 |
| 96班 | 48班 | 672 | 9 |
| 108班 | 54班 | 756 | 12 |

**实验个数与实验室数目之间的关系表**　　　　表6.49

| 实验个数 | 实验室数目 | 二者比值 | 备注 |
|---|---|---|---|
| 3 | 6 | 50% | — |
| 6 | 9 | 67% | 常用取值 |
| 9 | 12 | 75% | — |
| 12 | 15 | 80% | 常用取值 |
| 15 | 18 | 83% | — |
| 18 | 21 | 86% | — |
| 21 | 24 | 88% | — |
| 24 | 27 | 89% | — |
| 27 | 30 | 90% | — |

（3）实验单元的标准层面积

一般来讲，实验楼单元常用框架结构，按照标准实验室的大小 $1.09m \times 1.1m$，可将柱网取值为 $10.9m \times 11m$，考虑到建筑的设缝长度、防火疏散距离、交通联系等相关因素，单栋实验楼长度一般在 $70m$ 左右，按照规范教学楼中的普通教室：小学一般在4层以下（含4层），中学控制在5层以下（含5层）。设定单元体楼层一般为3~5层，廊宽、疏散宽度等按照规范取定值。构建以下的理论计算模型，从而推衍出标准层面积。标准层面积及实验室数量表6.50所示。

**不同空间模式下的理论模型参数取值**　　　　　　　　表6.50

| 空间模式 | 模型参数——建筑单元的长度设定70m，层数5层，楼梯间宽度4m，标准教室大小10900m×11000m | | | |
|---|---|---|---|---|
| | 图示 | 廊宽（m） | 标准层面积（m²） | 实验室个数（个） |
| 单外廊式 | | 2.4 | 716 | 30 |
| 中内廊式 | | 1.8 | 1228 | 60 |

（4）实验室的类型与空间模式

在实验空间的类型与模式上可以借鉴日本教学单元的安排方式——科目教室运营方式。即将相关科目的教室组合在一起，共同围绕一个作为科目教室的公用空间而展开。这样，学生可以共享某一类课程的学习资源，互相交流，也便于小组探究式讨论活动和分层次教学的展开。其中一种典型的空间模式是"教材型教室"。它是针对工业学校开设的传统建筑课程而建造的，实习楼分木结构和钢筋混凝土结构两部分。木结构区有组装室、木材加工室、规划室等，钢筋混凝土结构区有制图室、计划实习室。从木材的尺寸、原材料、多样形态、结构等设置上，建筑本身就是一个很好的教材。木结构区由桁架和梯形双层柱组成一个大型空间，并设有多处可作为工作场的外部中庭空间和半室外走廊。示意图如图6.53可示。

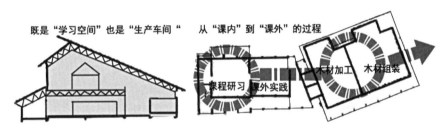

图6.53　"教材型实验室"平、剖面空间示意图
（图片来源：建筑设计资料集成——教育·图书篇）

对于理科实验室空间，建议采用"N+3+1"的模式。"N"即为各科目分组教学设置的理、化、生实验室，根据各学校使用的教材、教学大纲需要完成的分组实验个数，设置合理的实验室数目。这一类实验室强调各科目的知识系统性、专业性和学生动手操作的实践性，因此生均使用面积应满足规范的要求，各科目的水、电、气、光、热等物理环境方面的设施和设备应符合中小学理科实验室规范的相关要求。"3"即为物理、化学、生物各科目独立设置的探究实验室，因高三年级以复习备考为主，因此探究实验室的使用主体为高一和高二年级。探究实验室可以为课内使用，也可为课外兴趣小组、学科竞赛、科学研究和探索活动而使用，使用时间和使用主体依照各个学校的实际情况而定。也可以根据分组实验展开的情况差异实施分层次教学。但必须在各实验室配备一定的模型展示区、参考资料区和小组讨论区，桌椅摆放为围合式或分组式，便于学科讨论交流的展开。"1"为一个开放式理科信息学习中心，

融合理、化、生、计算机模拟等多学科，是典型的以"学科交互式"为主题的实验资源中心，使用主体为全校师生，甚至可以多年级、多班级参与，进行一些大规模的展示活动。因此，这个开放实验室空间应灵活多样，满足各种需求，并且处于所有实验室的中心位置。

空间模式图如图 6.54、图 6.55 所示。

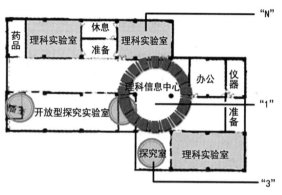

"N"为若干个理科实验室，"3"为各科探究室，"1"为一个理科信息中心。

图 6.54　"N+3+1"空间模式图

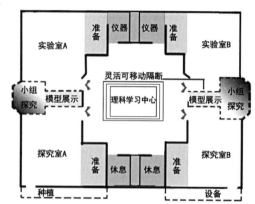

"2""2"分别对应着理科实验室和各自的探究室，适合于分层次教学的展开。"1"对应着1个理科学习资源中心。

图 6.55　"2+2+1"空间模式图

### 6.5.4　图书办公空间计划

#### 1. 办公楼

（1）指标计划

按照《城市普通中小学校校舍建设标准》JB 102-2002、《中小学校设计规范》GB 50099-2011 中对于办公空间的指标规定，中学学校的教职工人数按照 3∶1.2 来计算（表 6.51），那么教师和职工的人数分别如表 6.52 所示。

中学校教职工人数编制（单位：人 / 班）　　　　　表 6.51

| 编制 | 教师 | 职工 |
|---|---|---|
| 高级中学 | 3.0 | 1.2 |

（资料来源：城市普通中小学校校舍建设标准，JB102-2002）

不同办学规模下办公用房指标计划表　　　　　表 6.52

| 规模 | 项目<br>教师人数<br>（人） | 职工人数<br>（人） | 办公用房使用面积<br>（m²） | 办公用房总建筑面积<br>（m²） |
|---|---|---|---|---|
| 60 班 | 180 | 72 | 1188 | 1828 |
| 72 班 | 216 | 86 | 1424 | 2191 |
| 84 班 | 252 | 100 | 1660 | 2554 |
| 96 班 | 288 | 115 | 1900 | 2923 |
| 108 班 | 324 | 130 | 2140 | 3292 |

一般办公用房分为小型办公室 16 ~ 18m²、中型办公室 26 ~ 30m²、大型办公室 40 ~ 60m² 三种。规范中规定，任课教师办公室应按每位教师使用面积不小于 5.0m² 计算，普通行政办公用房按照人均不少于 4m² 计算。办公用房的使用面积系数通常为 65%，与教学用房的系数相近。

（2）构成计划

与教室合设。通常，在普通教室内部讲台一侧，设置多功能休息角，设置教师办公、批阅、图书阅览等功能，丰富了教室的单一授课功能，也方便了学生与教师之间的交流与课外辅导。

与教室临近。在较为集中的大班额办学中，由于经常是 1 位任课老师教授 4 ~ 6 个教学班，因此可以几个教室与教师办公临近布置，若干教学班共享一个教师办公室，便于教师办公与课外辅导。

与教室叠置。规范规定，教学用房建议设于五层以下。考虑到超大规模高中的办学情况，为了节约用地，将教学用房置于低层，教学辅助及办公用房于五层以上，节约了校园的建设用地，也便于教学与办公空间的联系，减少交通面积。

与教室各自独立。还有一些超大规模高中，因会议室、图书阅览室、社团活动室等空间设置的要求，通常将其与办公空间合设或临近布置。这样，教学楼与办公楼各自独立，功能自成一区，互不影响干扰。

具体布置如图 6.56 ~ 图 6.59 所示。

### 2. 图书室

在已有国家规范中，《城市普通中小学校校舍建设标准》建标〔2002〕中规定，"藏书量为 50 册 / 生，藏书室面积 500 册 /m²，教师阅览室座位为教职工人数的 33%，面积为 2.1m²/

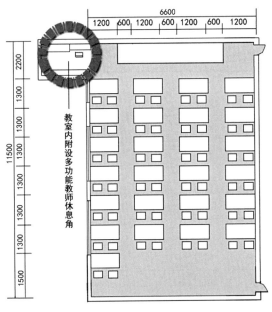

图 6.56　办公与教室合设

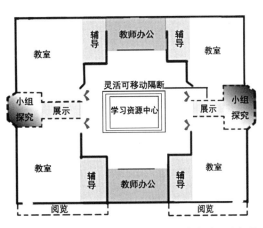

将"授课—阅览—办公—课外辅导—小组探究—班级展示—资源共享"等多功能临近设置，实现了弹性、多样化的教学方式。

图 6.57　办公与教室临近

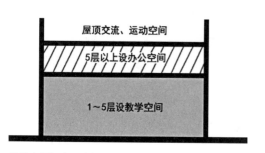

屋顶交流、运动空间

5层以上设办公空间

1~5层设教学空间

教学空间与办公空间叠置而设，既不违反规范的规定，
又节约了建设用地，屋顶可设置运动场和交流空间。

**图6.58 办公与教室叠置**

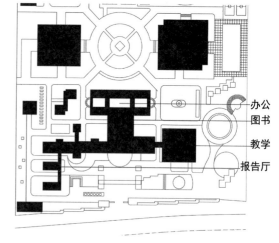

办公

图书

教学

报告厅

办公与图书、会议合设，通过连廊与教学相连。

**图6.59 办公与教室各自独立**

座，学生阅览室座位数为全校学生人数的1/10，生均1.5m²/座。"[①] 图书空间的面积指标如表6.53所示。

**高级中学图书阅览空间面积指标参考** 表6.53

| 学校 | 名称 | 规模（m²） | | | |
|---|---|---|---|---|---|
| | | 18班 | 24班 | 30班 | 36班 |
| 高级中学 | 学生阅览室 | 112.5 | 150 | 187.5 | 225 |
| | 教师阅览室 | 37.8 | 50.4 | 63 | 75.6 |
| | 书库 | 114 | 144 | 174 | 204 |

**图书空间面积指标计划** 表6.54

| 名称 | | 定额 | 规模 | | | | |
|---|---|---|---|---|---|---|---|
| | | | 60班 | 72班 | 84班 | 96班 | 108班 |
| 教职工编制 | 教师（人） | 3人/班 | 180 | 216 | 252 | 288 | 324 |
| | 职工（人） | 1.2人/班 | 72 | 86 | 101 | 115 | 389 |
| | 小计（人） | 4.2人/班 | 252 | 302 | 353 | 403 | 454 |
| 藏书室 | 藏书量（万册） | 50册/生 | 15 | 18 | 21 | 24 | 27 |
| | 藏书室面积（m²） | 500册/m² | 300 | 360 | 420 | 480 | 540 |
| | 借管面积（m²） | — | 30 | 30 | 30 | 30 | 30 |
| | 面积小计（m²） | — | 330 | 390 | 450 | 510 | 570 |

① JB102-2002. 城市普通中小学校校舍标准 [S]. 北京：高等教育出版社，2002.

| 名称 | | 定额 | 规模 | | | | |
|---|---|---|---|---|---|---|---|
| | | | 60班 | 72班 | 84班 | 96班 | 108班 |
| 教师阅览室 | 阅览座位（座） | 33% | 60 | 71 | 83 | 95 | 107 |
| | 面积（m²） | 2.1m²/座 | 126 | 149 | 174.3 | 199.5 | 224.7 |
| 学生阅览 | 阅览座位（座） | 1/10 | 300 | 360 | 420 | 450 | 540 |
| | 面积（m²） | 1.5m²/座 | 450 | 540 | 630 | 675 | 750 |
| 图书室面积（m²） | | — | 906 | 1079 | 1225 | 1385 | 1545 |

近年来，图书室的发展呈现出多功能、多样化的趋势，承担起教学资源中心的作用。传统、单一的图书空间不能满足多样化、弹性化的教学需求，新型的教学模式需要开放化、信息化、灵活化的空间，图书室可以与教室、会议室、实验室、公共交流空间等合并或临近设置，既实现了开放、融合，也减少了交通面积的浪费，在必要时期还可以活用为考试、培训、合班教室、展览等功能，适应弹性化办学的需求。

在图6.60～图6.62中，京都市立迫樱高中的图书室融合了办公、会议、交流、集会、工作坊、读书角等多种属性的功能空间，并与教学等主要功能用房通过连廊相连，便于交流、交往，适应弹性化的办学需求。图书室空间功能多样、开放共享，并用灵活的家具、室内隔断等划分不同的区域。

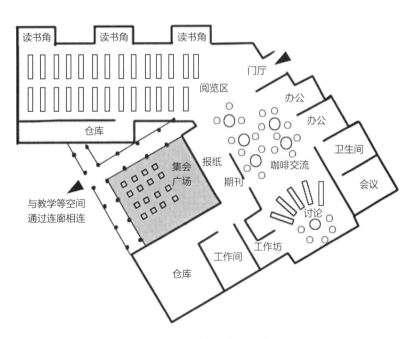

图6.60　京都市立迫樱高中图书室平面图

（图片来源：建筑设计资料集成——教育·图书篇）

图6.61 图书室中的开放空间与读书角设计
（图片来源：建筑设计资料集成——教育·图书篇）

图6.62 图书室中公共交流空间设计
（图片来源：建筑设计资料集——教育·图书篇）

### 6.5.5 生活空间计划

#### 1. 教师宿舍

按照《城市普通中小学校校舍建设标准》的规定，"中学教工宿舍的设置人数按全校教职工总人数的20%设置，其使用面积按7.2m²/人计。使用面积系数为60%"[①]，则教师宿舍的面积指标计划如表6.55所示。

教师宿舍面积指标计划 表6.55

| 规模 | 教师人数<br>（人） | 职工人数<br>（人） | 住宿人数<br>（人） | 住宿使用面积<br>（m²） | 住宿建筑面积<br>（m²） |
| --- | --- | --- | --- | --- | --- |
| 60班 | 180 | 72 | 50 | 363 | 605 |
| 72班 | 216 | 86 | 61 | 440 | 733 |
| 84班 | 252 | 100 | 70 | 504 | 840 |
| 96班 | 288 | 115 | 81 | 583 | 972 |
| 108班 | 324 | 130 | 91 | 655 | 1092 |

#### 2. 教工食堂

按照《城市普通中小学校校舍建设标准》的规定，"教工食堂按教职工人数的80%设座，餐厨面积按1.7m²/人计（一般中小学校就餐人数为教工人数的80%）。使用面积系数为80%"。[①]

教工食堂的面积指标计划如表6.56所示。

---

[①] JB102-2002. 城市普通中小学校校舍标准[S]. 北京：高等教育出版社，2002.

#### 教工食堂面积指标计划

表 6.56

| 规模 | 教师人数<br>（人） | 职工人数<br>（人） | 设座人数<br>（人） | 食堂使用面积<br>（m²） | 食堂建筑面积<br>（m²） |
|---|---|---|---|---|---|
| 60 班 | 180 | 72 | 363 | 617 | 771 |
| 72 班 | 216 | 86 | 440 | 748 | 935 |
| 84 班 | 252 | 100 | 507 | 862 | 1078 |
| 96 班 | 288 | 115 | 580 | 986 | 1232 |
| 108 班 | 324 | 130 | 653 | 1110 | 1388 |

### 3. 学生宿舍

按照《城市普通中小学校校舍建设标准》的规定，"城市普通高中宿舍生均使用面积为 3m²/生。使用面积系数为 60%"。[1] 则学生宿舍的面积指标计划如表 6.57 所示。

#### 学生宿舍面积指标计划

表 6.57

| 规模 | 在校生人数<br>（人） | 宿舍使用面积<br>（m²） | 宿舍建筑面积<br>（m²） |
|---|---|---|---|
| 60 班 | 3000 | 9000 | 15000 |
| 72 班 | 3600 | 10800 | 18000 |
| 84 班 | 4200 | 12600 | 21000 |
| 96 班 | 4800 | 14400 | 24000 |
| 108 班 | 5400 | 16200 | 27000 |

### 4. 学生食堂

按照《城市普通中小学校校舍建设标准》的规定，"城市普通高中学生食堂按学生人数的 70% 计算，生均使用面积 0.9m²/生。使用面积系数为 80%"。[1] 则学生食堂的面积指标计划 如表 6.58 所示。

#### 学生食堂面积指标计划

表 6.58

| 规模 | 在校生人数<br>（人） | 食堂使用面积<br>（m²） | 食堂建筑面积<br>（m²） |
|---|---|---|---|
| 60 班 | 3000 | 1890 | 2363 |
| 72 班 | 3600 | 2268 | 2835 |
| 84 班 | 4200 | 2646 | 3308 |
| 96 班 | 4800 | 3024 | 3780 |
| 108 班 | 5400 | 3420 | 4253 |

---

① JB102-2002. 城市普通中小学校校舍标准 [S]. 北京：高等教育出版社，2002.

## 6.6 环境设计计划

### 6.6.1 广场尺度

#### 1. 影响因素

校园用地除了建筑单体的校舍用地外，还有很大一部分的室外空间环境，主要包括校园内的广场、体育活动场地、建筑与建筑之间的间距、道路、停车场等。在调研的过程中我们发现，学校中校园广场的尺度与规模各有不同：尺度过大，没有围合感和交往性，没有创造适宜中学生学习、交往、生活的空间场所，浪费用地；尺度过小，则影响了建筑内部的采光、通风、隔声等要求，甚至不符合建筑防火等规范的要求。因此，在设计"合理"的校园广场尺度时，首先是要满足建筑物理、建筑防火、日照采光、隔声防噪等相关规范的技术指标，同时尽可能节约用地，创造具有宜人尺度的空间。

日本建筑师芦原义信在《外部空间设计》一书中，对两幢建筑之间的距离和建筑物的高度这两个参数的关系作了较为详细的论述。他提出，"当距离（D）/高度（H）=1时，高度与距离对等；当 D/H<1 时，高度与距离形成一定的封闭感；当 D/H>1 时，空间空旷而单调；而当 D/H>4 时，两个建筑之间的关系就非常小了，几乎忽略不计"。[1] 所以，D/H 取值在 1.5~2 之间是使用较多的经验值。

美国建筑师 Camilio Sine 也曾对广场的宽度（D）和周围建筑物的高度（H）进行了相关的调查。研究得出，D/H=1~2 为较适宜采用的比例尺度。当 D/H<1 时，广场尺度太小，建筑之间过于拥挤，不利于公共交往的开放性；当 D/H>2 时，周围的建筑物高度相比广场尺度，则过于分散矮小，不能起到聚合的作用，又影响了广场的社会性交往作用。

#### 2. 已调研学校的广场尺度

表 6.59 列出了已经调研过的超大规模高中的主要校园广场尺度。现有超大规模高中的入口礼仪性广场普遍尺度过大，和周围三、四层建筑的高度相比，没有形成一定的聚合空间，不适宜步行的人性化尺度，因此，有必要对其进行空间尺度计划以适应公共交往的室外空间环境。

**已调研学校的广场尺度及与建筑高度的比值** 表 6.59

| 用地类型 | 学校名称 | 校园广场周边建筑 | 广场宽度 D（m） | 周围建筑高度均值 H（m） | 比值（D/H） |
|---|---|---|---|---|---|
| 余裕型 | XF 一中 | 教学楼、实验楼、图文信息中心 | 100 | 19 | 5.3 |
| | BJ 中学 | 信息综合楼、教学楼、实验楼 | 120 | 24 | 5 |
| | JB 中学 | 教学楼、综合楼 | 83 | 24 | 3.5 |
| | MX 一中 | 教学办公楼、报告厅、艺术中心 | 63 | 29 | 2.2 |
| 适当型 | SD 一中 | 教学楼、办公楼 | 65 | 24 | 2.7 |
| | QX 二中 | 教学楼、实验楼 | 53 | 24 | 2.2 |
| | DL 中学 | 教学楼、宿办楼 | 68 | 22 | 3.1 |
| | FF 高中 | 教学楼、实验楼、办公楼、图书馆 | 52 | 24 | 2.2 |

---

[1] 芦原义信. 外部空间设计 [M]. 北京：中国建筑工业出版社，1985.

| 用地类型 | 学校名称 | 校园广场周边建筑 | 广场宽度 D（m） | 周围建筑高度均值 H（m） | 比值（D/H） |
|---|---|---|---|---|---|
| 不足型 | QX 一中 | 教学楼、实验楼、宿办楼 | 58 | 25 | 2.3 |
| | SD 二中 | 教学楼、办公楼、实验楼 | 45 | 24 | 1.9 |
| | YC 中学 | 教学楼、综合楼 | 42 | 20 | 2.1 |
| | MX 二中 | 教学楼、实验楼 | 50 | 30 | 1.7 |

通过上表可以看出，用地余裕型超大规模高中的广场尺度普遍偏大，所以造成校园用地的浪费和空间尺度的不亲切，社会交往性差；而用地不足型超大规模高中的校园，主要广场尺度基本处于1.5~2之间，更适宜交往和聚合。但是，由于在校生规模的不断增加，校园空间的容纳程度也在不断膨胀，加之课间操、室外运动场的空间大小有一定的要求，从而显得校园原有人性化尺度的广场有些拥挤甚至不足。笔者认为，要求一次性容纳所有在校生人数规模的广场或室外空间一般仅适用于升旗仪式、大型运动会或比赛等活动，人与人交往的空间一般在小范围内展开。所以，田径运动场一般可以解决校园的大型集会活动，课间操和小型球类运动可以分区进行。我们可以把校园内的广场设计为若干个模块单元，每一个模块单元的面积取值为一个合理适度的区间，既能满足室外运动和课间操的活动要求，还能创造层次丰富、景观各异的人性化交往空间。

### 3. 广场尺度计划

校园广场如同一个个城市会客厅，是可供观赏和表演的公共开放性舞台，所以要有足够的吸引力来吸引人气、聚拢人流，通常在广场四周布置一些能被充分利用的空间场所，例如展览空间、运动空间、集会空间等。在调研过的学校中，DL 中学的广场设计是最有人气和校园气息的场所之一。不但有升旗台，而且布置了两个篮球场供课间活动，外围布置了展示学校重要活动的展板和信息报刊栏。最人性化的是两部室外直饮水台，可供活动、娱乐、休憩使用，颇为方便，生活味甚浓（图6.63、图6.64）。

对于不同用地类型的超大规模高中，应该有各自适宜的广场尺度和面积。在余裕型超大规模高中，用地较为富裕，广场周围的建筑一般不会很高，基本在4层左右，广场的宽度取值也会稍大一些；而用地不足型超大规模高中，功能活用和置换较多，加之用地极为有限，

图 6.63　颇有校园生气的广场兼篮球场

图 6.64　室外水池和展览宣传栏

广场周围的建筑层数也会稍高一些，达6层左右，广场的宽度取值自然稍小。根据《中小学校设计规范》GB J99-86规定：小学室内净高为3.1m，中学为3.4m；《城市普通中小学校建议标准》规定：普通教室小学不低于3.6m，中学不低于3.8m，进深大于7.2m的专用教室、公共教学用房不低于3.9m。所以，将周围建筑的平均层高定为4m。

表6.60表示不同情况下适宜的广场尺度和面积取值。

不同用地类型的广场适宜宽度和适宜面积取值　　　　表6.60

| 用地类型 | 周围建筑层数 | 周围建筑平均高度（m） | 广场适宜宽度（1.5～2H） | 广场适宜面积（m²） |
|---|---|---|---|---|
| 余裕型 | 4F | 16 | 32 | 1024 |
|  | 5F | 20 | 40 | 1600 |
|  | 6F | 24 | 48 | 2304 |
| 适当型 | 4F | 16 | 28 | 784 |
|  | 5F | 20 | 35 | 1225 |
|  | 6F | 24 | 42 | 1764 |
| 不足型 | 4F | 16 | 24 | 576 |
|  | 5F | 20 | 30 | 900 |
|  | 6F | 24 | 36 | 1296 |

从上表可以得出，随着校园主要广场周围建筑层数的增加，广场的宽度和面积也在成比例地增加。不同用地类型的超大规模高中应根据现状条件的不同来取值。所以，当周围建筑为4层时，广场的适宜宽度取值为24～36m，适宜面积为576～1296m²；当周围建筑为5层时，广场的适宜宽度取值为28～42m，适宜面积为784～1764m²；当周围建筑为6层时，广场的适宜宽度取值为32～48m，适宜面积为1024～2304m²。

## 6.6.2　庭院空间

除了满足大型集会的校园广场外，很重要的室外交往空间就是建筑组团之间的庭院空间。凯文·林奇在《场地规划》一书中探讨过，25m左右的空间尺度是社会中最舒适的交往尺度。和广场尺度相似，除了满足人与人之间交往的舒适度外，适宜的庭院尺度还要考虑采光、通风、隔声、防火等规范的相关要求。结合技术规范的要求得出，庭院的尺度在25～39m之间，能够较好地满足建筑采光、通风、日照、防火、隔声等要求，营造出来的庭院空间具有较好的停留感、亲和性、人性化。

日本建筑师芦原义信认为："对于外部空间的尺度而言，每隔20～25m，或是有重复的节奏感，或是材质有层次的变化，或是地面高差有高低起伏，那么，这样即使在大空间里也可以打破其单调感。"[①] 随着人与人的距离范围缩小到20～25米之间时，则可以看清楚人们脸上的表情，见面才会产生亲切感，更易于交流。所以，我们可以把20～25m作为适宜社会交往的空间尺度。

此外，扬·盖尔在《交往与空间》中也指出，"可辨别的社会性视距为0～100m。那是因为在100m外已基本无法看清具体的活动和表情的细节。视距在70～100m的范围内则可

---

① 芦原义信. 外部空间设计 [M]. 北京：中国建筑工业出版社，1985.

以较为准确地辨别人们的性别、外貌、神态及动作"。[1] 并且，在各类体育场地的设计中，目前 70m 也常被用作室外足球场中心点以及体育馆中心场地与最远观众席之间的距离。C·莫丁在《城市设计：绿色尺度》中通过研究得出，从激发交往活力、营造宜人社区的角度出发，70m×70m 至 100m×100m 可以作为街区的合理控制尺度范围。因此，我们可以将 70~100m 的尺度作为校园中心级的适宜的外部环境尺度范围，从而得出最大面积的外部空间用地适宜尺度控制范围，把 20~25m 作为建筑之间内外庭院的适宜宽度。

同时，大量调查表明，在正常步行情况下，400~500m 是可以接受的距离。中学生的步行速度可按中等行走速度 60~65m/ 分来计算，日常课间只有 10 分钟，一般按照步行 5 分钟约 400m 来控制每日人流的平均通勤距离，例如最远宿舍区边界到校园中心区图书馆、教学楼之间的距离。

庭院空间尺度计划如表 6.61 所示。

不同用地类型的庭院及中心院落外部环境适宜尺度取值　　表 6.61

| 用地类型 | 庭院适宜宽度（m） | 庭院适宜面积（m²） | 中心院落外部环境适宜宽度（m） | 中心院落外部环境适宜面积（m²） |
|---|---|---|---|---|
| 余裕型 | 25 | 625 | 100 | 10000 |
| 适当型 | 20~25 | 400~625 | 70~100 | 4900~10000 |
| 不足型 | 20 | 400 | 70 | 4900 |

### 6.6.3　绿化面积

2012 年起实施的《中小学校设计规范》GB 50099-2011 对 2002 版的规范进行了修编制定。其中明确指出"中小学校应设置集中绿地。集中绿地的宽度不应小于 8m"。[2] 从表 6.62 可以看出，中学生的绿化面积规范规定为 1m²/ 人。

中小学绿化面积的规定 [3]　　表 6.62

| 学校类别 | 规模及人数 | | 1982 版学校定额（m²/人） | 1987 版学校规范（m²/人） | 农村学校标准 | | 城市学校标准 | |
|---|---|---|---|---|---|---|---|---|
| | 规模（班） | 人数（人） | | | 全校（m²） | （m²/人） | 全校（m²） | （m²/人） |
| 中学 | 12 | 600 | 1.0 | ≥1.0 | 1200 | 2.0 | 600 | 1.0 |
| | 18 | 900 | 1.0 | ≥1.0 | 1800 | 2.0 | 900 | 1.0 |
| | 24 | 1200 | 1.0 | ≥1.0 | 2400 | 2.0 | 1200 | 1.0 |
| | 30 | 1500 | 1.0 | ≥1.0 | — | — | 1500 | 1.0 |
| | 36 | 1800 | 1.0 | ≥1.0 | — | — | 1800 | 1.0 |

（资料来源：农村中小学建设标准，JB109-2008）

超大规模高中因办学集中、用地较为紧张，校园绿化可以通过屋顶绿化、连廊绿化、平台绿化、庭院绿化、广场绿化等多途径来实现。具体的面积指标计划如表 6.63 所示。

---

① 扬·盖尔. 交往与空间 [M]. 北京：中国建筑工业出版社，2012.

② GB 50099-2011. 中小学校设计规范 [S]. 北京：中国建筑工业出版社，2010.

③ JB 109-2008. 农村普通中小学校建设标准 [S]. 北京：中国计划出版社，2008.

| 规模（班） | 在校生人数（人） | 绿化面积（m²） |
|---|---|---|
| 60班 | 3000 | 3000 |
| 72班 | 3600 | 3600 |
| 84班 | 4200 | 4200 |
| 96班 | 4800 | 4800 |
| 108班 | 5400 | 5400 |

（资料来源：城市中小学校校舍建设标准，JB102-2002）

### 6.6.4 建筑密度计划

通过以上对校园广场、建筑内庭院、中心组团院落等外部空间环境的探讨可以得出，随着在校生规模的扩张、校舍的加建改建、人与人之间的交往等外界因素的变化都制约着校园的室外空间及其用地的扩张及膨胀。在用地有限的情况下，还要满足采光、隔声、通风、日照、防火等规范的硬性要求。为了保证舒适的交往空间，只得要求建筑密度最小化，节约更多的外部空间环境，一方面营造景观层次丰富、空间尺度宜人的交往空间，一方面来满足用地扩张的可能性。

在调研过程中，研究组发现，已有超大规模高中的室外运动场地和公共交流场所普遍不足，普遍不够节地，导致这些问题的主要原因包括以下几个方面：

（1）校舍建设年代久远，多为单廊式或外廊式建筑，因此建筑标准层面积不够节地，从而浪费了较多的校园建设用地；

（2）校园入口礼仪广场尺度过大，浪费了室外广场用地，不适宜交流和交往，资源利用率不高；

（3）建筑布局过于分散，组合模式不够集约，交通联系面积过大；

（4）建筑与庭院、广场、绿化之间缺乏有机的整合；

（5）没有统一规划停车用地或考虑地下存储空间，室外停车用地较多。

主要问题如图6.65～图6.70所示。

图6.65 空旷的入口广场

图6.66 尺度过大的礼仪广场

图 6.67 外廊式的低矮建筑

图 6.68 室外停车浪费建设用地

图 6.69 建筑与绿化之间缺乏有机整合

图 6.70 低矮分散的建筑缺乏有机联系

表 6.64 对调研过的学校进行总用地面积、总建筑面积、容积率、建筑密度、主要功能用房的标准层面积等进行指标计划及汇总。

各用地类型的已调研学校主要建筑标准层面积汇总 表 6.64

| 用地类型 | 学校名称 | 总建筑面积 | 总用地面积 | 容积率 | 建筑密度（%） | 标准层面积（m²） | | | | |
|---|---|---|---|---|---|---|---|---|---|---|
| | | | | | | 教学楼 | 实验楼 | 办公楼 | 食堂 | 宿舍 |
| 用地余裕型 | XF一中 | 88677 | 150061 | 0.6 | 19 | 1200 | 2200 | 2500 | 2500 | 1200 |
| | BJ中学 | 88000 | 133340 | 0.66 | 18 | 1300 | 1300 | 1500 | 4000 | 1200 |
| | JB中学 | 52965 | 133734 | 0.4 | 11 | 1000 | 1800 | 1300 | 1300 | 1000 |
| | MX一中 | 34150 | 156667 | 0.22 | 12 | 1800 | 1000 | 1000 | 2000 | 1000 |

| 用地类型 | 学校名称 | 总建筑面积 | 总用地面积 | 容积率 | 建筑密度（%） | 标准层面积（m²） | | | | |
|---|---|---|---|---|---|---|---|---|---|---|
| | | | | | | 教学楼 | 实验楼 | 办公楼 | 食堂 | 宿舍 |
| 用地适当型 | SD一中 | 41732 | 41916 | 1 | 36 | 1600 | 1400 | 1700 | 1400 | 940 |
| | QX二中 | 30000 | 65337 | 0.5 | 25 | 1000 | 1000 | 1200 | 2000 | 1200 |
| | DL中学 | 47336 | 52378 | 0.9 | 28 | 900 | 950 | 1700 | 3000 | 780 |
| | FF高中 | 37573 | 67963 | 0.55 | 14 | 790 | 750 | 630 | 2040 | 870 |
| 用地不足型 | QX一中 | 40850 | 80004 | 0.5 | 20 | 950 | 1600 | 1300 | 2100 | 1100 |
| | SD二中 | 28605 | 28223 | 1 | 31 | 1100 | 500 | 850 | 1100 | 500 |
| | YC中学 | 18363 | 27397 | 0.7 | 21 | 650 | 510 | 330 | 640 | 650 |
| | MX二中 | 45127 | 66972 | 0.7 | 40 | 1700 | 2400 | 900 | 2800 | 1400 |

从上表可以看出，对于用地余裕型超大规模高中，建筑密度取值较低，不超过20%；用地不足型则取值较大，最多为40%。容积率的取值最大为1，最小仅为0.22。从容积率折线图6.71可以看出，除了用地余裕型校园取值低于0.5，用地不足型校园取值超过0.7，大多数学校的容积率取值介于0.5~0.7之间。因此，较为适宜的超大规模高中校园容积率取值介于0.5~0.7之间。

从建筑密度折线图6.72可以看出，除了用地余裕型校园取值低于13%，用地不足型校园取值超过30%，大多数学校的建筑密度取值介于14%~30%之间。因此，较为适宜的超大规模高中校园建筑密度取值介于14%~30%之间。

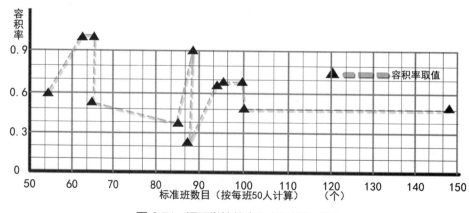

图6.71 调研学校的容积率取值折线图

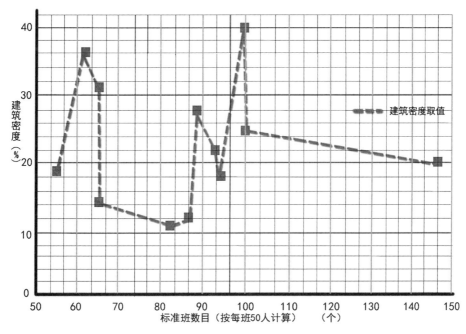

图 6.72　调研学校的建筑密度取值折线图

在总用地不变的前提下，为了尽可能降低建筑密度，就必须采取最节地的建筑布局方式，减小建筑基底面积，即每栋单体的标准层面积。下面就不同类型的建筑探讨最节地的标准层面积和建筑面积。根据已经统计出来的超过 48 班的不同办学规模下，教学、实验、办公、图书、食堂、宿舍等功能用房的使用面积和建筑面积，可以汇总为表 6.65。

不同办学规模高中各功能用房的标准层建筑面积系列指标　　　　表 6.65

| 项目 | 节地标准层占地面积（m²） | 节地建筑面积（m²） | | | | |
|---|---|---|---|---|---|---|
| | | 60 班 | 72 班 | 84 班 | 96 班 | 108 班 |
| 教学 | 2456 | 8702 | 10416 | 12130 | 13976 | 15690 |
| 实验 | 716 | 1102 | | | | |
| 图书 | 831 | 831 | 989 | 1149.3 | 1309.5 | 1469.7 |
| 办公 | 914 | 1828 | 2191 | 2554 | 2923 | 3292 |
| 食堂 | 771 | 771 | 935 | 1078 | 1232 | 1388 |
| 教工宿舍 | 605 | 605 | 733 | 840 | 972 | 1092 |
| 学生食堂 | 4500 | 4500 | 5400 | 6300 | 7200 | 8100 |
| 学生宿舍 | 1250 | 15000 | 18000 | 21000 | 24000 | 27000 |

关于不同办学规模的超大规模高中的用地取值，第五章给出了基本指标和规划指标两种，可以对应为节地指标和适宜指标（表 6.66）。

因走读制与寄宿制学校在生活用房的占地面积和建筑面积方面差异很大，因此，进行建筑密度和容积率指标计划时应有所区分。即走读制下的建筑面积应扣除寄宿生的食堂和宿舍面积。根据"容积率 = 总建筑面积 / 总用地面积""建筑密度 = 建筑基底面积 / 总用地面积（％）""中学校园容积率控制在 1 以内"等计算公式和方法，分别对寄宿制和走读制超大规模高中校园的容积率和建筑密度指标进行如下汇总表 6.67。

不同班级规模高中校园节地及适宜用地面积指标表　　　　　　　　表 6.66

| 项目名称 | （基本）节地用地指标（m²） | | | | |
|---|---|---|---|---|---|
| | 60 班 | 72 班 | 84 班 | 96 班 | 108 班 |
| 面积合计（m²） | 27000 | 28800 | 29400 | 28800 | 27000 |
| 生均面积（m²/ 生） | 9 | 8 | 7 | 6 | 5 |
| 项目名称 | （规划）适宜用地指标（m²） | | | | |
| | 60 班 | 72 班 | 84 班 | 96 班 | 108 班 |
| 面积合计（m²） | 45000 | 50400 | 54600 | 57600 | 59400 |
| 生均面积（m²/ 生） | 15 | 14 | 13 | 12 | 11 |

寄宿制超大规模高中建筑密度指标计划　　　　　　　　表 6.67

| 规模 | 总建筑面积（m²） | 总用地面积（m²） | 建筑基底面积（m²） | 容积率 | 建筑密度（％） |
|---|---|---|---|---|---|
| 60 班 | 33339 | 45000 | 6293 | 0.7 | 14 |
| 72 班 | 39766 | 50400 | 6793 | 0.8 | 13 |
| 84 班 | 46153.3 | 54600 | 7293 | 0.9 | 13 |
| 96 班 | 52714.5 | 57600 | 10249 | 0.9 | 18 |
| 108 班 | 59133.7 | 59400 | 13205 | 1 | 22 |

从上表可以看出，寄宿制超大规模高中容积率普遍超过了 0.7，最大为 1，即超过了规范中规定的容积率取值，建筑密度为 14％～22％。可见，寄宿制超大规模高中的容积率取值若要达到规范的要求，则需要将部分生活用房（教师生活用房）移于校外，从而减少校园的建筑面积，满足容积率＜0.9 的要求，且办学规模尽量控制在 100 班以内。

从表 6.68 可以看出，走读制超大规模高中容积率普遍超过了 0.5，最大为 0.8，没有超过规范中规定的容积率取值，建筑密度为 17％～27％。走读制高中只有严格控制建筑密度，才能为师生的室外活动场地提供最大化的可能，满足人性化尺度的交往、交流空间。

走读制超大规模高中建筑密度指标计划　　　　　　　　表 6.68

| 规模 | 总建筑面积（m²） | 总用地面积（m²） | 建筑基底面积（m²） | 容积率 | 建筑密度（％） |
|---|---|---|---|---|---|
| 60 班 | 12463 | 27000 | 4917 | 0.5 | 18 |
| 72 班 | 14698 | 28800 | 4917 | 0.5 | 17 |
| 84 班 | 16935.3 | 29400 | 4917 | 0.6 | 17 |
| 96 班 | 19310.5 | 28800 | 7373 | 0.7 | 26 |
| 108 班 | 21553.7 | 27700 | 7373 | 0.8 | 27 |

### 6.6.5 指标体系优化

通过以上内容的研究，可以对比在超大规模办学背景下校内空间环境指标的变化，运用建筑计划学方法，结合不同的影响因子，制定适应性的策略，对既有规范体系进行指标优化和更新，从而建立动态的建设标准，满足新时期教学的需求（表6.69）。

不同办学规模背景下传统规范的计划学更新优化　　　　　　　表6.69

| 用房 | 传统规模办学——《城市普通中小学校校舍建设标准》 | | 超大规模办学——计划学应用下的规范更新 | |
| --- | --- | --- | --- | --- |
| | 指标计划 | 构成计划 | 指标计划 | 构成计划 |
| 普通教室 | 数量与规模一致；面积满足每班50人标准，不能满足弹性教学需求 | "编班授课制"普通教室 | 数量与规模呈适应性比例系数调节；面积满足超大规模弹性办学标准，最大支撑每班70人 | "走班制"特色教室——全科目教室、特别科目教室、开放科目教室、功能科目教室 |
| 专用教室 | 数量按照规范制定要求，资源利用率低 | 分学科进行的理、化、生实验室 | 按照课程安排和教材教学、弹性办学需求制定实验室数量，最大支撑每班84人 | "N+3+1"多学科融合教学；"2+2+1"单一学科复合化分层次教学 |
| 办公室 | 按照教职工人数、人均面积比制定指标 | 设为独立的办公用房 | 由于功能复合化，人均面积指标受到教学和生活用房的影响 | 与教学用房、教工生活用房结合，立体空间叠合设置 |
| 图书室 | 按照人均座位面积制定指标 | 设为独立的图书室 | 人均座位面积受到信息化、网络化、多功能复合化的影响 | 整合为图文信息中心或学习资源中心 |
| 食堂 | 按照人均座位面积制定指标 | 设为独立食堂 | 受到内外开放、办学管理方式的影响 | 与校外餐饮共用或转化为多种生活用房形式 |

## 6.7　本章小结

本章主要围绕超大规模高中的校内空间环境计划，解读了影响空间计划的因素、现行国家及省市地方的规范及标准。通过对已有超大规模高中的调研，总结了不同用地类型的超大规模高中校内空间环境的主要特征及存在问题。接着分别对不同用地类型的校园进行了"微型社区"模式、"邻里单元"模式、"教育综合体"模式三种空间模式计划。最后对建筑空间、环境设施两个方面进行了相关的指标计划。其中运用建筑计划学的研究方法，重点分析了教学空间、实验空间的空间构成及模式，提出了超过48班的学校建筑面积、数量及大小指标取值参考，以及校内广场、庭院、主要建筑密度和容积率的适宜取值范围，为超大规模高中的设计实践提供了一定的参考依据。

# 7 内外统筹：
## 用地规模影响下校外空间环境计划

本章立足于第 5、第 6 章所总结的余裕型、适当型、不足型三种用地类型的超大规模高中校内空间环境和现状使用的特点，分析在不同因素影响下，校外空间环境产生的空间构成、空间模式等方面的变化，进而提出校外空间环境设施的布局模式，构建学习型社会，实现"学社融合"的大目标，促进地方教育的发展。研究内容简图如图 7.1 所示。

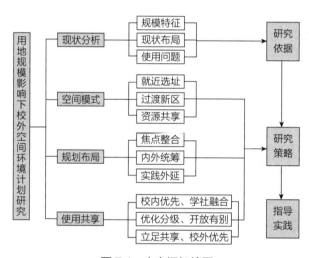

图 7.1　内容框架简图

## 7.1　规模扩张分析

### 7.1.1　规模扩张特征

开放、共享和融合是当前国内外学校发展的主流趋势。"学社融合"的教育理念主张校园应该打破封闭边界，向城市开放，体现社会性教育职能。因此，只有通过合理调整校园分区，构建校内外公共服务设施的共享模式，加强学校与社区、城市之间的融合，才能充分发挥社区学校的作用。

随着优质教育资源的不断集中，超大规模的办学趋势将会持续上升。学校规模的扩张、人口的聚集、部分公共服务设施的共享互用，不但给校内的空间环境规划设计带来了很大的变化，也给校园的周边环境造成了一定的影响。目前看来，校外空间环境除了普通道路和广场外，其他功能包括商业、公共建筑、服务设施、居住区四类。和校园空间环境的主要关系体现在以下几个方面（表7.1）。

各用地类型下校外空间环境和校园的关系　　　　　　　　　　表7.1

| 用地类型 | 校外商业 | 校外公共设施 | 校外住宅 |
|---|---|---|---|
| 余裕型 | 分散式商业，新建为主 | 校园设施向周边开放 | 增加许多新建住宅 |
| 适当型 | 分散与集中结合，较成熟 | 较独立 | 部分学校租用校园周边住宅 |
| 不足型 | 集中式商业，功能混杂 | 周边设施和学校共用 | 教师住宅设于校外 |

### 7.1.2  现状问题分析

（1）用地余裕型：校内各建筑组团较完善，但校园较独立，和周围社区以及环境的关系不大，校园公共服务设施的资源利用率不高。

（2）用地适当型：由于校园在建设之初未设预留用地，导致在规模扩张的过程中为满足正常的教学需要，不断加建、改建，只得征用周围的用地建校舍，或者改造现有校园内的部分设施和用地，造成校园边界的不完整和功能分区的混杂不清。

（3）用地不足型：此类校园受周边环境的影响，用地有限。因此借用校外的一些公共服务设施如体育馆、体育场、游泳馆等，使用时因为和原校区隔着马路，在人流高峰期存在一定安全隐患。

随着规模的扩张，校园用地、布局选址受到周边的限制，校园空间只得向外拓展和延伸。校外空间因为资源利用率不高、与校园联系不够紧密等原因，呈现出空间品质不佳的现状和特征（表7.2）。

不同用地条件下校外空间现状及品质特征　　　　　　　　　表7.2

| 内容<br>类型 | 规范／标准制约 | 校外空间现状 | 特征／主要问题 |
|---|---|---|---|
| 用地满足<br>使用要求 | 生均指标为统一标准，地区与学校间差异大，成本与资源有一定浪费 | 公共服务设施不完善，与社区、城市联系不够密切 | 空旷、独立，公共设施可达性较差 |
| 用地不满足<br>使用要求 | 现有规范只支撑到48班，无法满足教学、生活对用地的需求 | 餐饮、商业等公共空间功能混杂 | 人流密集、安全隐患多 |
|  |  | 与社区、城市关系密切 | 设施共享、校园开放性不强 |

### 7.1.3  典型校外空间

#### 1. 用地余裕型超大规模高中校外空间环境

从用地余裕型超大规模高中的校园空间环境分析可得，余裕型校园多选址于郊区或城市新区，周围多为未开发用地，校内配套设施较为齐备，校园周边比较荒凉，基本为待建用地，或仅有少量的已开发小区。所以，若要实现"学社融合"的大目标，则要较多地通过学校的公共服务设施向社区和城市开放共享来实现（图7.2~图7.6）。

a 校园周边用地均未开发，仅共享体育场馆，设对外出入口

b 共享体育馆、体育场

c 校门外空旷用地

图7.2 XF 一中校外空间环境

a 学校位于高新区，周围多建成熟小区，紧邻 WL 学院东校区和餐饮商业街，校园向外共享公共设施

b 校区周边配套设施已开发，交通便利

c 校区周边环境及景观设施较新

图7.3 BJ 中学校外空间环境

a 学校处于远郊区，周围未开发，划拨临近的体育局部分用地及运动场，仅设一个出入口采用封闭式管理

b 周围用地未开发

c 学校围墙外未开发

图 7.4　FF 高中校外空间环境

a 学校位于郊区，通过天桥与道路另一侧的初中部相联系，两个校区共用体育场和餐饮中心。学校周边多为未开发的田地

b 门口通过桥和G108 道路另一侧的初中部相连

c 初中部位于道路另一侧

图 7.5　MX 一中校外空间环境

a 位于新区，仅有一个居住区，多为未开发地区　　　　　　b 学校大门外已开发的高层住宅小区

图 7.6　JB 中学校外空间环境

## 2. 用地适当型超大规模高中校外空间环境

用地适当型超大规模高中，因校园有一定的建设年代，所以周边的公共服务配套设施较为齐备。很多学校选址于县城（城市）的中心区或者繁华地段，邻近一些单位、社区，其中包括图书馆、剧院、文化馆、体育馆、体育场等开放性较强、一次性投入较大、资源综合利用率不高的公共服务设施。但是仍然有部分学校建封闭的围墙，与周围环境设施相对独立，没有共享这些使用较为便利、开放共享性较强的公共设施，有待进一步改善（图 7.7～图 7.9）。

## 3. 用地不足型超大规模高中校外空间环境

用地不足型超大规模高中，因校园用地极为紧张局促，很多大型公共服务设施无法在校内建设，只得借用或共享周边的公共服务设施，如饮食街、商业街、住宅等，校内外相互共享融合，资源利用率大大提高（图 7.10～图 7.13）。

a 学校位于县城中心区，周围配套设施较全，沿街商业和　　b 学校与外部街道和商业没有过渡空间，也没有和周边共享
　　居住小区分列学校的两侧，并邻近县图书馆和剧院　　　　　　公共服务设施

图 7.7　DL 中学校外空间环境

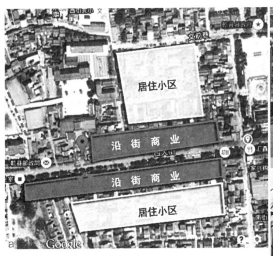

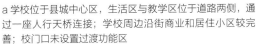

a 学校位于县城中心区，生活区与教学区位于道路两侧，通过一座人行天桥连接；学校周边沿街商业和居住小区较完善；校门口未设置过渡功能区

b 校门口没有配套公共服务设施

c 通过人行天桥和生活区联系

图 7.8　QX 二中校外空间环境

a 学校位于县城中心区，交通便利，沿街商业繁华

b 校门口处通过底层架空，方便出入口的联系

c 县城主干道车流量较大，没有过渡缓冲空间，校门口上下学的高峰期存在一定的安全隐患

图 7.9　SD 一中校外空间环境

a 学校位于县城中心区，用地紧张，周边配套较全　b 校门口外未设过渡功能空间，校内设独立停车场及疏散广场，能缓解上下学高峰期的拥堵情况

图 7.10　YC 中学校外空间环境

a 学校位于县城中心区，校门前有一条笔直的商业街，以饮食、生活为主，学校周边还有很多民宅，因校内宿舍不足，有部分学生租住于此

b 上下学时期，学生在饮食街休闲

c 学校门前的饮食、生活一条街

图 7.11　QX 一中校外空间环境

a 学校位于县城主要道路一侧，周围商业繁华，民宅较多，两侧道路人车混行，上下学高峰期存在安全隐患

b 校门前为县城主干路，车流量较大

c 校门退后主干路一段距离，形成疏散广场，一定程度上缓解了交通的压力

**图 7.12　SD 二中校外空间环境**

a 学校位于县城次中心，因用地较为富裕，校门后退形成疏散广场，不存在人车混行或人流拥挤的安全隐患问题

b 过渡功能区

**图 7.13　MX 二中校外空间环境**

### 7.1.4 典型使用状况

通过调研得出，不同用地类型的超大规模高中在规模扩张过程中，校外空间也起着很大的变化。通过校内外公共服务设施的共享互用，可以大大节约公共财政的投入，提高资源利用率。但是在设施互用的同时，出入口的设置、校内外的过渡、交通状况等都需要经过规划设计，否则会导致使用不便，空间层次不明晰，给师生的校园生活带来一定的安全隐患。例如疏散广场尺度不够、人车混行、缺少功能过渡空间等，具体问题如表 7.3 所示。

不同用地类型高中校外空间使用问题分析　　　　　　　　　　　表 7.3

| 用地类型 | 校内外设施互用关系 | 交通状况 | 安全隐患 | 校内外过渡空间 | 出入口设置 | 过渡开放功能区 |
|---|---|---|---|---|---|---|
| 余裕型 | 封闭、独用 | 未设使用通道 | 有 | 无 | 和校园共用出入口 | 无 |
| 适当型 | 部分借用 | 局部设次入口 | 无 | 无 | 和校园共用出入口 | 无 |
| 不足型 | 大部分借用 | 通过马路或天桥联系交通 | 有 | 无 | 借用共享设施出入口 | 无 |

例如，和校外商业街互用共享的 QX 一中，因校门口与商业街共用主要的交通干道，人车混行，存在一定的安全隐患问题（图 7.14、图 7.15）。

图 7.14　校门前的饮食街与校园之间没有过渡空间

图 7.15　放学高峰期校门口人流

再如，和周边共享一定公共服务设施的用地不足型学校，通常和周边社区或单位隔着马路，部分学校通过架起一座人行天桥取得两侧的联系（图 7.16），但仍有部分学校没有任何措施，学生依然在马路之间穿行；或者人行天桥不符合规范，坚固性不足，存在安全隐患。SD一中虽然和县体育局共享体育馆和体育场，但两者之间隔着县城主干道，人流量和车流量较大，学生使用时需要从校门主入口横穿马路，存在着极大的安全隐患。

图 7.16　SD 一中和马路对面的县体育局共用体育场而未设人行天桥

## 7.2　空间布局模式

### 7.2.1　就近选址布局模式

用地余裕型超大规模高中多为新建高中，用地较为富裕或因选址较偏，采取封闭式寄宿制管理，所以校内的文体娱乐公共服务设施较为齐备。因此在规划布局和选址时，应采取和周边的社区、公共服务设施就近选址的原则，通过向社区开放、共享和融合，既实现了学校功能的社会价值和课内知识的社会外延教育需求，同时将理论知识与实践活动相结合，还有效地提高了教育资源利用率。

在选址方面，可以参考城市中新建的大学城、工业园、高新经济开发区等这一类公共服务性较强、信息流通量和需求量较大且担任的社会职能较为突出的单位及其社区。这类性质的单位一般拥有较为齐备的设施。如体育馆、体育场、游泳馆、网球场、图书馆、报告厅、剧院、实验用房等，而这些用房的功能属性很大程度上与高中校园的专用教室等公共用房功能相近或相同。若校内外能够互用共享，则能大大节约校园原有用地，实现"学社融合"，此外为学生提供充分的参与社会实践的机会，实践意义重大。反之，若学校已经配备了较为完善的文化、娱乐、体育、运动等相关设施，也能在不影响正常教学的基础上对外开放，成为向社会展示学校的一面窗口，提高资源的综合利用率，进而推进实现"全民教育"和"终身教育"的大目标。

此外，现代教育的知识结构体系也已经由单一的讲授走向了多维度的体验与认知，也正一步步地从被动接受转向主动融合。现今国内的一些高水平示范性高中已经将工作重点落在全面实现开放化教育等方面，同时逐渐推广其教育职能之外的创新、创业技能展示活动。例如高中生的职业技能大赛等，利用人才与知识储备，参与到社会实践中去。还可以在政府、企业和社区的支持下，不断开创新兴产业，这也是经济全球化与快速城市化发展的必然结果，并且发挥着深远的社会价值与实践教育意义。一方面，一些基础薄弱、经济发展落后的县城偏远地区可以依托办学质量高的学校将知识转化为生产力；另一方面，教育模式的革新也将成为创建创新型国家的驱动力，对我国经济发展起着重要的推动作用。

表 7.4 为用地余裕型校园与周边设施的相互关系。

用地余裕型校园与校园选址周边设施之间的关系　　　　表 7.4

| 周边设施＼内容 | 开放程度 | 与学校的关系 | 共享服务设施 | 教育教学活动 |
|---|---|---|---|---|
| 大学城 | 强 | 互相开放 | 体育馆、游泳馆、图书馆、视听阅览、剧院 | 服务、联动 |
| 工业园 / 科技园 | 中 | 向学校开放 | 实验室、科研楼、报告厅、计算机中心 | 求知、探索 |
| 高新经济技术开发区 / 信息产业区 | 强 | 向学校开放 | 实验室、科研楼、报告厅、计算机中心 | 参与、探索 |
| 单位社区 | 中 | 互相开放 | 社区活动中心、体育馆、游泳馆、图书馆、 | 服务、实践 |

　　和国内高中相比，国外的学校很少出现大规模甚至超大规模。大多数学校用地较为富裕，和周围环境设施结合较好。有些学校的规划布局采取了"微型村庄"的模式，通常也称为"教育村""教育公园""学校村"模式，基本采用一条中央街道，串联多个教室和工作室等，类似城市道路两旁的"商店"，核心为中央大厅和中央广场，供大规模的集会使用（图 7.17）。

　　"微型村庄"模式也是国外建造大规模学校通常采用的方案设计手法。建筑群中贯穿一条中央"大街"或步行道，适当地安排教室和其他设施，也可以减少学生们为换教室上课而奔走，从而有效地避免了精力的分散。此外，在大型校园中的某一集中区域活动，能够有助于对校园产生一种归属感，并增加集体合作意识。

　　Plus+bauplanung 建筑工作室设计的盖尔森基兴新教会小学可容纳学生 1300 名，设计体现了"微型村庄"的理念。"微型村庄"功能构成一般是以一条典型的中央街道为校园主轴线，串联教室、实验室、多功能厅、会议室、图书室等各种功能用房。同时，与社区运动场、社区公园、社区住宅、社区活动中心、社区医疗保健、社区职能培训等多种社区配套服务设施开放共享，共同构成一个完整的社区功能模式图（图 7.18）。学校的全部建筑围绕着一个带顶棚的中央广场而建，多个教室和工作室都串联在"中央大街"的两侧，如"商店"一般鳞次栉比，所有的公共集会等活动均在中央大厅展开。而这所"社区学校"恰恰成为周边环境设施的核心所在。"微型村庄"具备了社区公园、社区实习工厂、社区住所、社区活动中心、社区商业、社区运动场等公共服务设施，它们互相开放共享，大大提升了资源的利用率，真正实现了学校的社会实践价值和教育外延意义。

图 7.17 "微型村庄"布局模式图

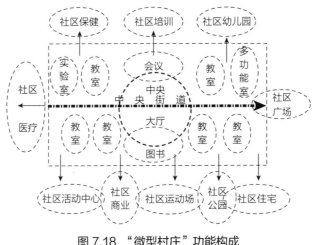

图 7.18 "微型村庄"功能构成

## 7.2.2 过渡新区布局模式

对于用地适当型超大规模高中而言，应预留一定的建设用地来满足校园规模的扩张。在预留的过程中，要充分考虑与社区的结合和对城市的开放。因此，为顺利地衔接学校与社区及城市周边的关系，应该对原有的校园功能分区进行多元化的重构，对校园边界进行开放化处理。例如，体育场、体育馆原本位于校内，是学校内部的体育运动设施，为避免动静混淆和对教学区的噪声干扰，一般位于生活区内的学生宿舍和食堂周围。但是若需要向周围社区或城市开放，则需要穿越部分校区才能使用，对教学区的正常秩序产生一定的干扰，造成人车混行等交通管理问题。所以，必须重新调整原有的校园功能分区，对校园的开放共享区实现空间重构，使得学校边界与城市、社区之间产生新的过渡区，进一步达到开放与融合。

为了梳理超大规模高中与周围环境之间的关系，可以从以下几个方面进行功能重构模式研究：教育普及、职业培训、信息展示、文化传播、休闲公园等。针对以上五个主要方面的功能，现对超大规模高中校园边界及外部空间进行三大过渡新区的重构。

### 1. 校内教育的延伸区

此过渡新区主要包括教育普及和职业技能交流培训两个主要方面。为推进全民教育、终身教育的大目标，将学校课内教育延伸到校外生活中，可以充分利用校内外的人才储备和师资力量，实现校内外知识的融合，拓展课堂广度、深度，开展多种形式的职业技能培训，使全体师生和社区居民的素养不断得以提升，并进一步完善现有高中知识体系框架，促进学社融合。

### 2. 校内外信息交流区

校外信息交流区主要为校内外各种科教信息提供展示与研讨场所，促进地区文化的传播。对国际化人才的不断需求，要求学校在学术、科技、社会服务等方面与外界有更多的信息交流。因此，学校应提供一定规模的场所来满足学术讨论活动，并提供相关配套服务如餐饮、会议、住宿等。一方面可以促进校内外的信息传播交流，另一方面还可以对外经营，成为学校社会后勤产业的一部分。如综合学术交流中心既可以依附于学校，还能够独立于校外，成为校内外空间环境的过渡部分，也能为多学科的交融与碰撞提供条件，并担当为城市服务的社会职能。

此外，目前很多超大规模高中的图书馆、报告厅、艺术楼、校史馆等承担展览、信息等功能的建筑基本上各自为政，门锁紧闭，资源利用率极低。然而这些设施却浪费了大量的校园用地，增加了建设成本，更谈不上向社区开放，与城市融合。这些公共场馆设施一次性建设投入较大、文化气息浓厚、空间展示性强、社会意义与教育意义深远，若资源得不到充分利用却非常可惜。因此，可以将这部分功能进行整合，纳入校内外信息交流区，将校史展览、文化宣传、社区或城市信息等进行公开展示，独立于校园外，向社会开放，成为学校的一面形象性的展示窗口，充分发挥公共财政投入的精神意义和社会价值。

### 3. 区域绿色休闲景观区

此部分功能主要服务于城市，成为区域共享的绿色生态主题公园。设置一定规模的室外娱乐健身广场，既能满足社区的公共集会要求，也能为远期学校规模的扩张提供弹性建设用地。例如，可以借助休闲景观区定期举办露天电影、主题晚会等休闲娱乐活动，另外还可设健身、网球、篮球、排球、乒乓球场等，既能为学校所使用，又能丰富社区的业余生活，成为城市和社区中一处不可多得的景观花园。所以将校前区原来功能单一的礼仪广场整合为集展示、交流、社会实践等多功能于一体的场所，能够将学校、社区、城市的边界过渡空间很好地衔接融合，一方面节约校园原有用地，另一方面满足功能多元化的要求，提高校园土地利用率，实现社会综合效益。

对于用地适当型超大规模高中，应以集约化规划设计为目标，充分利用校园周边的预留用地或空置用地，打开校园与周边社区环境隔离的空间，开放校园边界，将原本校园的"消极边界"向"积极边界"转化，充分发挥校园的集聚效应，重构校内外师生沟通交往的场所。

图7.19表达了"城市（社区）—功能过渡区—开放边界—校园"这四者的开放共享层级关系。校园与城市（社区）通过功能过渡和开放边界形成互融的开放界面，校内的体育文化娱乐设施也与开放边界有直接的联系。其他功能组团则通过校内的教育大街和生活街相串联。教学区与生活区之间设有校内过渡商业区，校内空间轴线的焦点分别是入口礼仪广场和餐饮交流空间。

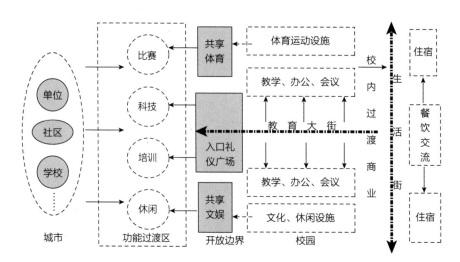

**图7.19 超大规模学校过渡功能区开放空间布局示意图**

### 7.2.3 资源共享布局模式

对于规模持续扩张的超大规模高中而言，校内建设用地紧张是首要的问题。因此，只有最大限度地在校内安排必要的功能空间，例如教室是必要的学习空间、学生食堂和宿舍是必要的生活空间等。除此之外，可以通过将其他和周边共享并独立于校外的功能空间外移以节约校园的有限用地，最大限度地实现资源共享。但是，在外移的同时，必须保证外移这些功能空间之后能够充分满足学生的使用要求，且要具备一定的可达性。

表7.5表达了校内不可外移和不适合共享的各类用地和适用对象。

用地的适用对象及条件 表7.5

| 用地要求 | 适用对象 |
| --- | --- |
| 不宜共享的用地 | 教学办公用地、寄宿学生生活用地 |
| 不可外移的用地 | 教学办公用地 |

首先，学生使用这些和校外共享的设施时，必须满足群体的出行需求、出行效率及出行的可达性；其次，大量的往返人流对于城市道路交通的影响也是周边环境设施选址必须考虑的重要影响因素之一。城市各项共享公共服务设施的选址、用地配置、空间组合及联系都需要整合考虑，既能满足学生的出行、可达和使用需求，又能充分发挥学校的社会职能，提高城市公共投入资源的利用率。为了进一步实现学生的出行、可达，最好的交通方式为步行。对于那些分列于马路两侧的社区或单位来说，学校需要建立人行天桥以取得之间的联系，否则人车混行、交通拥堵会造成极大的安全隐患，影响学校的正常教学秩序（图7.20～图7.23所示）。

C·亚历山大在其著作《建筑模式语言——城镇·建筑·构造》中列出"人步行的疲劳距离是15分钟的步行时间，15分钟×80m/分钟=1200m；人步行的可达性距离为5分钟步行时间，为5分钟×80m/分钟=400m；适宜的步行距离为200m"。[①] 按照学生最理想

图7.20 通过天桥和食堂相连

图7.21 通过天桥和运动场相连

---

① C·亚历山大. 建筑模式语言——城镇·建筑·构造 [M]. 北京：知识产权出版社，2002.

图 7.22　未设天桥，人车混行

图 7.23　放学人流高峰，交通拥堵

的交通方式步行来计算，以校门口为起点，出行使用的合理步行半径为 3~5 分钟的距离，即 $R$=5 分钟 ×80m/ 分钟 =400m。由此，我们可以推算出一个适宜的步行面积范围为 $S$=3.14×（400m）$^2$=50hm$^2$。

图 7.24 以 DL 中学为例，在县域范围内，以校园主入口为圆心，以 400m 为半径，画出校园周边公共服务设施出行可达的步行范围示意图。可以得出，校园左侧的县图书馆和右侧的体育场在步行可达范围内，是可以开放共享的公共服务设施；而另一侧的县剧院则超出了步行距离的范围，建议适当选址，将其纳入到校园的可达步行范围之内来。

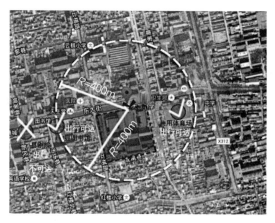

图 7.24　DL 中学出行可达设施与校园关系示意图

## 7.3　规划选址模式

### 7.3.1　核心焦点聚合模式

很多选址在城市新区或县城远郊的超大规模高中，因周围环境空旷，校外环境设施配套不够齐备，要么是利用率不高的广场，要么是零散的个别新建商业，人气不高。因此，要达到真正的内外融合、提高资源的利用率，首要任务就是将校内外的各项配套服务设施及空间场所整合为一个系统。可以采取整体化布局或整合化处理的方式，借鉴学生生活街、县城商业副中心、宜居城等规划和设计策略，充分发挥集聚效应，突出超大规模高中的核心焦点位置。只有将校外空间进行充分整合，聚拢人气，提高了资源占有率，才能够活跃校园以往冷冷清清、死气沉沉的氛围，一定程度上缓解周边社区运动设施的不足，实现公共设施的开放共享，节约公共财政投入，提高资源利用率。

图 7.25 表达了在原有校园布局结构中引入"过渡商业内街"作为整合媒介的规划模式。"过渡商业内街"串联景观带形成"教学—景观、交流—生活"的层级过渡模式。内街呈围合

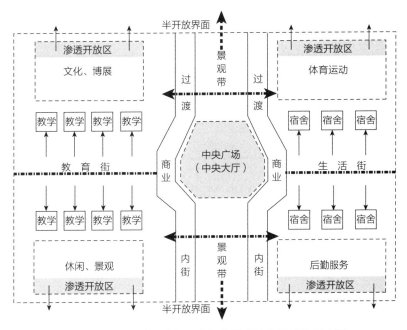

图 7.25　引入"过渡商业内街"模式的布局结构示意图

状,中心焦点可视学校办学规模的需要设置为"中央广场"或"中央大厅"。教育街串联教学功能,生活街串联生活空间,体育运动、文化休闲等公共服务设施分列于过渡商业内街的两侧,并与城市(社区)之间形成一个渗透开放区。商业内街的出入口可采取一定的管理措施和手段,形成半开放界面和出入口。校园整体有机、开放与独立兼顾,校内共享与校外融合并重,较适合于弹性办学的需要。

### 7.3.2　内外统筹协调模式

对于校内空间场所及设施较能满足现状使用要求的超大规模高中而言,校内较为完整和封闭独立,但是,校园的边界空间往往是校内外过渡与联系的重要组成部分。国外的许多学校与周围社区有机结合,资源共享,但是在规划设计之初,开放空间的周围有一定的隔离措施。通常将开放设施的位置靠近校园用地的边界,并设直接的对外出入口,便于管理。为了在共享的同时不影响校内的正常教学和生活秩序,理想的共享模式分为固定时间共享和不固定时间共享两种(表7.6)。

共享设施使用模式、时间及要点　　　　　　　　　　　表 7.6

| 共享模式 | 时间 | 场所 | 要点 |
| --- | --- | --- | --- |
| 固定时间<br>共享 | 特殊节日 | 体育运动设施、文化娱乐设施、文博展览场馆 | 防火疏散、交通安全 |
| | 假期 | 体育运动设施、文化娱乐设施、文博展览场馆 | 管理、维护 |
| | 放学后 | 体育运动设施、文化娱乐设施 | 时间安排 |
| | 社会培训或交流 | 报告会议设施、文化娱乐设施 | 管理、维护 |

| 共享模式 | 时间 | 场所 | 要点 |
|---|---|---|---|
| 不固定时间共享 | 大型集体活动 | 体育运动设施 | 防火疏散、交通安全 |
| | 重要的宣传活动 | 文博展览场馆 | 管理、维护 |
| | 各项社会比赛 | 体育运动设施、报告会议设施 | 安全、维护 |
| | 社会志愿者或某种体验 | 文化娱乐设施、文博展览场馆 | 组织、宣传 |

"内外统筹"的思想主要体现在将校内外视为一个整体。内、外互为依托，互相渗透，内、外之间可相互转换。使用条件即需要划定固定时间共享和非固定时间共享两种（图7.26）。

将"内外统筹"的思想应用于校园规划设计中，可以结合"校内空间—校内外过渡空间（对外开放空间）—校外空间"这样的空间层次变化进行阐释。如图7.27所示，基于第六章探讨过的"教育综合体"空间模式，我们可以将校园视为综合体建筑，地下为存储、餐饮、运动等功能，地面首层架空，和校外过渡的空间设置为校园向社区开放的功能区，校内的架空部分设置为校内共享的开放空间。教学区置于5层以下，办公及社

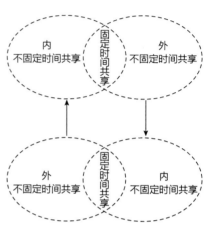

图7.26 "内外统筹"共享关系示意图

团教学辅助用房置于教学之上的楼层，屋顶空间可布置为展示、小型运动、休闲交流的公共平台。校内外空间通过校园道路形成互相渗透、内外有别的公共界面。

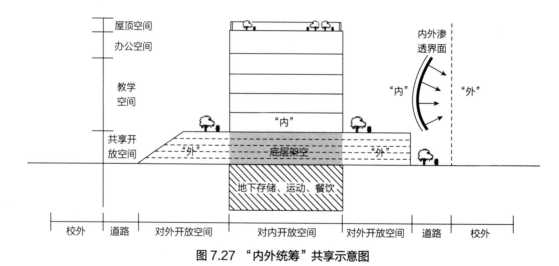

图7.27 "内外统筹"共享示意图

### 7.3.3 实践场所外延模式

对于用地极为有限的超大规模高中而言，除了满足基本的教学需求外，若要开展全面的素质教育及"多义教育"根本没有合适的空间环境场所。校园教育除了课堂教学之外，还承

担着重要的社会职能。校内教育向社会拓展才能够真正实现理论与实践的结合。城市公共基础设施能够为校园提供了物质条件，配套商业也能满足学校的社会使用。更为重要的是，城市中的各类实践岗位可以使学生参与到社会实践中，将课内学习延伸至校外。这样锻炼了学生的综合素质，也培养了感同身受的社会责任感。例如，城市中的科技园、产业园、工业园等创新产业与学校联合，可以充分激发学生的创新能力，培养复合型人才。

此外，社区能为学生提供一定的社会实践环境，巩固课堂知识、开展课外兴趣、实现社会价值。一方面将枯燥的理论知识转化为实际的解决问题能力；另一方面通过参与社区的各项活动，扩展学习领域，增强服务意识、培养综合能力。

表 7.7 罗列出超大规模高中校外设施共享形式与教育意义。

超大规模高中校外设施共享形式与教育意义

表 7.7

| 共享场所 | 实践形式 | 教育意义 |
|---|---|---|
| 社区 | 家教 | 个人价值与社会价值体现 |
| 社区活动中心 | 社区志愿者 | 培养社会责任感 |
| 高新科技类企事业单位 | 创新创业 / 模型比赛 | 课堂知识转化为实践应用 |
| 城市公共空间 | 义卖 | 劳动力转化为经济效益 |

## 7.4  使用共享模式

### 7.4.1  校内优先、学社融合

对于用地富裕的新建示范型超大规模高中，在校内外设施互用共享时，应立足于校内使用优先，学校与社区融合的目标，优先使用校内已有的公共服务设施，提高公共财政的资源利用率，社区与学校共同分担这些设施的日常保养、定期维护等费用，构建学习型社会。

为了便于校内外的共享与使用，建议打破传统校园动静分区的规划格局，将校内可以和社区共享的公共服务设施整合在一起，作为开放共享区单独使用。典型的例子就是学生活动中心或体育场馆的布局，其往往位于生活区，临近学生宿舍，便于学生使用；倘若开放共享，则必须穿越教学区或生活区才能使用，影响学校正常的教学生活秩序。所以，在校内优先、学社融合的目标下，应对校内的功能片区进行优化整合，以高效集约的布局模式，满足各项公共服务设施的校内外共享使用。

如图 7.28 所示模式，独立完整的校内使用组团自成一区，向城市和社会开放共享的组团分列于另一区，二者各自设置管理出入口。重叠的部分表示校内的共享使用区域，可以为会议厅、社团活动、餐饮交流等。向城市和社会开放共享的组团包括体育馆、体育场、游泳馆、图书馆、报告厅、剧院等；独立完整的校内使用组团包括教学办公楼、实验楼、宿舍楼、食堂等。共享区与

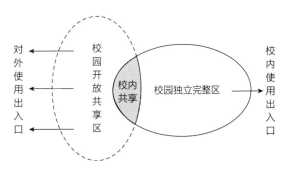

图 7.28  校内独立与开放共享关系示意图

独立区各成一区，互不影响。

学校与社区结合，学校主导参与社区的各项建设能够为实现终身教育、构建学习型社会铺垫良好的基础。社区利用学校的各项教育资源为其教育、经济等产业发展服务。学校可以参与社区的各项公益活动，或者通过校办产业集团为社区进行咨询，直接服务于社区经济建设。"学社融合"的开放式教育主张打破与社区的界限，充分发挥社区资源中心的作用，整合优化形成网络化覆盖的教育体系。同时尊重周围环境，积极融入环境，与社区居民能够亲密互动，创造良好的学习教育环境。

法尼拓高中虽然不属于超大规模高中，但是它在功能布局和空间组合上充分考虑了与社区的融合、开放、共享。校内设独立的内部出入口，教室等功能用房全部围绕共享学习资源中心设置。体育馆、游泳馆向社区开放，设置独立对外出入口，与校内的流线不交叉。校内独立完整空间与校外共享空间通过连廊相连，并设置平台、庭院等过渡功能区实现开放层级的界面延伸。各个出入口属性不同，管理层次清晰，内外有别，独立互融，从而使得开放层级鲜明有序，便于管理和使用（图 7.29）。

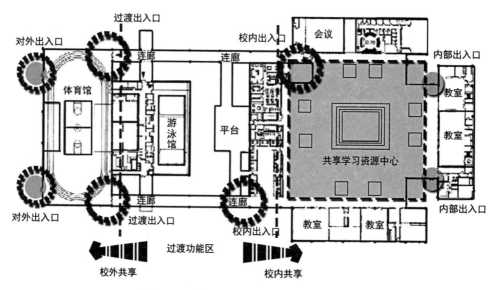

图 7.29 法尼拓高中空间开放共享示意图

## 7.4.2 优化分级、开放有别

对于原有校园边界比较完整、预留用地不是很多的超大规模高中而言，在向社区开放、和城市共享的同时还要保持校园的相对独立。因此，有必要对各种公共服务设施和公共空间进行优先度的排序和开放度的分级。

学校即社会，学校即生活。在"全纳教育"的视角下，学校的使用主体不仅是在校的师生，更是面向周围社区以及全社会。各类公共服务设施的开放级别和使用要求不同，校园与社区的互动关系也随之不同。表 7.8、表 7.9 表达了基于不同使用特制的情况下，学校、社区的开放度和优先度。

| 校园向社区开放 | | 社区向校园开放 | |
|---|---|---|---|
| 设施 | 开放级别 | 设施 | 开放级别 |
| 校体育场（馆）、游泳馆 | 一级 | 社区体育场（馆）、游泳馆 | 一级 |
| 校图书馆 | 二级 | 社区商业网点 | 一级 |
| 校报告厅 | 一级 | 社区剧院（场） | 一级 |
| 校史馆 | 二级 | 社区医疗机构 | 二级 |
| 校多功能活动中心 | 二级 | 社区活动中心 | 一级 |
| 校停车场（库） | 一级 | 社区停车场（库） | 一级 |

基于使用特制的空间环境优先度排序　　　表7.9

| 校园向社区开放 | | 社区向校园开放 | |
|---|---|---|---|
| 设施 | 优先度排序 | 设施 | 优先度排序 |
| 校体育场（馆）、游泳馆 | 首要优先 | 社区体育场（馆）、游泳馆 | 首要优先 |
| 校图书馆 | 次要优先 | 社区商业网点 | 首要优先 |
| 校报告厅 | 首要优先 | 社区剧院（场） | 首要优先 |
| 校史馆 | 首要优先 | 社区医疗机构 | 次要优先 |
| 校多功能活动中心 | 次要优先 | 社区活动中心 | 次要优先 |
| 校停车场（库） | 次要优先 | 社区停车场（库） | 次要优先 |

### 7.4.3　立足共享、校外优先

对于因建设用地极为有限，校内公共设施设置不足的超大规模高中，应立足于校外共享的优先原则，学校借用周边的商业、住宅、体育运动、文化休闲等服务设施，减少了学校的建设投入，满足了正常的教学使用，还提高了公共财政投入的资源利用率。其中共享的模式可以分为以下两种：校外设施和校园共享、校外设施供全县城（城市）共享。以校外社区或城市资源利用为优先的共享模式，可以采取社区主导和学社共建两种途径。

1. "社区主导"模式

"社区主导"模式指利用社区已有的各项资源，为学校的教学服务。社区向学校开放文化馆、图书馆、革命纪念馆、博物馆、展览馆、企事业单位等公共资源，为学校进行宣传、培训比赛、举办展览、社会实践等提供便利条件，全面提升学校实施"多义教育"的内涵。

2. "学社共建"模式

在不影响学校正常教学及生活秩序的前提下，充分利用学校已有的一切办学设施补充社区的物质教育资源和精神教育资源；同时学校借助办学经验，参与到社区的成人职业教育、社区文化建设等环节中去，为社区工作提供支持和帮助。在"学社共建"的模式影响下，建立社区教育机构，市民学校、家教机构等形式的教育场所，以丰富社区的物质教育空间。

## 7.5 本章小结

本章立足于"学社融合、构建学习型社会"的大目标，通过对典型现有超大规模高中校外空间及校内外设施使用的现状调研，分析了规模扩张背景下不同用地及选址类型的校内外空间环境关系。基于特征描述和问题的提出，构建了三种空间模式——就近选址、过渡新区、资源共享以及对应于此的三种规划布局方式——焦点整合、内外统筹、实践外延。最后，对于校内外各项公共服务设施的互用共享提出了三种使用途径——校内优先、学社融合，优化分级、开放有别及立足共享、校外优先，从而为构建学习型社会、促进地区的教育发展提供了可参考的使用依据和建设模式。

# 8 结论

通过调研及与教育工作者的访谈得出，超大规模高中办学模式的持续增加虽既成事实，但确是基于西部财政紧缺、用地有限、人口分布不均等客观原因而存在。超大规模高中办学存在诸多教育学、建筑学、社会学等学科问题，也是当前社会背景条件下不得已的办法。我国的多数教育家和教育工作者更期望基于地域特色和教育理念下适度规模的办学，或既成超大规模学校后能够分地（区）办学以实现教育的最终目标。因而，很多超大规模甚至超过 100 班的学校，更多的是通过分校区管理的方式满足就学需求。所以，超大规模学校的存在是客观条件所致，我们应该因地制宜，基于不同类型的学校进行校园空间环境计划，提出办学所需的校舍空间模式及面积指标参考，满足弹性办学的需求，以实现"可持续校园"和"学社融合"的最终目标。

基于此，本研究的主要结论包括如下几个方面。

## 8.1 超大规模高中建筑空间环境特征与影响因素

### 8.1.1 发展趋势与影响因素

在城镇化进程的推动下，普通高中办学逐步向县城和人口稠密的县城集中，且部分优质高中向超大规模方向发展。目前我国县城（镇）在校生超过 3000 人、班级数超过 50 班的超大规模高中越来越多。伴随着"学社融合"理念的广泛实施，新的教育理念和教学模式迫切需要多种新型教学空间环境以及校园空间序列来实现。表 8.1 总结了不同影响因子与超大规模高中的校园空间关系。

不同影响级别下各因子与空间计划的关系　　　　　　　　　表 8.1

| 对应关系 | | 影响因子 | | | | |
|---|---|---|---|---|---|
| 影响因子级别 | 一级 | 布局调整 | 教育理念 | 教学模式 | 校舍用地 | 办学规模 |
| | 二级 | 资源配置 | 选址 | 课程体系与设置 | 校园有效用地 | 班额 |
| | 三级 | 校园规划与设施利用 | 校内外空间组合关系 | 教学模式与空间关系 | 功能构成及土地利用方式 | 教学、管理方式 |
| | 四级 | 总平面设计，环境设计 | 校内设施开放，校外设施共享 | 建筑组团关系，空间使用与组合模式 | 环形跑道用地，建筑标准层面积 | 空间平面及细部设计 |
| 空间计划 | | 规划结构，总平面图，环境设计图 | 内外设施共享模式图 | 建筑平面图，生均建筑面积，生均使用面积， | 有效（生均）用地面积，建筑密度 | 内部空间设计图 |

通过调研得出，在以上诸多因素的影响下，在进行校园空间环境建筑计划时，绝大多数超大规模高中在规模扩张的情况下，"用地不足"成为决定校园改、扩建的重要因子。因此，本书在研究过程中以"用地类型"为影响因子的切入点，继而以"校园用地指标"为研究依据对校内和校外依次展开相应的空间计划。

## 8.1.2 现状特征与类型

超大规模高中在办学过程中，由于财力有限、用地紧张、校园空间与就学容量极不相符等原因，出现了诸多问题，主要包括以下几个方面。

（1）规模扩张后资源配置不均衡。新校区资源浪费，利用率不高；老校区用地局限，空间严重不足。

（2）现行国家标准及规范或省市自定标准不能支撑和指导当前办学规模下的校园建设。

（3）既有校园的空间环境相对滞后，制约着新型教学模式的展开。

（4）既有空间环境承载力与校园办学容量之间的矛盾日益突出。

（5）学校与社区、城市融合不足。

超大规模高中作为一种特殊的校园类型，按照规模的大小分类见表8.2，其中，笔者通过调研得出，超过5000人办学规模的学校作为特殊的一类超大规模高中存在较多管理问题，因此建议分校区建设管理。

**不同规模类型的超大规模高中及校园空间特征** 表8.2

| 规模类型 | 在校生人数（人） | 用地面积（公顷） | 规模扩张方式 | 校园空间特征 | 校内外关系 | 教学管理模式 |
| --- | --- | --- | --- | --- | --- | --- |
| 适宜型 | 3000~4000 | 4.5~5.2 | 稳定型 | 资源配置较均衡 | 自给自足型 | 课堂、课外并重 |
| 发展型 | 4001~5000 | 5.3~6 | 集聚型 | 不断改扩建 | 内外并重型 | 课外学习，资源共享 |
| 膨胀型 | >5000 | >6 | 饱和型 | 用地严重不足 | 向外扩展型 | 仅能满足课堂教学 |

## 8.1.3 概念内涵与模式建构

本研究基于城市化的进程，旨在研究基础教育设施布局结构调整而引发的优质教育资源集中的"超大规模"办学模式以及由此产生的既有校园空间环境承载力与广大人民群众就学需求不相符合的矛盾。在人口稠密的县城此问题更为突出。所以，选取的调研对象界定为"在校生人数超过3000人或班级数大于50班的县域公立普通高中"。通过这类最具代表性的研究对象，揭示广泛存在的校园空间环境建设及使用问题，建立可参考的标准和依据，指导超大规模学校的设计与实践。

不同研究层面上主要内容与规模、空间环境之间的关系如表8.3所示。

在研究规范指标计划时，将通过调研得出的校园空间环境分为可比和不可比两个部分：即随着办学规模的扩张而增加的功能用房如教学、办公、生活（寄宿制）和不随规模扩张而改变的附属空间如环形跑道、教师生活、开放共享设施等。通过分类，将可比的指标部分对比原有标准进行了补充和完善；对不可比的部分内容在"学社融合"等一系列新型教学理念及模式的指导下进行了开放、共享、外移、活用、复合等设计方法与推衍，从而有效提高资源利用率，对空间环境的指标计划提供了可参考的依据。

| 层次 | 项目 | 影响要素 | 研究内容 | 与办学规模的关系 | 与空间环境的关系 |
|------|------|----------|----------|------------------|------------------|
| 宏观 | 布局计划 | 区位选址，校内外环境 | 位置、组合模式、内外设施使用关系 | 随规模的变化而引发空间组合及设施互用等问题 | 校园规划设计，校内各组团的布局与组合关系 |
| 中观 | 内容计划 | 办学理念，使用功能，教学模式 | 教学及教学辅助用房、办公用房、生活服务用房 | 随规模变化而引发功能用房的不足、更新或置换等问题 | 校舍空间设计，室内外空间环境及设施设计 |
| 微观 | 数量计划 | 规模，使用率，课程设置 | 教学、办公、生活、体育运动等各项服务设施的个数 | 随规模的变化而引发的数量不足或余裕等问题 | 建筑标准层设计，经济技术指标 |
| | 面积计划 | 班额，规范，功能，教学需求 | 校内外主要建筑的用地面积、建筑面积、生均面积、主要功能用房的使用面积 | 随规模的变化而引发的面积适足或不足等问题 | 功能用房平面设计，室内家具布置，建筑标准层设计 |

# 8.2 超大规模高中建筑空间环境计划

## 8.2.1 宏观层面

### 1. 超大规模高中类型计划（表 8.4）

超大规模高中布局、结构、用地的模式与类型 表 8.4

| 模式 | 类型 | 模式 | 类型 | 模式 | 类型 | |
|------|------|------|------|------|------|------|
| 布局模式计划 | 级部分区布局 | 结构形态计划 | 轴线式 | 用地类型计划 | 用地余裕型 | |
| | | | | | 预留扩张型 | 整合资源型 |
| | 学科类型序列布局 | | 组团式 | | 用地适当型 | |
| | | | | | "校中校"型 | 用地不变型 |
| | 资源共享程度层级布局 | | 开放型 | | 用地不足型 | |
| | 整体式建筑群组团布局 | | 生长型 | | 内部扩展型 | 周围膨胀型 |
| | | | 巨构型 | | | |

### 2. 校园规划模式计划（表 8.5）

超大规模高中校园规划模式类型计划 表 8.5

| 用地类型 | 规划模式 | 规划途径 | | | |
|----------|----------|----------|----------|----------|----------|
| 用地余裕型 | "微型社区"模式 | 大校园、小社区 | 向社区开放 | 共享校内资源中心 | 引入教育街与生活街 |
| 用地适当型 | "邻里单元"模式 | 适宜的步行距离 | 可识别的邻里中心 | 网络化的内部交通 | |
| 用地不足型 | "教育综合体"模式 | 立体化的土地利用 | 集约化的功能复合 | 灵活化的空间活用 | |

### 3. 校内外空间环境计划

基于超大规模高中不同的用地类型与特征，对校内外空间环境进行以下模式、布局和共享计划（表 8.6）。

**基于不同用地类型的校内外空间环境计划**　表 8.6

| 用地类型 | 空间模式计划 | 规划布局计划 | 使用共享计划 |
|---|---|---|---|
| 用地余裕型 | 就近选址模式 | 焦点整合布局 | 校内优先、学社融合 |
| 用地适当型 | 过渡新区模式 | 内外统筹布局 | 优化分级、开放有别 |
| 用地不足型 | 资源共享模式 | 实践外延布局 | 立足共享、校外优先 |

## 8.2.2　中观层面

### 1. 用地规模计划（表 8.7）

**超过 48 班办学规模的校园基本及规划用地面积指标表**　表 8.7

| 项目名称 | 基本指标 | | | | | |
|---|---|---|---|---|---|---|
| | 18~48 班 | 60 班 | 72 班 | 84 班 | 96 班 | 108 班 |
| 面积合计（m²） | 《城市普通中小学校校舍建设标准建标［2002］102 号》 | 27000 | 28800 | 29400 | 28800 | 27000 |
| 生均面积（m²/生） | 《汶川地震灾后重建学校规划建筑设计导则》 | 9 | 8 | 7 | 6 | 5 |

| 项目名称 | 规划指标 | | | | | |
|---|---|---|---|---|---|---|
| | 18~48 班 | 60 班 | 72 班 | 84 班 | 96 班 | 108 班 |
| 面积合计（m²） | 《城市普通中小学校校舍建设标准建标［2002］102 号》 | 45000 | 50400 | 54600 | 57600 | 59400 |
| 生均面积（m²/生） | 《汶川地震灾后重建学校规划建筑设计导则》 | 15 | 14 | 13 | 12 | 11 |

基于影响超大规模高中用地指标计划的多重因素，将基本指标与规划指标按照不同的影响因子进行取值优化，如表 8.8 所示。

**不同影响因子作用下的指标取值优化分析**　表 8.8

| 影响因子 | | 基本指标 | 规划指标 | 备注 |
|---|---|---|---|---|
| 布局选址 | 新校区 | — | √ | "一校多区"式布局应视不同的选址进行面积指标取值 |
| | 老校区 | √ | — | |
| 管理模式 | 寄宿制 | — | √ | 半寄宿制在基本指标的基础上，重点计划学生宿舍的用地面积是否满足需求 |
| | 走读制 | √ | — | |
| 办学模式 | 独立办学 | — | √ | "半合作办学"形式在基本指标基础上减去共享空间用地面积 |
| | 合作办学 | √ | — | |
| 地形条件 | 山地 | √ | — | 用地极为紧张的平地或丘陵地区也可以选取基本面积指标作为参考 |
| | 平原或丘陵 | — | √ | |

## 2. 空间尺度计划
（1）广场尺度（表8.9）

不同用地类型的广场适宜宽度和适宜面积取值　　　　　表8.9

| 用地类型 | 周围建筑层数 | 周围建筑平均高度（m） | 广场适宜宽度（1.5～2H） | 广场适宜面积（m²） |
|---|---|---|---|---|
| 余裕型 | 4F | 16 | 32 | 1024 |
| | 5F | 20 | 40 | 1600 |
| | 6F | 24 | 48 | 2304 |
| 适当型 | 4F | 16 | 28 | 784 |
| | 5F | 20 | 35 | 1225 |
| | 6F | 24 | 42 | 1764 |
| 不足型 | 4F | 16 | 24 | 576 |
| | 5F | 20 | 30 | 900 |
| | 6F | 24 | 36 | 1296 |

（2）庭院空间（表8.10）

不同用地类型的庭院及中心院落外部环境适宜尺度取值　　　　表8.10

| 用地类型 | 庭院适宜宽度（m） | 庭院适宜面积（m²） | 中心院落外部环境适宜宽度（m） | 中心院落外部环境适宜面积（m²） |
|---|---|---|---|---|
| 余裕型 | 25 | 625 | 100 | 10000 |
| 适当型 | 20～25 | 400～625 | 70～100 | 4900～10000 |
| 不足型 | 20 | 400 | 70 | 4900 |

（3）绿化面积（表8.11）

超大规模高中绿化面积计划　　　　　表8.11

| 规模（班） | 在校生人数（人） | 绿化面积（m²） |
|---|---|---|
| 60班 | 3000 | 3000 |
| 72班 | 3600 | 3600 |
| 84班 | 4200 | 4200 |
| 96班 | 4800 | 4800 |
| 108班 | 5400 | 5400 |

（4）标准层建筑面积（表8.12）

**不同办学规模高中各功能用房的标准层建筑面积指标**　　表8.12

| 项目 | 节地标准层占地面积（m²） | 节地建筑面积（m²） | | | | |
|---|---|---|---|---|---|---|
| | | 60班 | 72班 | 84班 | 96班 | 108班 |
| 教学用房 | 2456 | 8702 | 10416 | 12130 | 13976 | 15690 |
| 实验用房 | 716 | 1102 | | | | |
| 图书阅览用房 | 831 | 831 | 989 | 1149.3 | 1309.5 | 1469.7 |
| 办公用房 | 914 | 1828 | 2191 | 2554 | 2923 | 3292 |
| 教工食堂 | 771 | 771 | 935 | 1078 | 1232 | 1388 |
| 教工宿舍 | 605 | 605 | 733 | 840 | 972 | 1092 |
| 学生食堂 | 4500 | 4500 | 5400 | 6300 | 7200 | 8100 |
| 学生宿舍 | 1250 | 15000 | 18000 | 21000 | 24000 | 27000 |

（5）建筑密度（表8.13、表8.14）

**寄宿制超大规模高中建筑密度指标计划**　　表8.13

| 规模 | 总建筑面积（m²） | 生均建筑面积（m²/生） | 总用地面积（m²） | 建筑基底面积（m²） | 容积率 | 建筑密度（%） |
|---|---|---|---|---|---|---|
| 60班 | 33339 | | 45000 | 6293 | 0.7 | 14 |
| 72班 | 39766 | | 50400 | 6793 | 0.8 | 13 |
| 84班 | 46153.3 | 11 | 54600 | 7293 | 0.9 | 13 |
| 96班 | 52714.5 | | 57600 | 10249 | 0.9 | 18 |
| 108班 | 59133.7 | | 59400 | 13205 | 0.9 | 22 |

**走读制超大规模高中建筑密度指标计划**　　表8.14

| 规模 | 总建筑面积（m²） | 生均建筑面积（m²/生） | 总用地面积（m²） | 建筑基底面积（m²） | 容积率 | 建筑密度（%） |
|---|---|---|---|---|---|---|
| 60班 | 12463 | | 27000 | 4917 | 0.5 | 18 |
| 72班 | 14698 | | 28800 | 4917 | 0.5 | 17 |
| 84班 | 16935.3 | 4 | 29400 | 4917 | 0.6 | 17 |
| 96班 | 19310.5 | | 28800 | 7373 | 0.7 | 26 |
| 108班 | 21553.7 | | 27700 | 7373 | 0.8 | 27 |

### 8.2.3 微观层面

**1. 空间模式计划**

（1）教学空间（表 8.15）

教学空间模式计划     表 8.15

| 空间模式 | 空间功能 | 行为使用 |
|---|---|---|
| 全科目教室 | 普通教室、存储、阅览室、盥洗室、展览室 | 报告、集会、剧演、小组讨论 |
| 特别科目教室 | 实验室、实习室、信息中心、存储空间、盥洗室、种植室、音乐室、美术室 | 小组探究、模型展示、泥塑美工、器乐形体、探究实验、展品展示 |
| 开放科目教室 | 家政室、盥洗室、存储空间、就业咨询、保健室、视听讲堂 | 信息展示、个别指导、家政服务、就业咨询、身体保健 |
| 功能科目教室 | 标准化考场、个别指导室、试卷批改室、存储空间、盥洗室 | 模拟考试、分组考试、试卷讲评、展示、公共演讲、信息查询 |

在新型教学模式下，教学空间需要增加信息媒体中心、公众视听讲堂等学习资源中心以实现"学社融合"、"多学科交融"的教育目标。

（2）实验空间（表 8.16）

实验空间模式计划     表 8.16

| 空间模式 | 空间功能 | 适用对象 | 空间使用 |
|---|---|---|---|
| "N+3+1"模式 | 理科信息中心、理科实验室、开放型探究实验室、办公室、准备室、仪器室、药品室、休息室 | 多学科融合教学 | 开放型实验、探究型实验、多学科信息展示交流、会议办公 |
| "2+2+1"模式 | 理科学习资源中心、实验室、探究室、准备室、休息室 | 单一学科复合化、分层次教学 | 小组实验、模型展示、小组探究、信息展览与查询 |

在传统实验教室的空间模式基础上，为进行科学创新、鼓励实践探索，实验空间应当增加开放型探究实验室、信息实验中心等功能用房，以满足模型展示与小组讨论的要求，最终达到"以学促用""启发交互"的教育目标。

**2. 面积、数量、大小计划**

（1）教学用房（表 8.17~ 表 8.20）

弹性办学模式下教室的面积、大小与功能布局   表 8.17

| 项目 ＼ 内容 | 班额 50~60 人教室 | 班额 60~70 人教室 |
|---|---|---|
| 座位排布 | 6 排 5 列 | 6 排 6 列 |
| 教室轴线尺寸（mm） | 8400×10200 | 10200×10200 |
| 教室使用面积（m²） | 85.7 | 104 |
| 生均使用面积（m²/生） | 1.43 | 1.47 |
| 弹性办学区面积（m²） | 12.6 | 15.3 |
| 弹性办学区功能 | 图书、展示、存储、小组教学与讨论，规模扩张办学 | 图书、展示、存储、小组教学与讨论，规模扩张办学 |

<h3 align="center">不同班级规模高中教室面积及数量指标表</h3>

表 8.18

| 项目名称 | 基本指标 | | | | | |
|---|---|---|---|---|---|---|
| | 18～48 班 | 60 班 | 72 班 | 84 班 | 96 班 | 108 班 |
| 教室个数（个） | 《城市普通中小学校校舍建设标准》《汶川地震灾后重建学校规划建筑设计导则》 | 66 | 79 | 92 | 106 | 119 |
| 使用面积（m²） | | 5656 | 6770 | 7884 | 9084 | 10198 |
| 建筑面积（m²） | | 8702 | 10416 | 12130 | 13976 | 15690 |

| 项目名称 | 规划指标 | | | | | |
|---|---|---|---|---|---|---|
| | 18～48 班 | 60 班 | 72 班 | 84 班 | 96 班 | 108 班 |
| 教室个数（个） | 《城市普通中小学校校舍建设标准》《汶川地震灾后重建学校规划建筑设计导则》 | 72 | 86 | 101 | 115 | 130 |
| 使用面积（m²） | | 6170 | 7370 | 8656 | 9856 | 11141 |
| 建筑面积（m²） | | 9492 | 11339 | 13316 | 15162 | 17140 |

<h3 align="center">不同班级规模高中生均教室使用面积及建筑面积指标表</h3>

表 8.19

| 项目名称 | 基本指标 | | | | | |
|---|---|---|---|---|---|---|
| | 18～48 班 | 60 班 | 72 班 | 84 班 | 96 班 | 108 班 |
| 在校生人数（个） | 《中小学校设计规范》 | 3600 | 4320 | 5040 | 5760 | 6480 |
| 生均使用面积（m²/生） | | 1.7 | | | | |
| 生均建筑面积（m²/生） | | 2.3 | | | | |

| 项目名称 | 规划指标 | | | | | |
|---|---|---|---|---|---|---|
| | 18～48 班 | 60 班 | 72 班 | 84 班 | 96 班 | 108 班 |
| 在校生人数（个） | 《中小学校设计规范》 | 3000 | 3600 | 4200 | 4800 | 5400 |
| 生均使用面积（m²/生） | | 1.8 | | | | |
| 生均建筑面积（m²/生） | | 3 | | | | |

<h3 align="center">不同空间模式下教学单元体的标准层面积</h3>

表 8.20

| 学校规模 | | | 教室数量 | 不同空间模式下的标准层建筑面积（m²） | | | |
|---|---|---|---|---|---|---|---|
| 班级规模 | 在校生规模（每班50人） | 在校生规模（每班60人） | | 内廊式 | 单外廊式 | 双外廊式 | 单廊＋中庭＋单廊式 |
| 60 班 | 3000 | 3600 | 66 | 2456 | 2148 | 2640 | 3192 |
| 72 班 | 3600 | 4320 | 79 | 2456 | 2148 | 2640 | 3192 |
| 84 班 | 4200 | 5040 | 92 | 2456 | 2864 | 3520 | 3192 |
| 96 班 | 4800 | 5760 | 106 | 2456 | 2864 | 3520 | 3192 |
| 108 班 | 5400 | 6480 | 119 | 2456 | 2864 | 3520 | 3192 |

（2）实验用房（表8.21～表8.23）

弹性办学条件下实验室面积、大小与功能布局　　　　　　　　　表8.21

| 项目＼内容 | 班额50～56人 | 班额60～72人 | 班额72～84人 |
|---|---|---|---|
| 座位排布 | 8座7排 | 12座6排 | 12座7排 |
| 实验室轴线尺寸（mm） | 12100×7500 | 10900×11000 | 12100×11000 |
| 实验室使用面积（m²） | 93.75 | 120 | 133.1 |
| 生均使用面积（m²/生） | 1.43 | 1.7～2 | 1.58～1.85 |
| 弹性办学区面积（m²） | 9.84 | 26.4 | 28.8 |
| 弹性办学区功能 | 图书、展示、存储、小组探究实验，规模扩张办学 | 图书、展示、存储、小组探究实验，规模扩张办学 | 图书、展示、存储、小组探究实验，规模扩张办学 |

实验学时与实验室个数的关系　　　　　　　　　表8.22

| 学校原班级规模 | 理科实验室使用班级规模 | 教材要求完成实验总学时 | 需要的实验室个数（按每个实验室提供的最大学时计） |
|---|---|---|---|
| 60班 | 30班 | 420 | 6 |
| 72班 | 36班 | 504 | 9 |
| 84班 | 42班 | 488 | 9 |
| 96班 | 48班 | 672 | 9 |
| 108班 | 54班 | 756 | 12 |

实验个数与实验室数目之间的关系表　　　　　　　　　表8.23

| 实验个数 | 实验室数目 | 二者比值 | 备注 |
|---|---|---|---|
| 3 | 6 | 50% | — |
| 6 | 9 | 67% | 常用取值 |
| 9 | 12 | 75% | — |
| 12 | 15 | 80% | 常用取值 |
| 15 | 18 | 83% | — |
| 18 | 21 | 86% | — |
| 21 | 24 | 88% | — |
| 24 | 27 | 89% | — |
| 27 | 30 | 90% | — |

（3）办公用房（表8.24）

**不同办学规模高中办公用房指标计划表**　　　　表8.24

| 内容　　项目 | 教师人数（人） | 职工人数（人） | 办公用房使用面积（m²） | 办公用房总建筑面积（m²） |
|---|---|---|---|---|
| 18～48班 | 《城市普通中小学校校舍建设标准建标［2002］102号》 | | | |
| 60班 | 180 | 72 | 1188 | 1828 |
| 72班 | 216 | 86 | 1424 | 2191 |
| 84班 | 252 | 100 | 1660 | 2554 |
| 96班 | 288 | 115 | 1900 | 2923 |
| 108班 | 324 | 130 | 2140 | 3292 |

（4）图书阅览用房（表8.25）

**图书空间面积指标计划**　　　　表8.25

| 名称 | | 定额 | 规模 | | | | |
|---|---|---|---|---|---|---|---|
| | | | 60班 | 72班 | 84班 | 96班 | 108班 |
| 教职工编制 | 教师（人） | 3人/班 | 180 | 216 | 252 | 288 | 324 |
| | 职工（人） | 1.2人/班 | 72 | 86 | 101 | 115 | 389 |
| | 小计（人） | 4.2人/班 | 252 | 302 | 353 | 403 | 454 |
| 藏书室 | 藏书量（万册） | 50册/生 | 15 | 18 | 21 | 24 | 27 |
| | 藏书室面积（m²） | 500册/m² | 300 | 360 | 420 | 480 | 540 |
| | 借管面积（m²） | — | 30 | 30 | 30 | 30 | 30 |
| | 面积小计（m²） | — | 330 | 390 | 450 | 510 | 570 |
| 教师阅览室 | 阅览座位（座） | 33% | 60 | 71 | 83 | 95 | 107 |
| | 面积（m²） | 2.1m²/座 | 126 | 149 | 174.3 | 199.5 | 224.7 |
| 学生阅览 | 阅览座位（座） | 1/12 | 300 | 360 | 420 | 450 | 540 |
| | 面积（m²） | 1.5m²/座 | 450 | 540 | 630 | 675 | 750 |
| 图书室面积（m²） | | — | 906 | 906 | 1079 | 1225 | 1385 |
| 备注 | | 18～48班规模参照《城市普通中小学校校舍建设标准》JB 102-2002 | | | | | |

（5）生活用房（表8.26～表8.29）

**教师宿舍面积指标计划** 表8.26

| 规模 | 教师人数<br>（人） | 职工人数<br>（人） | 住宿人数<br>（人） | 住宿使用面积<br>（m²） | 住宿建筑面积<br>（m²） |
|---|---|---|---|---|---|
| 18～48班 | 《城市普通中小学校校舍建设标准》JB 102-2002 | | | | |
| 60班 | 180 | 72 | 50 | 363 | 605 |
| 72班 | 216 | 86 | 61 | 440 | 733 |
| 84班 | 252 | 100 | 70 | 504 | 840 |
| 96班 | 288 | 115 | 81 | 583 | 972 |
| 108班 | 324 | 130 | 91 | 655 | 1092 |

**教工食堂面积指标计划** 表8.27

| 规模 | 教师人数<br>（人） | 职工人数<br>（人） | 设座人数<br>（人） | 食堂使用面积<br>（m²） | 食堂建筑面积<br>（m²） |
|---|---|---|---|---|---|
| 18～48班 | 《城市普通中小学校校舍建设标准》JB 102-2002 | | | | |
| 60班 | 180 | 72 | 363 | 617 | 771 |
| 72班 | 216 | 86 | 440 | 748 | 935 |
| 84班 | 252 | 100 | 507 | 862 | 1078 |
| 96班 | 288 | 115 | 580 | 986 | 1232 |
| 108班 | 324 | 130 | 653 | 1110 | 1388 |

**学生宿舍面积指标计划** 表8.28

| 规模 | 在校生人数（人） | 宿舍使用面积（m²） | 宿舍建筑面积（m²） |
|---|---|---|---|
| 18～48班 | 《城市普通中小学校校舍建设标准》JB 102-2002 | | |
| 60班 | 3000 | 9000 | 15000 |
| 72班 | 3600 | 10800 | 18000 |
| 84班 | 4200 | 12600 | 21000 |
| 96班 | 4800 | 14400 | 24000 |
| 108班 | 5400 | 16200 | 27000 |

**学生食堂面积指标计划** 表8.29

| 规模 | 在校生人数（人） | 食堂使用面积（m²） | 食堂建筑面积（m²） |
|---|---|---|---|
| 18～48班 | 《城市普通中小学校校舍建设标准》JB 102-2002 | | |
| 60班 | 3000 | 1890 | 2363 |
| 72班 | 3600 | 2268 | 2835 |
| 84班 | 4200 | 2646 | 3308 |
| 96班 | 4800 | 3024 | 3780 |
| 108班 | 5400 | 3420 | 4253 |

## 8.3 创新点

### 8.3.1 成果创新

该研究成果主要包括宏观层面——超大规模高中类型、校内规划模式、校内外空间共享互用模式，中观层面——用地规模指标和空间尺度参考，微观层面——主要功能用房的空间构成、模式、面积、数量及大小指标参考这三个部分。在一定程度上完善、补充了现有高中建设标准及面积指标；可应用于超大规模高中建设中建筑设计任务书制定、超大规模建筑高中的校园空间环境设计以及为城镇化建设统筹规划提供模式，建立灵活适用的建筑设计指标体系。

### 8.3.2 思路创新

本研究在城镇化进程和基础教育设施布局结构调整的研究背景下，从县域的视角出发，以"学社融合"为指导理念，选取县域公立高中为对象，探讨适合超大规模办学的高中校内外建筑空间环境规划及设计模式。将教育建筑设计研究与地区教育文化的发展相结合，探讨适应西部经济基础薄弱地区的高中教学环境模式及设计指标，以提高教育设施利用率，推动地区教育发展。

### 8.3.3 理论与方法创新

以建筑计划学的一系列研究分析方法为指导和依据，通过无线网络数据、电子摄像设备等现代化的调研方法，进行真实全面的调研，获取数据资料。对比分析了国内外现行中小学校建筑设计标准，对影响超大规模高中的因素逐一分析，并以"用地类型"因子为切入点，建立科学的指标计算公式，同时引入调节系数，形成具有动态适应性的量化指标参考，为超大规模高中的新建、改扩建提供可参考的指标体系。

## 8.4 小结

校园建筑的设计理论与方法研究应当是一个动态、持续的过程。超大规模高中的涌现及使用问题也是在城镇化的进程中逐渐产生的，伴随着人口分布的不均化、城乡统筹的进阶化、办学质量的参差化、教育理念的更新化、教育手段的现代化、行政管理的参与化等现象，办学规模与校园空间环境的关系会产生新的变化。本研究成果及面积指标体系的建立是基于对现有的典型超大规模高中调查分析基础上，筛选影响因子进行调整完善而得出的，因此是一个动态指标，也会随着社会、经济、文化的变化而不同。但其研究问题的视角、研究内容的方法、研究思路的层次是可以加以借鉴并继续应用于下一阶段的深入研究。

诚然，超大规模办学是基于我国国情和地方需求而出现的教育领域中既让人头疼而又不得已的方法。很多"巨型航母式"学校虽称得上是"超大规模高中"，但却因办学过程中的种种困惑和问题，实则"有名无实"；采取分校区管理的方式使得学校规模降到合理范围之内。因此，对于超过本研究成果中指标参考体系给出的108班规模的学校，在我国已不鲜见。综上，科学选址、合理布局、适度规模、整合资源、高效共享应该是未来规划设计超大规模学校的必然之道。

由于研究时间、能力、篇幅等客观条件的限制，该研究的成果未能全部应用到工程实践中去。在后续研究中，应尽可能地将研究成果合理运用，指导实践，以进一步检验其准确性；同时结合实践中出现的问题进行反馈修正，最终形成完善的应用成果，发挥社会价值，提高综合效益。

# 9 研究展望：
## 超大规模高中的可持续建设与模式更新

### 9.1 可持续建设的含义

#### 9.1.1 产生背景

"建设资源节约型、环境友好型社会"是2005年国家正式提出的治国政策和方针，要求社会各个行业和领域提高资源利用率，减少能耗，获得最佳收益。其中，建筑领域成为建设资源节约型社会的关键一环。建筑计划学研究的最终目的也是节约建设用地和教育资源，进行功能置换，再利用余裕空间等。

而在校园规划设计层面，2007年3月，国家颁布了《高等学校节约型校园建设管理与技术导则》以及《建设部、教育部关于推进高等学校节约型校园的指导意见》，对建设"节约型校园"提出了相关要求。但是与此同时，很多集约化校园的建设和使用过程中产生的空间拥挤、交通混乱、管理安全隐患等一系列问题，不利于中学生身心的健康成长。因此运用建筑计划学的相关研究方法，研究集约化校园的规划设计策略与方法，满足规模扩张后广大人民群众的就学需求具有重大的理论意义和实践价值。

#### 9.1.2 特征内涵

超大规模高中"可持续建设模式"的概念内涵应该包括如下几个方面。

1. 空间高效集约

校园空间环境规划布局和组合应本着整合、节地、有机联系的原则，以实现"空间高效集约"的既定目标。例如"教育综合体"模式、空间叠合、空间置换与活用、低层架空等（表9.1）。

"可持续校园"集约化途径与设计方法　　　　表9.1

| 集约化对象 | 集约化途径 | 集约化设计方法 | |
| --- | --- | --- | --- |
| 土地 | 立体利用 | 底层架空 | 网络交通 |
| 功能 | 多样复合 | 单一空间（单体）复合 | 室内外复合 |
| 空间 | 活用置换 | 互换 | 他换 |
| 设施 | 开放共享 | 校内共享 | 校内外共享 |

#### 2. 建设模式集约

为实现超大规模高中可持续建设，应根据各类型学校的现状特点，划分学校类型，制定明确的建设依据，提高资源的利用率。超大规模高中办学类型为以寄宿制为主和以走读制为主两种。寄宿制高中用地包含教学、办公、体育运动、学生生活以及绿化用地。走读制高中可以不包含生活用地。此外，体育运动、文化娱乐等设施可以和周边共享。规模扩张后主要增加教学、办公用房，只影响建筑面积增加，校园占地面积需要增加体育运动和绿化用地面积。

不同建设模式下"可持续校园"建设依据与内容如表 9.2 所示。

不同建设模式下"可持续校园"建设依据与内容　　　　　　表 9.2

| 内容<br>模式 | 适用类型 | 用地 | 建设内容 | 办学类型 | 建设模式及依据 |
|---|---|---|---|---|---|
| 标准化模式 | 新建高中 | 富裕 | 教学、办公、生活、体育运动 | 寄宿制 | 按照《城市普通中小学校校舍建设标准》进行折算建设 |
| 改扩建模式 | 老校区改扩建 | 有一定弹性 | 教学、办公、学生生活 | 走读制 + 寄宿制 | 顶层加建功能用房，增加运动和绿化用地 |
| 集约化模式 | 老校区改造 | 局限 | 教学、办公 | 走读制 | 共享体育、文化设施，教师住宅独立于校外 |

### 9.1.3　实践意义

研究"可持续校园"的建设模式、土地利用方式、空间组合形式等，对于现状中已经出现的以及潜在的超大规模学校具有重要的指导意义。例如，用于设计任务书的制定，老校园的改扩建以及校园空间环境更新，新校区的规划设计，校内外空间的融合、开放、共享，社区学校的营造，城市（县城）基础公共服务设施的策划等设计实践。具体如表 9.3 所示。

"可持续校园"的实践指导意义　　　　　　表 9.3

| 适用对象 | 适用条件 | | |
|---|---|---|---|
| 老校区 | 改建 | 扩建 | 更新 |
| 新校区 | 制定任务书 | 布局选址 | 规划设计 |
| 社区学校 | 布局选址 | 设施策划 | 环境营造 |
| 城市设施 | 制定任务书 | 布局选址 | 策划设计 |

## 9.2　可持续建设的营造

### 9.2.1　用地可持续建设

本研究经过对现有超大规模高中的调研，进行校园有效用地面积和生均用地面积的统计，得出：超大规模高中教学办公用地伴随着规模的扩张而增加，适宜置于校内，不建议外移，因此较为固定；而体育运动用地、文化娱乐设施用地是不随着校园规模扩张而扩张的，因此这部分用地不可比,可以和周围的社区、单位、城市共享或将其外移,从而有效地节约校园用地。教师的生活空间也可以移于校外,校内仅设置单身教师公寓,以上都是校园用地可持续建设的不同途径和方式。

## 9.2.2 空间可持续利用

### 1. 空间叠合化

在立体空间设计层面上,采用"城市综合体"的设计模式,将校园内的教学、办公、生活、运动等各部分功能按照动静分区的要求,将开放展示性较强的活动空间置于低层,中部布置主要教学区,其他附属功能用房置于顶层,屋顶平台还可以布置小型运动场,从而实现了校内单体空间的高度复合化。

### 2. 建筑架空化

建筑首层部分架空,布置体育活动、文化展览空间,首要满足防火疏散的要求和良好的自然通风,为弹性办学预留建设空间。

### 3. 土地立体化

在保障采光的前提下,在地下或半地下空间设置球类运动馆、体操击剑器械运动馆、游泳馆、停车场、生活超市、餐厅、社团兴趣室等功能空间,从而解决存储和活动等功能用房,使得土地利用向立体空间发展。

### 4. 交通网络化

充分利用屋面、平台、连廊等联系部分,同时围绕一定的庭院营造公共交往空间,满足活动需要的同时还可以提供休闲交流、文化展示等功能,从而填补室外活动场地的不足。

### 5. 环境景观绿化

大多数老校区在绿化方面均用地不足,公共庭院没有足够的细节设计。因此,更应从提升空间环境的品质出发,在建筑物入口、校园礼仪广场屋顶、运动场地等多处形成丰富的绿化景观。

### 6. 功能活用化

伴随着规模扩张后对校舍空间及功能用房面积与数量的需求,应尝试资源综合利用率的最大化以实现功能置换和空间活用。通过分时段教学、错时上下课等组织管理方式的调节,可以有效节约校园用地,实现各项财政投入的集约利用。例如普通教室在课外时间,将功能转化为活动、会议、考试等多用途。

各主要功能空间功能活用时间及内容如表9.4所示。

**各主要功能空间功能活用时间及内容** 表9.4

| 内容 \ 项目 | | 教室 | 实验室 | 办公室 | 图书馆 | 食堂 |
|---|---|---|---|---|---|---|
| 平常教学时期 | 课内 | 统一教学 | 分组实验 | *小组教学 | *办公 | *社团活动 |
| | 课间/课外 | 自由活动 | *兴趣小组+实验 | *兴趣小组+办公 | *自习+图书阅览 | 餐饮 |
| 特殊活动时期 | 考试 | 考试 | *考试 | *考试 | *考试 | *考试 |
| | 开会 | 班级会议 | 班级会议 | 年级组会议 | *年级大会 | *年级大会 |
| | 活动 | 自由活动 | *技能比赛 | *社团活动 | *社区互用 | *技能比赛 |

注:带*标志的为置换功能。

### 9.2.3 设施可持续共享

近年来，国际社会越来越认可"学社融合"的教育与办学理念。学校即社会。

学生可以自己设立实验室，进行科学研究实验，同时，利用社区资源为学校所用，如图书馆、工厂、体育运动场、企业、娱乐中心等公共设施，进而实现"学社融合"。学校与社区之间密切联系，意味着学生有更多的选择，也在校外具备更多的活动地点和教育场所。同时社区内的市民们也可以更多地使用学校资源，渐渐地使学校成为一个社区资源中心为人们共享，并产生新的空间关系。

因此，在超大规模办学背景下，为节约公共财政投入，提高资源利用率，增加社会效益，部分文体、实验等公共服务设施可以与城市或周边互用，节约校园用地、使有限的财政投入得到最大化的使用。同时，校园已有设施在不影响教学的前提下也可以向社会开放，进而推动地区的整体发展。

## 9.3　后续研究展望

由于篇幅和实践所限，本文虽对西部地区超大规模高中的选址、用地、空间模式、教学实验用房的内容及数量等面积指标进行了相关论述和探讨，但毕竟取样和深度有限，涉及范围不够全面，对超大规模高中空间环境计划还有待进一步探讨研究。此外，由于客观现实条件的限制，未能将研究成果全部运用到实际的工程项目中去。因此在后续研究中会尽可能将已取得的研究结论和成果运用到实践中，以检验成果的准确性；同时反馈工程实践中遇到的问题和困惑，以修正理论研究的偏差，加以完善。

在后续的研究方向中，重点从以下三个方面进行研究方向的展望。

### 9.3.1　教育理念更新下的校园规划设计研究

超大规模高中的出现是城镇化和优质教育资源不断集中的必然结果。诚然，教育建筑是教育理念的折射和缩影，伴随着教育理念的不断更新、社会背景差异与人口的增减变化，超大规模高中的规划设计将呈现新的可持续建设模式。人本主义的回归、自由空间的释放、创客教育的实现等一系列国际教育理念对我国教育事业将产生持续性的渗透和影响，与之相应的是高中校园的办学特征、教学模式、资源配置方式、生源变化等影响将在校园空间环境规划设计中有所体现。因此，研究基于教育理念更新的超大规模高中校园规划设计具有重要的理论和现实意义。

### 9.3.2　内外统筹视角下空间环境计划研究

伴随着"终身教育"、"全民教育"、"全纳教育"的呼声愈发高涨，"学社融合"理念的全面展开，学校和社区的进一步融合需要更多的建设指导和建筑环境策划。本研究对于校内外共享部分着重从校内的角度出发，探讨了"学社融合"理念对校园空间环境的影响、组团布局及空间模式等，而没有从社区或城市的视角出发，讨论超大规模办学情况下，城市公共服务设施的环境策划及社区空间的营造等问题。因此，后续研究应从"内外统筹"的理念出发，将校内外视为一个整体，着重研究社区以及城市的公共服务设施和空间环境的策划与设计，提出一定的模式、面积和指标参考，从而指导实践。

### 9.3.3 既有空间环境更新改造设计研究

针对超大规模高中现状使用中的种种问题，既有校区的空间环境在一定程度上影响着青少年的身心健康。采光日照不足、防火疏散不符合规范规定、教室空间拥挤不堪、缺少室外活动场地和庭院绿化空间等问题都导致现有学校急需更新改造设计。加之，部分学校的规模持续扩张，原有校园的空间承载力极为有限，已经不能满足就学需求，需要扩容以适应办学的需要。所以，既有超大规模高中校园空间环境更新改造设计是当前办学背景下急需解决的现实问题。

# 附录 1
## 各省市普通高中建设规范摘录

### 1. 贵州省普通高中建设规范

贵州省普通高中学校建设用地面积标准（单位：m²）

| 学校规模 | 24班 | 30班 | 36班 | 48班 | 60班 |
|---|---|---|---|---|---|
| 建筑用地 | 13549 | 15569 | 17932 | 22193 | 27000 |
| 体育运动场用地 | 13156 | 13442 | 20595 | 22097 | 23599 |
| 绿化用地 | 4800 | 6000 | 7200 | 9600 | 12000 |
| 用地合计 | 31505 | 35011 | 45727 | 53890 | 62599 |
| 生均用地 | 26.25 | 23.34 | 25.40 | 22.45 | 20.86 |

注：本表所含占地面积不含学生宿舍等生活用房的占地面积。

### 2. 浙江省寄宿制普通高级中学建设标准（DB331025-2006）

学校生均规划建设用地面积指标表（单位：m²）

| 学校规模 | 24班 | 30班 | 36班 | 48班 | 60班 |
|---|---|---|---|---|---|
| 生均用地面积（m²/生） | 41.28 | 39.85 | 38.65 | 39.00 | 37.13 |

### 3. 山东省普通高级中学基本办学条件标准

普通高中学校建设用地面积标准（单位：m²）

| 学校规模 | 24班 | 30班 | 36班 | 48班 | 60班 |
|---|---|---|---|---|---|
| 建筑用地 | 12733 | 16194 | 19331 | 24461 | 29656 |
| 体育用地 | 13156 | 13442 | 20595 | 22097 | 23599 |
| 绿化用地 | 4800 | 6000 | 7200 | 9600 | 12000 |
| 用地合计 | 30689 | 35636 | 47126 | 56158 | 65255 |
| 生均占地 | 25.57 | 23.76 | 26.18 | 23.40 | 21.75 |

注：本表校园占地面积不含寄宿生的餐厅、食堂、宿舍、自行车存放等建筑占地面积。

## 4. 山西省普通高级中学基本办学条件标准

### 山西省普通高级中学建设用地面积标准（单位：m²）

| 学校规模 | | 8轨 | 12轨 | 16轨 | 20轨（60班） |
|---|---|---|---|---|---|
| 建筑用地 | | 13357 | 18044 | 23969 | 30005 |
| 体育用地 | 小计 | 12919 | 20602 | 21868 | 23134 |
| | 环形跑道（含100m直跑道） | 9617 | 16034 | 16034 | 16034 |
| | 篮球场地 | 2432 | 3648 | 4864 | 6080 |
| | 排球场地 | 720 | 720 | 720 | 720 |
| | 器械场地 | 150 | 200 | 250 | 300 |
| 绿化用地 | | 4800 | 7200 | 9600 | 12000 |
| 用地合计 | | 31076 | 45846 | 55437 | 65139 |
| 生均占地 | | 25.9 | 25.5 | 23.1 | 21.7 |

注：本表校园占地面积不含寄宿生的餐厅、食堂、宿舍、自行车存放、浴室、锅炉房、配电室等建筑占地面积。容积率不大于0.8。

### 普通高中学校田径场及球类场地设置标准

| 学校规模<br>运动场地类别 | ≤8轨 | 12轨 | 16轨 | 20轨及以上 |
|---|---|---|---|---|
| 田径场（块） | 300m<br>（环形）1块 | 400m<br>（环形）1块 | 400m<br>（环形）1块 | 400m<br>（环形）1块 |
| 篮球场（块） | 4 | 6 | 8 | 10 |
| 排球场（块） | 2 | 3 | 3 | 3 |
| 器械体操区 | 150m² | 200m² | 250m² | 300m² |

注：300m以上的环形运动场应包括足球场和100m直跑道。

# 附录 2
## 陕西省各区县中学数据统计

| 地区 | 县域名称 | 中学数量 | 在校生人数（人） | 校均规模（人） | 校均占地面积（m²） | 校均建筑面积（m²） | 生均占地面积（m²） | 生均建筑面积（m²） |
|---|---|---|---|---|---|---|---|---|
| 西安地区 | 蓝田县 | 46 | 40860 | 921.3 | 22662.9 | 6382.3 | 24.60 | 6.92 |
| | 高陵县 | 15 | 13535 | 902 | 22767 | 6596.6 | 21.27 | 6.16 |
| | 户县 | 39 | 37939 | 973 | 31642.9 | 10374.5 | 22.17 | 7.26 |
| | 周至县 | 36 | 44269 | 1329.8 | 25841.7 | 10024.7 | 19.44 | 7.54 |
| 铜川地区 | 宜君县 | 7 | 4736 | 678 | 20841.75 | 1673.4 | 17.44 | 1.40 |
| 宝鸡地区 | 太白县 | 4 | 2948 | 737 | — | — | — | — |
| | 凤县 | 3 | 5015 | 1672 | 13916 | 5074 | 20.77 | 7.57 |
| | 凤翔县 | 33 | 33241 | 1007 | 23672 | 8020 | 17.20 | 5.82 |
| | 千阳县 | 5 | 6585 | 1317 | 23877 | 7592 | 26.97 | 8.57 |
| | 陇县 | 15 | 16353 | 1102 | 16247.8 | 5224.8 | 16.57 | 5.33 |
| | 麟游县 | 8 | 5159 | 644 | 12993.5 | 5220 | 15.63 | 6.28 |
| | 岐山县 | 29 | 28979 | 1341 | 21348 | 8821 | 15.91 | 6.57 |
| | 眉县 | 15 | 16353 | 1764 | 29387 | 9893 | 16.65 | 5.60 |
| | 扶风县 | 21 | 26934 | 1469 | 23341 | 7735 | 15.88 | 5.26 |
| 咸阳地区 | 礼泉县 | 29 | 44763 | 1677.1 | 25560.7 | 8896 | 15.24 | 5.30 |
| | 乾县 | 35 | 55897 | 1555 | 47183.5 | 9308 | 30.34 | 5.98 |
| | 武功县 | 25 | 37168 | 1753 | 18950.5 | 8716.5 | 10.81 | 4.97 |
| | 永寿县 | 15 | 13438 | 962.2 | 17478 | 3368 | 18.16 | 3.50 |
| | 彬县 | 20 | 24974 | 1025.25 | 13845.5 | 7444.4 | 13.50 | 7.26 |
| | 长武县 | 13 | 10532 | 697.7 | 16319 | 3448.5 | 23.41 | 4.94 |
| | 旬邑县 | 16 | 23792 | 1309.9 | 22855.7 | 5920.2 | 17.45 | 4.52 |
| | 淳化县 | 19 | 14436 | 624.4 | 16782.9 | 2791.8 | 26.89 | 4.47 |
| | 泾阳县 | 28 | 36687 | 1411 | 43170.8 | 12706.8 | 30.59 | 9.00 |
| | 三原县 | 20 | 29640 | 1170.8 | 26254.8 | 7285.9 | 22.43 | 6.20 |

| 地区 | 县域名称 | 中学数量 | 在校生人数（人） | 校均规模（人） | 校均占地面积（m²） | 校均建筑面积（m²） | 生均占地面积（m²） | 生均建筑面积（m²） |
|---|---|---|---|---|---|---|---|---|
| 渭南地区 | 白水县 | 20 | 21105 | 1055 | 111946 | 24697 | 35.96 | 7.93 |
| | 澄城县 | 24 | 28658 | 1135.5 | 44390 | 7497.75 | 39.01 | 6.60 |
| | 合阳县 | 24 | 31888 | 1329 | 37150.1 | 10184.5 | 15.58 | 4.27 |
| | 韩城市 | 37 | 25686 | 943.5 | 23700 | 11874.5 | 25.13 | 12.59 |
| | 富平县 | 62 | 53561 | 834 | 24115.2 | 6644.75 | 18.83 | 5.19 |
| | 蒲城县 | 55 | 48206 | 876 | 36776.3 | 7760 | 23.94 | 5.05 |
| | 大荔县 | 38 | 45326 | 1271 | 25148 | 5621.5 | 19.78 | 4.42 |
| | 潼关县 | 9 | 11042 | 1227 | — | 4305 | — | — |
| | 华县 | 24 | 16210 | 1327.7 | 27747.3 | 6984.6 | 20.90 | 5026 |
| 延安地区 | 吴旗县 | 3 | 11256 | 3752 | — | — | — | — |
| | 志丹县 | 5 | 7977 | 1595 | — | — | — | — |
| | 安塞县 | 7 | 10615 | 821.5 | 15337.5 | 4668 | 18.68 | 5.68 |
| | 子长县 | 16 | 15219 | 951 | — | — | — | — |
| | 延川县 | 5 | 10679 | 2136 | — | — | — | — |
| | 甘泉县 | 6 | 4749 | 792 | — | — | — | — |
| | 延长县 | 6 | 7183 | 1197 | — | — | — | — |
| | 宜川县 | 9 | 9175 | 1069.5 | 26959.5 | 7159.5 | 25.21 | 6.69 |
| | 富县 | 10 | 10511 | 847 | 27976 | 6405 | 33.0 | 7.56 |
| | 黄陵县 | 7 | 9922 | 1567 | 25895 | 7760 | 16.52 | 4.95 |
| | 洛川县 | 16 | 17665 | 1104 | — | — | — | — |
| | 黄龙县 | 4 | 2955 | 872 | 13470 | 4281 | 15.44 | 4.90 |
| 汉中地区 | 留坝县 | 3 | 2642 | 894.3 | — | — | — | — |
| | 略阳县 | 11 | 8084 | 731 | 7890 | 4361 | 12.99 | 7.18 |
| | 宁强县 | 20 | 21287 | 1155 | 22721 | 7028 | 19.67 | 6.08 |
| | 南郑县 | 31 | 30905 | 1196 | 25172 | 7488 | 21.04 | 6.26 |
| | 勉县 | 21 | 25205 | 1200 | 17932 | 7383 | 19.92 | 8.20 |
| | 城固县 | 29 | 29846 | 1066 | 25314 | 7558 | 23.74 | 7.09 |
| | 洋县 | 26 | 24858 | 946 | 19928 | 5821.5 | 18.96 | 5.53 |
| | 西乡县 | 25 | 20238 | 810 | 22694 | 9068 | 22.53 | 9.00 |
| | 镇巴县 | 16 | 15063 | 941 | 12266 | 7178 | 7.11 | 4.16 |
| | 佛坪县 | 2 | 1640 | 820 | 10156 | 3583 | 17.51 | 6.17 |

| 地区 | 县域名称 | 中学数量 | 在校生人数（人） | 校均规模（人） | 校均占地面积（m²） | 校均建筑面积（m²） | 生均占地面积（m²） | 生均建筑面积（m²） |
|---|---|---|---|---|---|---|---|---|
| 榆林地区 | 府谷县 | 29 | 22692 | 782 | 13540 | 6454 | 17.31 | 8.25 |
| | 神木县 | 32 | 45441 | 1420 | 8749 | 5332 | 6.61 | 3.75 |
| | 横山县 | 26 | 29740 | 1143 | 4836 | 2726 | 4.23 | 2.38 |
| | 子洲县 | 24 | 20467 | 852 | 2585 | 1611 | 3.03 | 1.89 |
| | 米脂县 | 15 | 18003 | 1200 | 8112 | 2457 | 6.76 | 2.04 |
| | 佳县 | 12 | 20456 | 1704 | 4731 | 2340 | 2.77 | 1.37 |
| | 绥德县 | 23 | 33927 | 1475 | 8405 | 3442 | 5.69 | 2.33 |
| | 清涧县 | 18 | 15667 | 870 | 4694 | 1458 | 5.39 | 1.67 |
| | 吴堡县 | 3 | 7413 | 2471 | 8433 | 7126 | 3.41 | 2.88 |
| | 靖边县 | 28 | 31128 | 1111 | 7797 | 2022 | 7.01 | 1.81 |
| | 定边县 | 17 | 23783 | 1399 | 19800 | 2660 | 14.15 | 1.90 |
| 安康地区 | 紫阳县 | 22 | 17035 | 928 | 8682.5 | 4760 | 9.35 | 5.12 |
| | 岚皋县 | 9 | 7997 | 888 | 19349 | 4581 | 30.42 | 7.20 |
| | 平利县 | 12 | 11361 | 907 | 19621 | 5158 | 21.63 | 5.68 |
| | 镇平县 | 5 | 3626 | 725 | — | — | — | — |
| | 白河县 | 11 | 15286 | 1157 | 7421 | 3239 | 6.41 | 2.79 |
| | 旬阳县 | 33 | 27315 | 866 | 14409 | 4288 | 16.63 | 4.95 |
| | 汉阴县 | 15 | 16304 | 1087 | 7643 | 2973 | 12.86 | 5.00 |
| | 石泉县 | 11 | 10552 | 873 | 14359 | 5262 | 16.44 | 6.02 |
| | 宁陕县 | 5 | 3579 | 716 | 14590 | 7359 | 13.79 | 6.95 |
| 商洛地区 | 镇安县 | 24 | 16855 | 702 | 14202 | 6622 | 13.66 | 6.37 |
| | 柞水县 | 11 | 11295 | 1027 | 12777 | 4930 | 20.05 | 7.73 |
| | 山阳县 | 39 | 28869 | 757 | 10229 | 2594 | 13.51 | 3.42 |
| | 商南县 | 15 | 15152 | 1010 | 9338 | 1821 | 31.54 | 6.15 |
| | 丹凤县 | 19 | 22161 | 1015.5 | 13182 | 4192.5 | 12.98 | 4.13 |
| | 洛南县 | 33 | 27783 | 753.5 | 12206 | 3989 | 16.20 | 5.29 |
| 杨凌地区 | — | 8 | 13341 | 1668 | — | — | — | — |

# 附录 3
## 不同办学规模下高中校园主要指标参考及计算方法

### 校园用地面积指标汇总表

| 用地名称 | 高级中学 | | | | | | | | | |
|---|---|---|---|---|---|---|---|---|---|---|
| | 18班 | 24班 | 30班 | 36班 | 项目 | 60班 | 72班 | 84班 | 96班 | 108班 |
| 校舍建筑面积（m²） | 26607 | 34543 | 39772 | 53865 | 基本指标 | 12463 | 14698 | 16935 | 19311 | 21554 |
| | | | | | 规划指标 | 33339 | 39766 | 46153 | 52715 | 59134 |
| 合计用地（m²） | 26607 | 34543 | 39772 | 53865 | 基本指标 | 27000 | 28800 | 29400 | 28800 | 27000 |
| | | | | | 规划指标 | 45000 | 50400 | 54600 | 57600 | 59400 |
| 折合亩数（亩） | 40 | 51.8 | 60 | 80.8 | 基本指标 | 40 | 43 | 44 | 43 | 40 |
| | | | | | 规划指标 | 67 | 76 | 82 | 86 | 89 |
| 生均用地（m²/生） | 29.6 | 28.8 | 26.5 | 29.9 | 基本指标 | 9 | 8 | 7 | 6 | 5 |
| | | | | | 规划指标 | 15 | 14 | 13 | 12 | 11 |
| 计算方法 | — | | | | 基本指标 | 校园节地用地 = 原校园用地面积 - 环形跑道用地面积 - 共享设施用地面积 - 立体空间用地面积 - 外移设施用地面积 | | | | |
| | | | | | 规划指标 | 校园适宜用地 = 原校园用地面积 - 环形跑道用地面积 - 超人尺度空间用地面积 - 资源利用率低空间用地面积 | | | | |

### 校园建筑面积指标汇总表

| 项目名称 | | 基本指标（单位：m²） | | | | | | | | | | | |
|---|---|---|---|---|---|---|---|---|---|---|---|---|---|
| | | 18班 | 24班 | 27班 | 30班 | 36班 | 45班 | 54班 | 60班 | 72班 | 84班 | 96班 | 108班 |
| 高级中学 | 面积合计 | 8247 | — | 9892 | 11537 | — | — | 12463 | 14698 | 16935 | 19311 | 21554 | 6602 |
| | 面积合计 | 7.4 | 6.9 | — | 6.6 | 6.4 | — | — | 4 | | | | |

| 项目名称 | | 规划指标（单位：m²） | | | | | | | | | | | |
|---|---|---|---|---|---|---|---|---|---|---|---|---|---|
| | | 18班 | 24班 | 27班 | 30班 | 36班 | 45班 | 54班 | 60班 | 72班 | 84班 | 96班 | 108班 |
| 高级中学 | 面积合计 | 9287 | 11959 | — | 13775 | 15897 | — | — | 33339 | 39766 | 46153 | 52715 | 59134 |
| | 生均面积 | 10.4 | 10.0 | — | 9.2 | 8.9 | — | — | 11 | | | | |

不同办学规模下高级中学各类用房指标明细表

**基本指标**

| 用房 | 项目名称 | 18班 | 24班 | 30班 | 36班 | 48班 | 60班 | 72班 | 84班 | 96班 | 108班 | 计算公式/方法 |
|---|---|---|---|---|---|---|---|---|---|---|---|---|
| 教室 | 教室个数（个） | 18 | 24 | 30 | 36 | — | 66 | 79 | 92 | 106 | 119 | 1.1×班级数<br>班额=50—60人<br>使用系数=0.6 |
| | 使用面积（m²） | 1206 | 1608 | 2010 | 2412 | — | 5656 | 6770 | 7884 | 9084 | 10198 | |
| | 建筑面积（m²） | 2010 | 2680 | 3350 | 4020 | — | 8702 | 10416 | 12130 | 13976 | 15690 | |
| | 生均使用面积（m²/生） | 1.3 | | | | | 1.7 | | | | | |
| | 生均建筑面积（m²/生） | 2.2 | | | | | 2.3 | | | | | |
| | 每间使用面积（m²） | 67 | | | | | 85.7 | | | | | |

**规划指标**

| 用房 | 项目名称 | 18班 | 24班 | 30班 | 36班 | 48班 | 60班 | 72班 | 84班 | 96班 | 108班 | 计算公式/方法 |
|---|---|---|---|---|---|---|---|---|---|---|---|---|
| 教室 | 教室个数（个） | 18 | 24 | 30 | 36 | — | 72 | 86 | 101 | 115 | 130 | 1.2×班级数<br>班额=60—70人<br>使用系数=0.6 |
| | 使用面积（m²） | 1206 | 1608 | 2010 | 2412 | — | 6170 | 7370 | 8656 | 9856 | 11141 | |
| | 建筑面积（m²） | 2010 | 2680 | 3350 | 4020 | — | 9492 | 11339 | 13316 | 15162 | 17140 | |
| | 生均使用面积（m²/生） | 1.3 | | | | | 1.8 | | | | | |
| | 生均建筑面积（m²/生） | 2.2 | | | | | 3 | | | | | |
| | 每间使用面积（m²） | 67 | | | | | 104 | | | | | |

基本指标

| 用房 | 项目名称 | 18班 | 24班 | 30班 | 36班 | 48班 | 60班 | 72班 | 84班 | 96班 | 108班 | 计算公式/方法 |
|---|---|---|---|---|---|---|---|---|---|---|---|---|
| 实验室 | 个数（个） | 3 | 4 | 5 | 6 | — | 6 | 9 | 9 | 9 | 12 | 每个实验室最大学时数 实验室数／实验室数=67% 班额=60~72人 使用系数=0.6 |
| | 使用面积（m²） | 288 | 384 | 480 | 576 | — | 720 | 1080 | 1080 | 1080 | 1440 | |
| | 建筑面积（m²） | 480 | 640 | 800 | 960 | — | 1200 | 1800 | 1800 | 1800 | 2400 | |
| | 生均使用面积（m²/生） | | | 1.92 | | | | | 2 | | | |
| | 生均建筑面积（m²/生） | | | 3.2 | | | | | 3.3 | | | |
| | 每间使用面积（m²） | | | 96 | | | | | 120 | | | |

规划指标

| 用房 | 项目名称 | 18班 | 24班 | 30班 | 36班 | 48班 | 60班 | 72班 | 84班 | 96班 | 108班 | 计算公式/方法 |
|---|---|---|---|---|---|---|---|---|---|---|---|---|
| 实验室 | 个数（个） | 3 | 4 | 5 | 6 | — | 9 | 12 | 12 | 12 | 15 | 每个实验室最大学时数 实验室数／实验室数=80% 班额=72~84人 使用系数=0.6 |
| | 使用面积（m²） | 288 | 384 | 480 | 576 | — | 1200 | 1600 | 1600 | 1600 | 2000 | |
| | 建筑面积（m²） | 480 | 640 | 800 | 960 | — | 2000 | 2667 | 2667 | 2667 | 3333 | |
| | 生均使用面积（m²/生） | | | 1.92 | | | | | 2.2 | | | |
| | 生均建筑面积（m²/生） | | | 3.2 | | | | | 3.7 | | | |
| | 每间使用面积（m²） | | | 96 | | | | | 133.1 | | | |

基本指标

| 用房 | 项目名称 | 18班 | 24班 | 30班 | 36班 | 48班 | 60班 | 72班 | 84班 | 96班 | 108班 | 计算公式/方法 |
|---|---|---|---|---|---|---|---|---|---|---|---|---|
| 办公 | 使用面积（m²） | 574 | 672 | 770 | 868 | — | 1188 | 1424 | 1660 | 1900 | 2140 | 5m²×任课教师数+4m²×普通职工数 使用系数=0.65 |
| | 建筑面积（m²） | 883 | 1034 | 1185 | 1335 | — | 1828 | 2191 | 2554 | 2923 | 3292 | |

基本指标

| 用房 | 项目名称 | 18班 | 24班 | 30班 | 36班 | 48班 | 60班 | 72班 | 84班 | 96班 | 108班 | 计算公式/方法 |
|---|---|---|---|---|---|---|---|---|---|---|---|---|
| 图书 | 使用面积（m²） | 293 | 380 | 468 | 556 | — | 906 | 1079 | 1225 | 1385 | 1545 | （教工人数×33%）×2.1m²／座+（学生人数×1/10）×1.5m²/座 使用系 0.6 |
| | 建筑面积（m²） | 488 | 633 | 780 | 927 | — | 1278 | 1522 | 1768 | 2015 | 2262 | |

| 用房 | 项目名称 | 基本指标 | | | | | | | | | | 计算公式/方法 |
|---|---|---|---|---|---|---|---|---|---|---|---|---|
| | | 18班 | 24班 | 30班 | 36班 | 48班 | 60班 | 72班 | 84班 | 96班 | 108班 | |
| 教工宿舍 | 使用面积（m²） | 116 | 152 | 188 | 224 | — | 363 | 440 | 504 | 583 | 655 | （教工人数×20%）×7.2m²/人 使用系数=0.6 |
| | 建筑面积（m²） | 193 | 253 | 313 | 373 | — | 605 | 733 | 840 | 972 | 1092 | |
| 教工食堂 | 使用面积（m²） | 104 | 138 | 172 | 208 | — | 617 | 748 | 862 | 986 | 1110 | （教工人数×80%）×1.7m²/人 使用系数=0.8 |
| | 建筑面积（m²） | 130 | 173 | 215 | 260 | — | 771 | 935 | 1078 | 1232 | 1388 | |
| 学生宿舍 | 使用面积（m²） | 2700 | 3600 | 4500 | 5400 | — | 9000 | 10800 | 12600 | 14400 | 16200 | 住校生人数×3m²/人 使用系数=0.6 走读生应扣除相应面积 |
| | 建筑面积（m²） | 4500 | 6000 | 7500 | 9000 | — | 15000 | 18000 | 21000 | 24000 | 27000 | |
| 学生食堂 | 使用面积（m²） | 567 | 756 | 945 | 1134 | — | 1890 | 2268 | 2646 | 3024 | 3420 | （学生人数×70%）×0.9 使用系数=0.8 |
| | 建筑面积（m²） | 709 | 945 | 1181 | 1418 | — | 2363 | 2835 | 3308 | 3780 | 4253 | |

# 参考文献

## A 连续出版物

[1] 周春红. 我国农村中小学布局调整政策的规模经济分析 [J]. 辽宁教育研究, 2007 (11).

[2] 贾勇宏, 周芬芬. 农村中小学布局调整模式的分析和探讨 [J]. 河北师范大学学报（教育科学版）, 2008 (01).

[3] 卜文军, 熊南凤. 农村贫困地区中小学布局结构调整存在的问题与对策 [J]. 教育与经济, 2007 (04).

[4] 范先佐. 农村学校布局调整与教育的均衡发展 [J]. 教育发展研究, 2008 (07).

[5] 刘欣. 农村中小学布局调整与寄宿制学校建设 [J]. 教育与经济, 2006 (01).

[6] 庞丽娟. 当前我国农村中小学布局调整的问题、原因与对策 [J]. 教育发展研究, 2006 (02).

[7] 马晓强. 关于我国普通高中教育办学规模的几个问题 [J]. 教育与经济, 2003 (03).

[8] 李婧. 美国高中教育教学模式的多样化 [J]. 比较教育研究, 2009 (10).

[9] 刘淑杰, 张燕茹. 日本中学教育的新模式及其启示 [J]. 辽宁教育行政学院学报, 1999 (05).

[10] 王建梁, 帅晓静. 威尔士农村小规模学校布局调整的创新及启示 [J]. 外国中小学教育, 2012 (03).

[11] 熊淳, 魏体丽. 日本义务教育学校布局调整的背景、特点及其启示 [J]. 教育与经济, 2012 (02).

[12] 杨平. 调整学校网点布局提高资源利用效率——关于黑龙江省农村中小学教育资源配置问题的调查与分析 [J]. 教育与经济, 1998 (04).

[13] 黄明华, 杨郑鑫, 巩岳. 县城义务教育阶段学校适宜性指标体系研究 [J]. 城市规划, 2011 (04).

[14] 李祥云, 祁毓. 中小学学校规模变动的决定性因素：人口变化还是政策驱动？——基于省级面板数据的实证分析 [J]. 北京示范大学学报, 2012 (04).

[15] 张新平. 巨型学校的成因、问题及治理 [J]. 教育发展研究, 2007 (01).

[16] 杨海燕. 超大规模学校的现实困境与规模选择 [J]. 国家教育行政学院学报, 2007 (08).

[17] 麻晓亮, 李耀青, 安雪慧. 西部县级普通高中学校规模及办学条件研究 [J]. 中小学管理, 2008 (11).

[18] 李芳. 拷问新一轮基础教育课程改革——浅析《基础教育课程改革纲要（试行）》决策中的问题 [J]. 当代教育科学, 2007 (22).

[19] 罗罡辉, 吴次芳. 建设用地需求预测方法研究 [J]. 中国土地科学, 2004 (12).

[20] 刘晓平. 宿舍区：作为聚居场所——某中学学生宿舍设计构思 [J]. 新建筑, 1998 (02).

［21］胡永超，傅吉利. 中小学校园建筑的空间设计 [J]. 浙江建筑，2008（07）.

［22］谭芬芝. 中小学校园空间的点、线、面 [J]. 浙江建筑，2007（09）.

［23］罗巨光，周一昕. 诗意空间，山水校园——浙江师范大学附属中学设计 [J]. 浙江建筑，2003（06）.

［24］杨明，王国义. 当代中小学校园规划建设的理念与实践 [J]. 沈阳建筑大学学报（社会科学版），2007（03）.

［25］李志民，李曙婷，周崐. 适应素质教育的中小学建筑空间及环境模式研究 [J]. 南方建筑，2009（02）.

［26］潘智伟. 试论素质教育下的中小学校园建筑空间形态设计 [J]. 南方建筑，2006（02）.

［27］袁医娜，张庆余. 现代中学校园建筑设计理念及实践 [J]. 南方建筑，2004（01）.

［28］张洪华. 城镇化进程中的农村中小学布局调整问题反思 [J]. 教育理论与实践，2010（03）.

［29］白林，胡绍学. 建筑计划学方法的探讨——建筑设计的科学方法论研究（一）[J]. 世界建筑，2000（08）.

［30］蒋继江. 中小学校园规划设计观初探 [J]. 中华建设，2008（05）.

［31］韦伟能. 中学实验室建设的问题与对策——对 30 所中学实验室建设状况的调查报告 [J]. 基础教育研究，2010（04）.

［32］王扬，叶伟华. 整体优化动态适应——建筑适应性设计意义解析 [J]. 世界建筑，2002（11）.

［33］马清远. 西方教育思想及校园建筑——新校园建筑溯源 [J]. 时代建筑，2002（02）.

［34］李曙婷，李志民，周昆，张婧. 适应素质教育发展的中小学建筑空间模式研究 [J]. 建筑学报，2008（08）.

［35］王琰，李志民. 高校整体化教学楼群的概念解析与建构模式研究 [J]. 建筑科学，2010（06）.

［36］欧阳露. 寻找失落的空间——谈教育建筑中的交往空间 [J]. 南方建筑，2002（04）.

［37］沈丽坤. 亚热带中学校园设计与探索——以厦门六中高中部扩建工程为例 [J]. 福建建筑，2009（08）：15-17.

［38］郑时龄，章明，华霞虹. 创造严谨而又丰富生动的学习空间——格致中学教学楼和复兴高级中学建筑设计 [J]. 福建建筑，1999（01）：71-73.

［39］钟柏昌. 学校创客空间如何从理想走进现实——基于 W 中学创客空间的个案研究 [J]. 电化教育研究，2016（06）：73-76.

［40］翁伟斌，美国"小型化学校"的改革与发展 [J]. 外国中小学研究，2006（07）.

［41］张学敏，陈相亮，论学校适度规模及其类型——基于数量与质量双重因素的分析 [J]. 高等教育研究，2008（11）.

［42］李志民. 适应素质的新型中小学建筑形态探讨（上）——中小学建筑的发展及其动向 [J]. 西安建筑科技大学学报，2000（03）.

［43］李志民. 适应素质教育的新型中小学建筑形态探讨（下）——新型中小学建筑空间及环境特征 [J]. 西安建筑科技大学学报，2000（03）.

［44］李志民. 新型中小学建筑空间及环境特征 [J]. 西安建筑科技大学学报，2000（03）.

［45］詹远. 城市更新中的"屋顶跑道" [J]. 时代建筑，2015（1）.

［46］刘宝超. 关于教育资源浪费的思考 [J]. 教育与经济，1997（09）.

［47］茹雷. 断裂与延续——四川德阳市孝泉镇民族小学灾后重建设计 [J]. 时代建筑，2011（06）.

［48］Robin A. Kearns, Nicolas Lewis, Tim Mc Creanor, Karen Witten. The Statusquo is Not an Option: Community Impacts of School Closure in South Taranaki, New Zealand[J]. Journal of Rural Studies, 2009(25): 131-140.

[49] Robin Kearns, Nick Lewis, Heather Coster. Educational Restructuring from a Community Viewpoint [J]. Environment and Planning C: Government and Policy, 2003(21): 203-223.

[50] C. Kenneth Tanner. The influence Of School Architecture On Academic Architecture[J]. MCB University Press. 2000(04): 309-330.

[51] Bernardo Fort Brescia, Laurinda Spear, Robin Hill, Alonzo and Tracy Mourning Senior High Biscayne Bay Campus[J].Science And Educaiton, 2009, 12: 23-27.

[52] Jimmy(C. M.) Kao, Wen-Pei Sung and Ran Chen, The Study on the Planning and Architectural Design of the Ultra-Large-Scale High School Accommodating the Development of Education-Taking XIFEI NO.1 High School as an Example[J], Applied Mechanics and Materials. 2006(11): 368-370.

[53] Chin-Chung Tsaia, Sunny S.J Lina, Meng-Jung Tsaib, Developing An Internet Attitude Scale For High School Students[J], Computers & Education, 2001(08): 41-45.

[54] Pallanti S, Bernardi S, Quercioli L.The Shorter PROMIS Questionnaire And The Internet Addiction Scale In The Assessment Of Multiple Addictions In A High-school Population: prevalence and related disability[J].2006(11): 966.

[55] Catherine Ernsta & Margaret R. Rogersb , Development of the Inclusion Attitude Scale for High School Teachers[J], Journal of Applied School Psychology, 2009(03): 305-322.

[56] Joseph E. Kahne Susan E. Sporte, Marisa de la Torre, John Q. Easton, Small High Schools On A Larger Scale: The Impact Of School Conversions In Chicago[J], Educational evaluation and policy analysis, 2012.

[57] Dina Bassiri1, E. Matthew Schulz, Constructing A Universal Scale Of High School Course Difficulty[J], 2003(06): 147-161.

[58] Maria Teresa Munoz Sastre Etienne Mullet, Evolution Of The Intuitive Mastery Of The Relationship Between Base, Exponent, and Number Magnitude In High-school Student[J], Mathematical Cognition, 1998(04): 67-77.

[59] Philippe R. Richard, Josep M. Fortuny, Simon El-Khoury, Esma Aïmeur, An Open Architecture to Improve Mathematical Competence In High School, World Conference on Educational Multimedia, Hypermedia and Telecommunications, 2005 .

[60] Uri Hanani Ariel Frank.Intelligent Information Harvesting Architecture: An Application to a High School Environment, Proceedings of the International Online Information Meeting, 1996.

[61] J.McGregor. Space and Schools[J]. Forum, 2004(46).

[62] Brock, Andy. Moving Mountains Stone by Stone: Reforming Rural Education in China [J]. International Journal of Educational Development, 2009(02).

[63] David Bell. Education Action Zones and Excellence in Cities[J]. Education review, 2004(01): 98-102.

[64] Jones, Ken, Bird, Kate.Partnership as Strategy Public Private Relations in Education Action Zones [J]. British Educational Research Journal, 2000(09).

# B 专著

［1］李秉德. 教学论 [M]. 北京：教育科学出版社，1991.

［2］田慧生. 教学环境论 [M]. 南昌：江西教育出版社，1996.

［3］靳希斌. 教育经济学 [M]. 北京：人民教育出版社，2009.

［4］刘俊杰. 县域经济发展与小城镇建设 [M]. 北京：社会科学文献出版社，2005.

［5］转型期中国重大教育政策案例研究课题组. 缩小差距：中国教育政策的重大命题 [M]. 北京：人民教育出版社，2005.

［6］范先佐. 教育经济学 [M]. 北京：中国人民大学出版社，2014.

［7］徐辉，黄学博等. 中外农村教育的发展与改革 [M]. 重庆：西南师范大学出版社，2001.

［8］喻本伐，熊贤君著. 中国教育发展史 [M]. 武汉：华中师范大学出版社，2000.

［9］（日）细谷俊夫. 教育环境学 [M]. 雷通群译. 北京：商务印书馆，1983.

［10］（美）约翰·杜威. 学校与社会明日之学校 [M]. 赵祥麟等译. 北京：人民教育出版社，2005.

［11］（美）利普西. 实用数据再分析法 [M]. 刘军，吴春莺译. 重庆：重庆大学出版社，2008.

［12］张宗尧，张必信. 中小学建筑实录集萃 [M]. 北京：中国建筑工业出版社，2000.

［13］汤志民. 学校建筑与校园规划 [M]. 台中：五南图书出版社，1999.

［14］黄世孟. 学校建筑研究 [M]. 台北：建筑情报出版社，2000.

［15］李志民. 小学校における余裕教室の活用に関する建筑计画の研究 [M]. 西安：西安地图出版社，2000.

［16］张宗尧，李志民. 中小学建筑设计 [M]. 北京：中国建筑工业出版社，2000.

［17］张姗姗，梅洪元. 校园建筑 [M]. 黑龙江：黑龙江科学技术出版社，2004.

［18］全国获奖教育建筑设计作品集编委会. 全国获奖教育建筑设计作品集 [M]. 北京：中国建筑工业出版社，2001.

［19］（美）Edith Cherry. 建筑设计计划——从理论到实务 [M]. 吕以宁译. 台北：六合出版社. 2005.

［20］邹广天. 建筑计划学 [M]. 北京：中国建筑工业出版社，2010.

［21］芦原义信. 外部空间设计 [M]. 北京：中国建筑工业出版社，1985.

［22］扬·盖尔. 交往与空间 [M]. 北京：中国建筑工业出版社，2012.

［23］铃木成文，守屋秀夫，太田利彦. 建筑计画 [M]. 东京：株式会社出版，1975.

［24］C·亚历山大. 建筑模式语言——城镇·建筑·构造 [M]. 北京：知识产权出版社，2002.

［25］美国建筑师学会. 学校建筑设计指南 [M]. 周玉鹏译. 北京：中国建筑工业出版社，2004.

［26］罗伯特·鲍威尔. 学校建筑——新一代校园 [M]. 翁鸿珍译. 天津：天津大学出版社，2002.

［27］埃莉塔·柯蒂斯. 学校建筑 [M]. 卢昀伟，赵欣译. 大连：大连理工大学出版社，2005.

［28］（美）迈克尔·J·克罗斯比. 北美中小学建筑 [M]. 卢昀伟，贾茹，刘芳译. 大连：大连理工大学出版社，2004.

［29］（西）阿里安. 莫斯塔第. 教育设施 [M]. 苏安双，王雷译. 大连：大连理工大学出版社，2004.

［30］（美）布拉福德·柏金斯. 中小学建筑 [M]. 舒平，许良，汪丽君译. 北京：中国建筑工业出版社，2005.

［31］张泽蕙，曹月庭，张荔. 中小学校建筑设计手册 [M]. 北京：中国建筑工业出版社，2001.

［32］陈晋略. 建筑巨匠一百系列丛书——教育建筑 [M]. 辽宁：辽宁科学技术出版社，2002.

［33］赵秀兰. 托幼 / 中小学校建筑设计手册 [M]. 北京：中国建筑工业出版，1999.

［34］迈克尔・J・克罗斯比. 现代图书馆建筑 [M]. 大连：大连理工大学出版社，2005.

［35］现代汉语辞海编辑委员会. 现代汉语辞海 [M]. 北京：中国书籍出版社，2011.

［36］霍益萍，朱益明. 中国高中阶段教育发展报告 [M]. 上海：华东师范大学出版社，2015.

［37］王善迈. 经济变革与教育发展——教育资源配置研究 [M]. 北京：北京师范大学出版社，2014.

［38］日本建筑学会. 建筑设计资料集成——教育・图书篇 [M]. 天津：天津大学出版社，2007.

［39］刘淑兰. 学校与社区的互动 [M]. 成都：四川教育出版社，2003.

［40］庄惟敏. 建筑策划导论 [M]. 北京：中国水利水电出版社，2000.

［41］（美）C. 威廉姆・布鲁贝克. 学校规划设计 [M]. 刑雪莹，孙玉丹，张玉玲译. 北京：中国电力出版社，2006.

［42］北京伯林时代文化传媒有限公司. 国际顶级建筑盛典——学校・公共机构 [M]. 武汉：华中科技大学出版社，2011.

［43］国家统计局. 2005-2015 中国统计年鉴 [M]. 北京：中国统计出版社，2005-2015.

［44］教育部. 2013-2014 中国教育经费统计年鉴 [M]. 北京：中国统计出版社，2013-2014.

［45］陕西省教育厅. 2006~2015 陕西教育统计年鉴 [M]. 西安：三秦出版社. 2006-2015.

［46］陕西省统计局，2014 年陕西统计年鉴 [M]. 北京：中国统计出版社，2015.

［47］陕西省教育厅，陕西省教育年鉴 2014[M]. 西安：三秦出版社，2014.

［48］殷倩. 新学校 [M]. 沈阳：辽宁科学技术出版社，2013.

［49］林之达. 教育经济学 [M]. 台北：三民书局股份有限公司，1984.

［50］School Design Guide Los Angeles Unified School District[M], Los Angeles Goverment, 2007.

［51］Susan Stratton Smith, Roy E.Building Design Elements That influence Interpersonal Violence And Promote Student Safety And Security: Opinions Of Rural Illinois Public High School Principals[M].Northern Illinois University, 2005.

［52］Kahne, Joseph E., Sporte, Susan E., de la Torre, Marisa.Small High Schools On A Larger Scale: The First Three Years of the Chicago High School Redesign Initiative[M]. Consortium On Chicago School Research, IL.2006.

［53］Michael・J・Dunkin. The International Encyclopedia of Teaching and Teacher Education [M].Elsevier Science B.V. 1997.

［54］W.F.Connell. A Histroy Of Edecation In The Twentieth Century World[M]. Princeton University Press, 1990.

［55］Gibbs, Robert M. Rural Education and Training in the New Economy: The Myth of the Rural Skills Gap [M]. Iowa: Iowa State Press, 1998.

［56］Kalervon Gulson, Colin Symes. Spatial Theories of Education: Policy and Geography Matters [M]. New York: Rout ledge, 2007.

［57］Stern, J. The condition of education in rural schools[M]. Washington, DC: U. S. Department of Education, Office of Educational Research and Improvement, 1994.

［58］VK Nanda. Perspectives of Rural Education [M]. Agrobios(India): Anmol Publications Pvt, 1997.

[59] Sarah Noal. Educational spaces: a pictorial review[M]. Images Pub1ishing, 2003.

[60] Michael J. Crosbie. Class Architecture[M]. Images Pub1ishing, 2003.

[61] Jean De Spiegeleer. Primary School Buildings, standards, norms and design[M].Princeton University Press, 1996.

[62] Aberta. Standards And Guidelines For School Facilities[M]. Design and Construction Press，2007.

## C 学位论文

[1] 赵晶. 乡村小学布局调整教育公平保障研究 [D]. 西南大学，2012.

[2] 曹阳. 城乡结合部中小学布点问题研究及规划方法初探——以"西安市未央区"为例 [D]. 西安建筑科技大学，2010.

[3] 徐小平. 贫困山区普通高中规模效益研究 [D]. 西南大学，2008.

[4] 张黎明. 我国综合高中发展探究 [D]. 广西师范大学，2005.

[5] 孔凡琴. 多维视阈下的英国高中教育办学模式研究 [D]. 东北师范大学，2011.

[6] 梁彦清. 美国微型学校述评 [D]. 华东师范大学，2006.

[7] 杨丹. 农村义务教育阶段标准化学校布局问题研究 [D]. 东北师范大学，2008.

[8] 刘大革. 论城镇社会学校教育资源的整合 [D]. 华中师范大学，2004.

[9] 郑小明. "超大规模高中"现象研究——以 C 中学为例 [D]. 天津大学，2004.

[10] 戴岱君. 美国中小学建筑研究及启示 [D]. 天津大学，2007.

[11] 魏杏杏. 社区建设背景下农村中小学布局调整问题研究 [D]. 河南大学，2011.

[12] 魏真，我国县级公立普通高中规模经济研究——以河北省邢台市县级公立高中实证调查为例 [D]，2006.

[13] 岳晓琴. 县域中心城市公益性公共设施适宜性规划研究——以洛川为例 [D]. 西安建筑科技大学，2010.

[14] 张黎明. 我国综合高中发展探究 [D]. 广西师范大学，2005.

[15] 唐文婷. 现有中小学适应性更新改造研究 [D]. 西安建筑科技大学，2007.

[16] 温雅玲. 中小学校多意空间及其适应性环境设计研究 [D]. 西安建筑科技大学，2008.

[17] 尹欣. 西北地区农村中学复合式教学空间研究 [D]. 西安建筑科技大学，2009.

[18] 李蕾. 城乡统筹背景下陕西农村学校建筑空间改造研究 [D]. 西安建筑科技大学，2012.

[19] 刘碧滢. 城乡统筹背景下陕西县域中小学校空间计划研究 [D]. 西安建筑科技大学，2012.

[20] 李曙婷. 适应素质教育的小学校建筑空间及环境模式研究 [D]. 西安建筑科技大学，2008.

[21] 周坤. 新形势下的西北农村中小学校建筑计划研究 [D]. 西安建筑科技大学，2009.

[22] 徐一大. 发展与优化——略论中小学校园改扩建规划 [D]. 东南大学，1999.

[23] 孙友波. 教育模式下的中国中小学建筑设计研究 [D]. 东南大学，2002.

[24] 王君溯. 素质教育模式下的中小学校园设计初探 [D]. 天津大学，2003.

[25] 刘志杰. 当代中学校园建筑的规划和设计 [D]. 天津大学，2004.

[26] 王丹辉. 天津当代中小学校园更新改造研究 [D]. 天津大学，2007.

[27] 郭书胜. 当代台湾中小学校园建筑及 21 世纪转型的新趋势 [D]. 同济大学，2008.

[28] 张靖. 适应素质教育的中小学建筑空间及环境模式研究 [D]. 西安建筑科技大学，2002.

[29] 郝占国. 西北地区农村寄宿制中学生活空间研究 [D]. 西安建筑科技大学，2009.

[30] 穆卫强. 西北地区农村中学专用教室多功能性的适应性设计研究 [D]. 西安建筑科技大学，

2009.

［31］张翠英. 河北省基础教育规模预测及对策研究 [D]. 河北师范大学，2008.

［32］陈井婷. 教育均衡发展视域下农村学校布局调整中存在的问题及对策研究 [D]. 西南大学，2011.

［33］黎继超. 新教育理念下的中小学校校园空间研究 [D]. 苏州科技学院，2008.

［34］张霄兵. 基于 GIS 的中小学布局选址规划研究 [D]. 同济大学，2008.

［35］梁彦清，美国微型学校述评 [D]. 华东师范大学，2006.

［36］管光海. 普通高中通用技术专用教室装备及室内空间设计的研究 [D]. 南京师范大学，2006.

［37］李洁. 适应素质教育的城市中学教学单元研究 [D]. 西安建筑科技大学，2003.

［38］袁医娜. 现代中学校园教学空间环境架构研究 [D]. 湖南大学，2004.

［39］吴海波. 高校学生宿舍的建设、使用现状及发展趋势研究以西安地区为例 [D]. 西安建筑科技大学，2004.

［40］汪江. 现代化寄宿制高中设计方法研究——以沈阳、大连为例 [D]. 大连理工大学，2010.

［41］秦柯. 以北京市海淀区为例的当前我国中学室外环境研究 [D]. 北京林业大学，2005.

［42］仲利强. 近期建成的中学校园开放空间设计探究 [D]. 西安建筑科技大学，2004.

［43］张欣童. 现代化寄宿制高中设计方法研究——以沈阳、大连为例 [D]. 大连理工大学，2010.

［44］赵国瑷. 图书馆建筑改扩建的研究与实践 [D]. 天津：天津大学，2007.

［45］陈雅兰. 超大规模高中生活空间计划设计研究 [D]. 西安建筑科技大学，2013.

［46］赵聪. 超大规模高中教学空间计划设计研究 [D]. 西安建筑科技大学，2013.

［47］刘冬. 黄土高原县域中小学校布局调整模式及其校舍空间计划研究 [D]. 西安建筑科技大学，2013.

［48］李超. 超大规模高中理科实验空间环境设计研究 [D]. 西安建筑科技大学，2015.

［49］王欢. 城市高密度下的中小学校园规划设计 [D]. 天津大学，2012.

［50］赵宏玫. 当代中学校园建筑研究及未来发展趋势 [D]. 天津大学，2014.

［51］沈晓雪. 上海市初级中学的适度学校规模研究 [D]. 华东师范大学，2012.

［52］Miles Rutherford. Design And Building Cost Analysis Of A Powder Coating Ventilation System For The San Luis Obispo High School Welding Shop[D]. Agricultural Systems Management BioResource and Agricultural Engineering Department California Polytechnic State University, 2013.

## D 报告

［1］温家宝. 第十届全国人民代表大会第五次会议上的政府工作报告 [R]. 北京：第十届全国人民代表大会第五次会议，2007.

［2］教育部. 关于进一步推进义务教育均衡发展的若干意见（教基〔2005〕9 号）[R]. 北京：教育部，2005.

［3］全国人民代表常务委员会. 中华人民共和国义务教育法（中华人主席令第 52 号）[R]. 北京：全国人民代表大会，2006.

［4］教育部. 关于贯彻落实科学发展观进一步推进义务教育均衡发展的意见（教基〔2010〕1 号）[R]. 北京：教育部，2010.

［5］国家中长期教育改革和发展规划纲要领导小组. 国家中长期教育改革和发展规划纲要（2010-2020 年）[R]. 北京：人民出版社，2010.

［6］国务院. 关于基础教育改革与发展的决定（国发〔2001〕21 号）[R]. 北京：中共中央国务院，2001.

［7］教育部. 关于切实解决农村边远山区交通不便地区中小学生上学远问题有关事项的通知（教育厅〔2006〕5 号）[R]. 北京：教育部，2006.

［8］中共中央、国务院. 关于加大统筹城乡发展力度进一步夯实农业农村发展基础的若干意见（国发〔2010〕1 号）[R]. 北京：中共中央国务院，2010.

［9］教育部. 国家教育事业发展第十二个五年规划 [R]. 北京：教育部，2012.

［10］国务院. 中国教育改革与发展纲要 [R]. 北京：中共中央国务院，1993.

［11］陕西省教育厅. 中共陕西省委人民政府关于贯彻《国家中长期教育改革和发展规划纲要（2010-2020 年）》的实施意见 [R]. 西安：陕西省教育厅，2010.

［12］教育部. 2010 年中国教育事业发展状况报告 [R]. 北京：教育部，2011.

［13］第十八届中央委员会第五次会议. 中共中央关于制定国民经济和社会发展第十三个五年规划的建议 [R]. 北京：中共中央国务院，2015.

［14］十八届三中全会. 中共中央关于全面深化改革若干重大问题的决定 [R]. 北京：中共中央国务院，2013.

［15］国务院. 中共中央关于教育体制改革的决定 [R]. 北京：中共中央国务院，1985.

［16］国务院. 关于积极推进普通高中教育事业发展的若干意见 [R]. 北京：中共中央国务院，2000.

［17］国务院. 中共中央国务院关于深化教育改革全面推进素质教育的决定 [R]. 北京：中共中央国务院 1999.

［18］联合国教科文组织. 国际教育标准分类法 [R]. 1997.

［19］教育部. 关于进一步加强和改进对省级实现"两基"进行全面督导检查的意见（教督〔2007〕4 号）[R]. 北京：教育部. 2007.

［20］教育部. 教育工作大会会议报告 [R]. 北京：教育部，2015.

## E 国际、国家标准

［1］GB J99-86. 中小学校建筑设计规范 [S]. 北京：中国计划出版社，1986.

［2］GB 50099-2011. 中小学校设计规范 [S]. 北京：中国建筑工业出版社，2010.

［3］JB 102-2002. 城市普通中小学校校舍建设标准 [S]. 北京：高等教育出版社，2002.

［4］JB 109-2008. 农村普通中小学校建设标准 [S]. 北京：中国计划出版社，2008.

［5］GB 50352-2005. 民用建筑设计通则 [S]. 建设部，2005.

［6］JY/T 0385-2006. 中小学理科实验室装备规范 [S]. 教育部，2006.

［7］教发〔2008〕26 号. 汶川地震灾后重建学校规划建筑设计导则 [S]. 北京：清华大学出版社，2008.

［8］陕西省人民政府教育督导团. 陕西省双高普九县区评估验收标准（陕政督团〔2010〕8 号），2010.

［9］陕西省教育厅. 陕西省教育人才中长期发展规划（2010-2020 年）. 2010.

［10］陕西省普通高级中学标准化学校评估标准

［11］陕西省普通高中教育技术装备标准

［12］陕西省示范高中教育技术装备标准

［13］四川省中小学教育技术装备标准

［14］广西西壮族自治区示范性普通高中评估标准

［15］安徽省普通高中教育技术装备标准

［16］湖北普通高级中学装备用房定额基本标准

［17］湖北中小学设施设备标准（省示范标准）

［18］山西省中小学教育技术装备建设标准

［19］浙江寄宿制普通高级中学建设标准

［20］合肥市示范性普通高级中学评估细则

［21］广东省示范性高中标准

［22］广东省省级高中标准

［23］江苏省普通高中基本实现现代化校舍建设标准

［24］浙江省中小学教育技术装备标准

［25］福建省高中教育技术装备

［26］贵州省普通高中学校建设规范指导手册（试行）

［27］黑龙江省普通高中达标学校标准（试行）

［28］江西省普通高级中学基本办学条件标准

［29］江苏省普通高中基本实现现代化校舍建设标准

［30］山东省普通高级中学基本办学条件标准

［31］山西省普通高级中学建设用地面积标准

［32］郑州市高中教育技术装备标准

［33］美国建筑学会，DoDEA 教育设施建设指导手册 [S]. 2002.

［34］Joe Bard, Clark Gardener, Regi Wieland. Rural School Consolidation Report: History, Research Summary, Conclusions and Recommendations [R]. Prepared for the National Rural Education Association Executive Board, 2005.

［35］Jeffery A. Lackney. 33 Educational Design Principles for Schools and Community Learning Centers. August, 2007.

［36］Education at a Glance 2010, OECD Indicators.

［37］North Carolina Department of Public Instruction. Planning and Design for K-12 School Facilities in North Carolina. Raleigh, NC: School Planning, NC Department of Public Instruction. Retrieved February 11, 2005.

［38］redaktionelle Überarbeitung Nov. 2012.

［39］Musterflächenprogramm für allgemeinbildende Schulen in Hamburg. 2011.